U0255901

职业教育机械类专业“互联网+”新形态一体化教材
机械工业出版社精品教材

金属切削原理与刀具

第 3 版

主编 韩步愈
参编 杜月丽

机 械 工 业 出 版 社

本书是机械工业出版社精品教材，是在第2版的基础上修订而成的。本书保持了第2版的体系与特色，精简了原书中部分不实用的内容，增添了近几年发展的新技术与刀具，使教材更能适应当前教学的需要。

本教材主要内容有基本定义，刀具材料，金属切削的基本规律，提高金属切削效益的途径，以及车刀、铣刀、孔加工刀具、拉刀、螺纹刀具和磨削与砂轮。每章后附有思考与习题。

本书可作为高职高专、技师学院、各类成人教育培训相关专业的教材，也可供有关技术人员参考。

为便于教学，本书配备了电子课件，选择本书作为教材的教师可登录www.cmpedu.com网站注册、免费下载。

图书在版编目（CIP）数据

金属切削原理与刀具/韩步愈主编. —3版. —北京：机械工业出版社，2015.8（2024.8重印）
职业教育机械类专业“互联网+”新形态一体化教材
机械工业出版社精品教材
ISBN 978-7-111-50914-1

Ⅰ.①金… Ⅱ.①韩… Ⅲ.①金属切削-高等职业教育-教材②刀具（金属切削）-高等职业教育-教材
Ⅳ.①TG501②TG71

中国版本图书馆CIP数据核字（2015）第164862号

机械工业出版社（北京市百万庄大街22号 邮政编码100037）
策划编辑：齐志刚 责任编辑：齐志刚 程足芬
封面设计：张 静 责任校对：李锦莉
版式设计：赵颖喆 责任印制：张 博
北京雁林吉兆印刷有限公司印刷
2024年8月第3版·第12次印刷
184mm×260mm·13.75印张·335千字
标准书号：ISBN 978-7-111-50914-1
定价：39.00元

电话服务
客服电话：010-88361066
010-88379833
010-68326294

网络服务
机 工 官 网：www.cmpbook.com
机 工 官 博：weibo.com/cmp1952
金 书 网：www.golden-book.com
机工教育服务网：www.cmpedu.com

第3版前言

本书是机械工业出版社精品教材，其第1版于1988年出版，第2版于2000年出版。本书是为适应当前的教学体系，结合现代职业教育现状课程改革及国内外金属切削原理与刀具的发展要求，在第2版的基础上修订而成的。较之前一版，本书内容做了较多的删减，重点突出了金属切削原理与常用刀具的结构与应用。

参加此次修订工作的有韩步愈和杜月丽。

本书自出版以来，受到广大读者的关心与爱护，在此深表感谢。

由于修订时间仓促，书中难免有错误与不妥之处，敬请读者批评指正。

编　者
2015年5月于杭州

第 2 版前言

本书是中等专业学校机械制造专业《金属切削原理与刀具》（1989 年版）试用教材的第 2 版。

本书第 2 版保留了原教材的体系与特点。

本书在修订时根据广大读者的建议，按照中等专业学校机械制造专业的培养目标与要求，对原书作如下修改：

（1）删减了部分内容。如：切削用量最优化；可转位车刀的几何角度及其验算；用分析法确定钻削、铣削分力，面铣刀几何角度与刀槽位置参数；花键拉刀；螺纹切头等；

（2）改写了部分内容。如：成形车刀的工作前、后角；麻花钻的几何角度；麻花钻后刀面的锥面磨法；第十一章“数控加工用的刀具与工具”；对用“单位切削力公式”计算切削力的方法，采用了新的资料，可用于车、钻、铣等。

（3）贯彻了 GB/T 12204—1990 国标规定的金属切削基本术语与符号。

参加此次修订工作的有韩步愈、刘长义，由周志明担任主审。

本书自出版以来，受广大教师与读者的关心与爱护，并先后提出了不少宝贵修改意见，在此深表感谢。

由于修订时间仓促，书中难免有错误与不妥之处，敬请读者批评指正。

编　者

2000 年 1 月于杭州

第1版前言

本书是根据1986年8月国家机械委中等专业学校机械制造专业教材编审委员会通过的“金属切削原理与刀具”教学大纲，为中等专业学校编写的试用教材（必修）。也可供从事机械制造专业的科技人员参考。

本书由“金属切削原理”与“金属切削刀具”两部分组成。原理部分主要以车削为中心，系统地阐明车削过程的基本规律与应用，然后介绍钻削、铣削及磨削过程的特点。刀具部分以常用刀具的类型、结构特点及其选用和常用非标准刀具的设计为主。在各章后附有思考与习题。

本书是按讲课时数60学时编写的，对可供课堂讨论、课外阅读的内容用*号表示，各校可根据教学时数灵活安排。在编写过程中，紧紧围绕中专特点，遵循“加强应用，培养能力”和教学的适用性以及便于自学等原则。

本书各章节作者为：绪论、第一、三、四、第六章第一节、第七章第一节、十、十二章咸阳机器制造学校韩步愈；第二、八、九章内蒙古工业学校刘长义；第五、六、七、十一章福建机电学校吴林禅。

本书由韩步愈主编，南京机械专科学校周志明主审。刘长义参与最后统稿工作。参加审稿会议的课程组成员及兄弟学校老师有：刘正言、杨家乐、范荣礼、张兆怀、朱国恒、袁瑞先、姬桂英、王桂荣、华坚、龚荪兰、詹国华、张桂宁、高波、郭开础、袁广、廖仁标、王金祥、赵国明等。

在编写过程中，包头机械工业学校朱国桓老师提出了许多宝贵意见，有关院校、工厂给予大力支持与帮助，咸阳机器制造学校有关同志协助绘图工作，谨此一并表示衷心感谢。

由于编写时间较仓促，水平有限，书中错误和不妥之处在所难免，恳请广大读者批评指正。

编　者

1988年7月于咸阳

本书采用的名词、术语和符号

符　号	名　称	符　号	名　称
A_{α}	后刀面	F_{N}	在切削平面内垂直于切削刃的切削分力
A_{γ}	前刀面	$F_{f\gamma}$	摩擦力
A_{α}'	副后刀面	$F_{n\gamma}$	法向力
A_{D}	切削层公称横截面积	F_{s}	剪切力
A	加工余量	F_{ns}	正压力
A_{h}	切削厚度压缩比	f	每转进给量
a_{p}	背吃刀量（切削深度）	G	铰刀制造公差
a_{e}	侧吃刀量	h_{D}	切削层公称厚度（切削厚度）
a	中心距	h_{a}	齿顶高
a_{10}	被切齿轮与刀具的中心距	h_{f}	齿根高
a_{12}	被切齿轮与共轭齿轮的中心距	h	全齿高
B	刀杆宽度	h_{0}	刀具全齿高
b_{D}	切削层公称宽度（切削宽度）	H	刀杆高度
b_{ε}	过渡刃长度	K	铲削量
$b_{\alpha 1}$	后刀面刃带宽度	KT	前刀面磨损深度
$b_{\gamma 1}$	负倒棱宽度	L	刀具总长
C	工序生产成本	L_{D}	切削层长度
C_{t}	刀具成本	l_{ch}	切屑长度
C_{F}	切削力公式的系数	m_{n}	法向模数
C_{V_c}	切削速度公式的系数	n	工件转数，刀具转数
d	刀具直径	p_{f}	假定工作平面
d_{w}	工件待加工表面直径	p_{p}	背平面
d_{o}	分圆直径（分圆柱直径）	p_{r}	基面
d_{a}	齿轮刀具外径	p_{s}	切削平面
d_{m}	已加工表面直径	p_{o}	正交平面
d_{1}	内孔直径	p_{n}	法平面
F_{c}	切削力	p_{s}	单位切削力
F_{f}	进给力（进给抗力）	P_{c}	切削功率
F_{p}	背向力（切深抗力）	P_{E}	机床功率
F_{h}	水平分力	Q_{w}	单位时间切除的金属量
F_{v}	垂直分力	R_{a}	粗糙度算术平均偏差
F_{o}	横向分力	R_{max}	残留面积高度
F_{r}	切削合力	r_{β}	刃口钝圆半径
F_{L}	在切削平面内沿切削刃的切削分力	r_{ε}	刀尖圆弧半径
F_{M}	在基面内垂直于切削刃的切削分力	T	刀具寿命

（续）

符　号	名　称	符　号	名　称
t_{ct}	换刀时间	β_o	刀具分圆柱螺旋角
t_m	切削时间	β_k	容屑槽螺旋角
t_{ot}	辅助时间	β_{bo}	刀具基圆柱螺旋角
t_w	工序时间	γ_f	侧（进给）前角
VB	后刀面平均磨损量	γ_p	背（切深）前角
v_c	切削速度	γ_o	前角
v_{ch}	切屑流出速度	γ_n	法前角
v_f	进给速度	γ_{opt}	合理前角
r_{ao}	齿轮刀具顶圆半径	γ_{oe}	有效前角
r_{bo}	齿轮刀具基圆半径	γ_{zo}	刀具分圆柱螺纹升角
s	齿厚	δ	接触角
W	公法线长度	ε	相对滑移
z_k	容屑槽数	ε_r	刀尖角
z	齿数	η	机床效率
z_e	同时工作齿数	κ_r	主偏角
α	齿形角	$\kappa_{r\varepsilon}$	过渡刃主偏角
α_f	侧后角	κ_r'	副偏角
α_p	背后角	λ_s	刃倾角
α_o	后角	μ	摩擦因数
α_n	法后角	ρ	曲率半径
α_{xo}	齿轮滚刀轴向剖面齿形角	τ_ϕ	剪切区切应力
α_{lo}	被动齿轮与刀具啮合时的啮合角	ϕ	剪切角；切入角；安装角
$\alpha\,12$	被动齿轮与共轭齿轮的啮合角	ψ_λ	切屑流出方向角
β	前刀面的摩擦角；螺旋角	ϕ'	切出角

目　　录

绪　论

金属切削加工是利用金属切削刀具，从工件表面上切除一层多余的金属层（这层金属称为加工余量），以获得所要求的尺寸、几何形状精度和表面质量的一种加工技术。在机械制造业中，凡精度和表面质量要求较高的机械零件，一般都要经过切削加工。因此，金属切削加工是机械制造业中应用最广泛的一种主要加工方法。

“金属切削原理与刀具”是讨论金属切削加工过程中主要物理现象的变化规律、控制与应用，和常用金属切削刀具的选择、使用与常用非标准刀具的设计的一门专业课。它也是学习“机械制造”专业中有关金属切削加工工艺及其设备等专业课的基础。

本书主要由金属切削原理和金属切削刀具两大部分内容组成。

一、金属切削原理

1. 基本定义（第一章）

主要阐明切削运动、刀具几何形状、切削用量和切削层参数的基本定义。由于金属切削加工是依赖具有一定几何形状的刀具与被切削工件间产生相对切削运动来实现的，因此，掌握这些基本定义是学习本课程的基础。

2. 金属切削的基本规律（第三章）

切削变形、切削力、切削温度和刀具磨损等是金属切削过程中的主要物理现象。讨论和揭示这些现象的本质和各因素间的联系，以获得其变化规律，是控制和应用金属切削加工这一加工技术的理论依据。

3. 提高金属切削效益的途径（第四章）

学习切削理论并掌握其规律的目的在于应用，在于提高金属切削的效益。从控制金属切削过程中的各因素来看，提高金属切削效益的途径通常是改善工件材料的可加工性、合理选择刀具几何参数和切削用量等。

4. 钻削（第六章第一节）**、铣削**（第七章第一节）**和磨削**（第十二章）

这部分内容以车削为主，系统地阐明了有关问题，而对钻削、铣削及磨削则侧重于特殊性方面的说明。有关共同性的问题采用概略提示（几何角度、切削力等）或省略（切削温度、刀具磨损等）的方法，需要学生应用车削有关定义、原理和方法去理解与掌握。之所以这样做，是希望学生在掌握车削的基本知识与分析问题的方法之后，能很容易地去适应其他切削加工方法。这部分内容在当前所占课程时数较少，但在培养学生能力方面，无疑是十分重要的。

这部分内容理论较多，要注意与实验课密切配合，并要引导学生面向生产实际，重视应用。

二、金属切削刀具

1. 常用刀具的合理选择与使用

车刀（第五章）、孔加工刀具（第六章）、铣刀（第七章）、螺纹刀具（第九章）及齿轮刀具（第十章）等是生产中常用的刀具。本书在介绍这些刀具的种类、结构特点与应用的同时，着重阐明其切削刃（或前、后刀面）的形成方法和刃磨方法，也介绍了相应的先进刀具，使学生对该刀具的合理选择与使用有较具体的理解。

2. 常用非标准刀具的设计

对成形车刀（第五章）、机用铰刀（第六章）、成形铣刀（第七章）和拉刀（第八章）等非标准刀具，本书在介绍它们的设计时，以该刀具的主要结构要素为基点，阐明它们在设计时应考虑的主要问题。至于设计顺序、所需的资料及举例，则由有关辅助教材去解决。这对培养学生查阅资料、设计方法等独立工作能力，是有益的。

在教与学时，要多与生产实际相结合，使学生在直观上能体会到该刀具的结构与用途。不可停留在本书上，要做好练习，完整地完成所要求设计的刀具。

研究金属切削的历史还不长。但当人们将所得的规律，应用于生产实际之后，就已发现其强大作用。正如国际生产技术研究会（CIRP）在一项研究报告中指出："由于刀具材料的改进，刀具允许的切削速度，每隔十年，几乎提高一倍；由于刀具结构和几何参数的改进，刀具寿命，每隔十年，几乎提高二倍"。向高效率（或高切削速度）（图0-1）和高精度（图0-2）方向的发展趋势，表明了金属切削加工发展的历史与未来。

学好本门课，以便能运用金属切削加工的基本理论，去观察、分析和解决金属切削加工中的实际生产问题；学会如何根据具体条件选择刀具材料、刀具几何参数和切削用量；以及按工艺要求合理选用刀具和设计刀具。以提高金属切削效益，为改革服务、为生产建设服务。

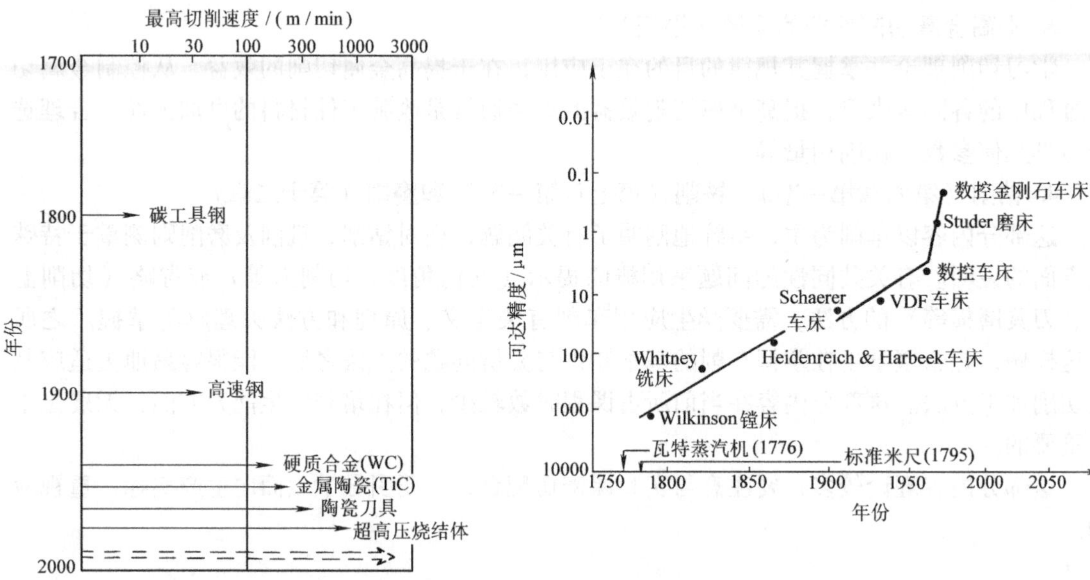

图0-1 最高切削速度和刀具材料

图0-2 各种切削加工机床的可达精度及发展情况

第一章　基 本 定 义

金属切削加工是使用具有一定几何形状的刀具，切入工件一定深度，使刀具和工件间产生相对切削运动来实现的。因此，掌握切削运动、刀具几何角度、切削用量和切削层参数等的基本定义，是学习本课程的基础。本章主要以外圆车削为对象来讨论这些问题，但其定义也适于其他切削加工方法。

第一节　切削运动及形成的表面

一、切削运动

金属切削时，刀具和工件间的相对切削运动，按其作用可分为主运动和进给运动。

1. 主运动

切削时最主要的运动称为主运动。这个运动的速度最高，消耗功率最大。外圆车削时工件的旋转运动就是主运动。主运动速度即切削速度 v_c（单位为 m/min）。

2. 进给运动

使新的金属层不断投入切削，以便切除工件表面上全部余量的运动称为进给运动。用进给速度 v_f（单位为 mm/min 或 mm/s）或进给量 f（单位为 mm/r）表示。

3. 合成切削运动

切削时，主运动与进给运动同时进行。这时，刀具切削刃上一点相对于工件的合成运动称为合成切削运动，可用合成切削运动方向 v_e 表示。由图 1-1b 可知，$\boldsymbol{v}_e=\boldsymbol{v}_c+\boldsymbol{v}_f$。

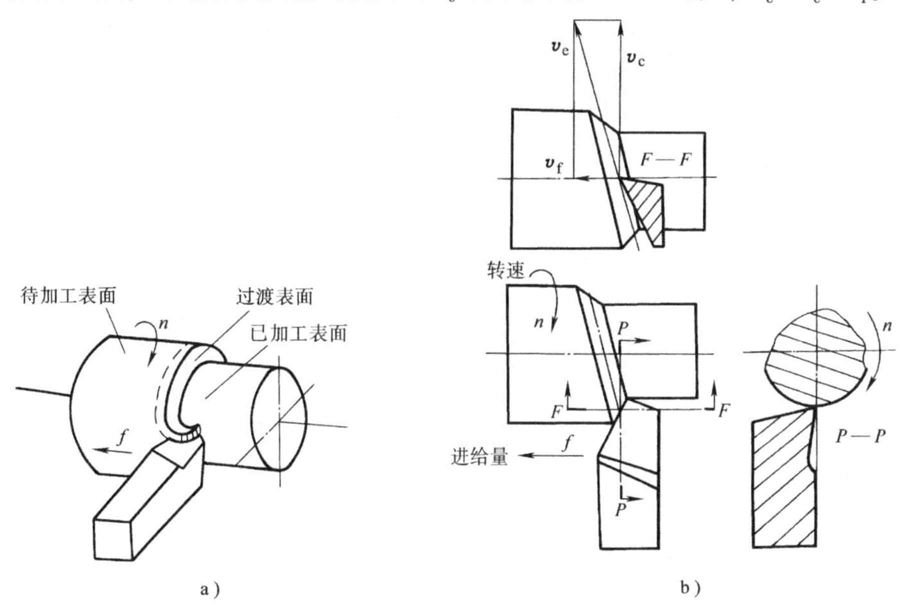

图 1-1　车削时的相对切削运动和形成的表面

显然，沿切削刃各点的合成切削运动方向各不相同。

切削时，由主运动速度 v_c 和进给运动速度 v_f 所组成的平面称为工作平面（合成运动速度 v_e 也在此平面内）。通常认为切削工作是在此平面内完成的。

二、工件上的几个表面

在切削过程中，工件上有三个不断变化的表面（图 1-1a）：

待加工表面——即将被切除的表面。

过渡表面——切削刃正在切削的表面。

已加工表面——切削后形成的新表面。

第二节　刀具切削部分的几何角度

切削刀具的种类繁多，形状各异。但从切屑部分的几何特征上看，却具有共性。外圆车刀切削部分的形态可作为其他各类刀具切削部分的基本形态。其他各类刀具是在此基本形态上，按各自的切削特点演变而来。另外，切削加工是依靠刀具的切削刃进行的，若以切削刃为单元，各类刀具都是切削刃的不同组合。

一、车刀切削部分的组成

图 1-2 所示是常见的直头外圆车刀，它由刀杆和刀头（刀体和切削部分）组成。切削部分包括以下部分：

（1）前面（A_γ）（前刀面）　刀具上切屑流经的表面。

（2）后面（A_α）（后刀面）　与过渡表面相对的表面。

（3）副后面（A_α'）（副后刀面）　与已加工表面相对的刀面。

（4）主切削刃（S）　前、后刀面的交线，它担负主要切削工作。

（5）副切削刃（S'）　前刀面与副后刀面的交线，它配合切削刃完成切削工作，并形成已加工表面。

（6）刀尖　主切削刃与副切削刃的交点，它可以是一个点、直线或圆弧。

不同类型车刀，其切削部分的组成可能不相同，如图 1-3 所示的切断刀，除前刀面、后刀面、切削刃外，有两个副后刀面、两个副切削刃和两个刀尖。

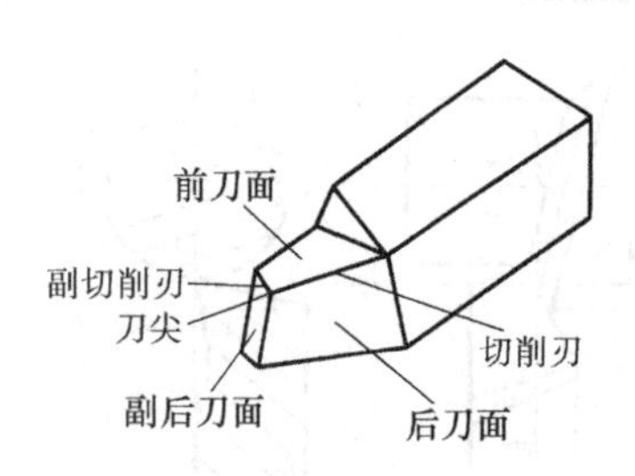

图 1-2　车刀切削部分的组成

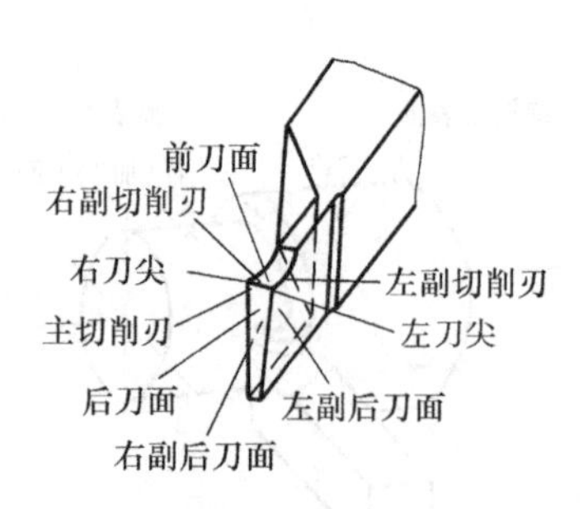

图 1-3　切断刀切削部分的组成

二、刀具标注角度参考系

1. 基准参考平面

为了确定切削部分各刀面在空间的位置，要人为地建立基准参考平面，作为组成参考系的基准。用参考平面与各刀面间形成相应的角度，定出刀具几何角度，以确定各刀面在空间的位置。

刀具的几何角度是要在切削过程中起作用，因而基准参考平面的建立应以切削运动为依据。

刀具标注角度参考系是设计刀具时，为标注刀具几何角度而采用的参考系，也是制造、刃磨刀具时采用的参考系。这时，刀具虽无切削运动，也要结合刀具的定位情况，判定出刀具的假定运动方向，以此为依据建立基准参考平面。

（1）假定运动方向

1）假定主运动方向。以切削刃选定点，位于工件中心高上时的主运动方向作为假定主运动方向。假定主运动方向垂直于车刀刀杆底面（图 1-4）。

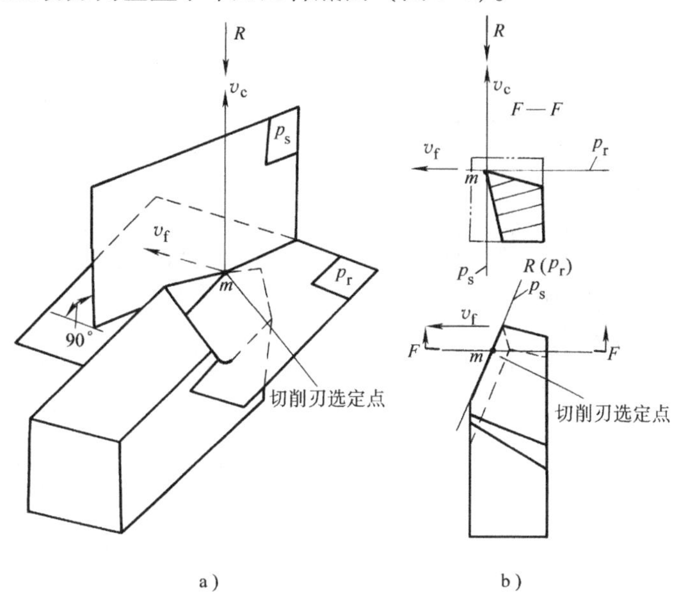

图 1-4 假定主运动方向和进给运动方向与基准参考平面

2）假定进给运动方向。以切削刃上选定点的进给运动方向，作为假定进给运动方向。假定进给运动方向平行于车刀刀杆底面（图 1-4）。

（2）基准参考平面 以假定主运动方向（v_c）为依据，建立基准参考平面，所组成的参考系，称为刀具标注角度参考系。基准参考平面包括基面 p_r 和切削平面 p_s（图 1-4）。

1）基面 p_r。过切削刃选定点垂直于假定主运动方向的平面。车刀的基面 p_r 平行于刀杆底面。假定进给运动方向在基面 p_r 内。

2）切削平面 p_s。过切削刃选定点，包括切削刃或切于切削刃（曲线刃）且垂直于基面 p_r 的平面。车刀的切削平面 p_s 垂直于刀杆底面，假定主运动方向在切削平面 p_s 内。

由图 1-4 可见，由于建立了相互垂直的基面 p_r 和切削平面 p_s，它们各自与前刀面和后刀面间形成了相应的角度。但是两平面间夹角的大小，随所选用测量平面而不同。为了测量出两平面间的夹角，还应规定出用于测量前、后刀面角度大小的“测量平面”。由基面 p_r、切削平面 p_s 和“测量平面”组成空间参考系。从下面的讨论中将会看出，各参考系所采用的“测量平面”各不相同，但无论选用哪一个“测量平面”组成相应的参考系，基面 p_r 和切削平面 p_s 都是共同的，固定不变的。

2. 刀具标注角度参考系

在刀具标注角度参考系中，按选用的“测量平面”不同，可分为三个（常用的）参考系：正交平面参考系、法平面参考系和假定工作平面参考系。下面讨论这三个参考系。

（1）正交平面参考系（$p_r-p_s-p_o$）（图 1-5）　正交平面 p_o 为过切削刃选定点，同时垂直于基面 p_r 和切削平面 p_s 的平面。

（2）法平面参考系（$p_r-p_s-p_n$）（图 1-5）　法平面 p_n 为过切削刃选定点，与切削刃或该点的切线（对曲线刃）相垂直的平面（$p_n \perp p_s$，但不垂直于 p_r）。

（3）假定工作(进给)平面、背(切深)平面参考系($p_r-(p_s)-p_f-p_p$)(图 1-6)

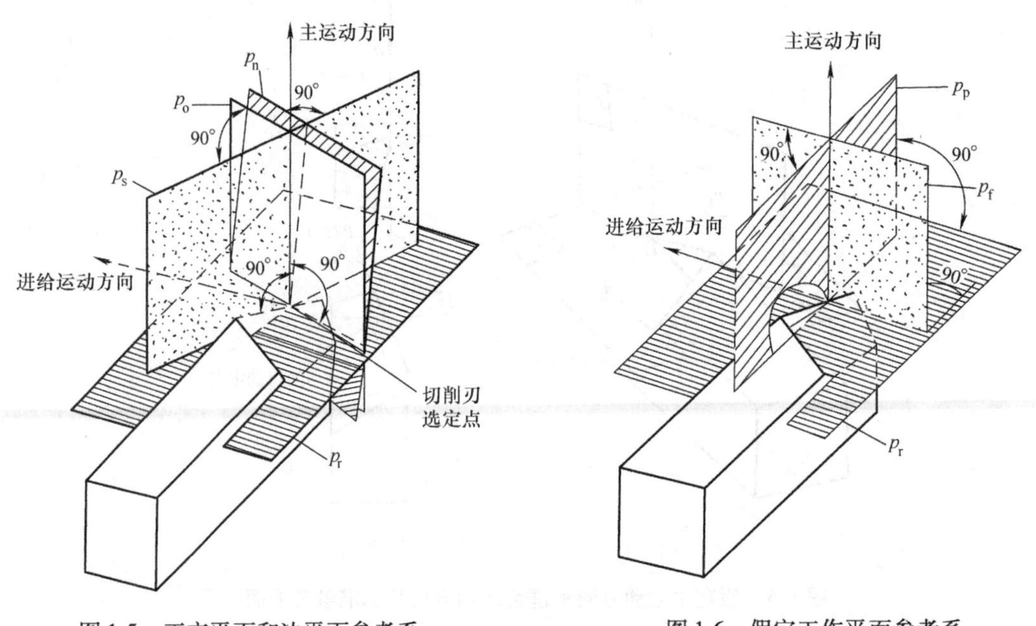

图 1-5　正交平面和法平面参考系　　　　图 1-6　假定工作平面参考系

1）假定工作（进给）平面 p_f。过切削刃选定点，平行于进给运动方向 v_f，且垂直于基面 p_r 的平面（注：包括假定主运动方向 v_c 和假定进给运动方向 v_f 的平面称为假定工作平面）。

2）背（切深）平面 p_p。过切削刃选定点既垂直于假定工作平面 p_f 且垂直于基面 p_r 的平面。

3. 刀具标注角度

在刀具标注角度参考系中确定各刀面的方位角度称为刀具标注角度（图 1-7）。

（1）在正交平面参考系中的刀具标注角度

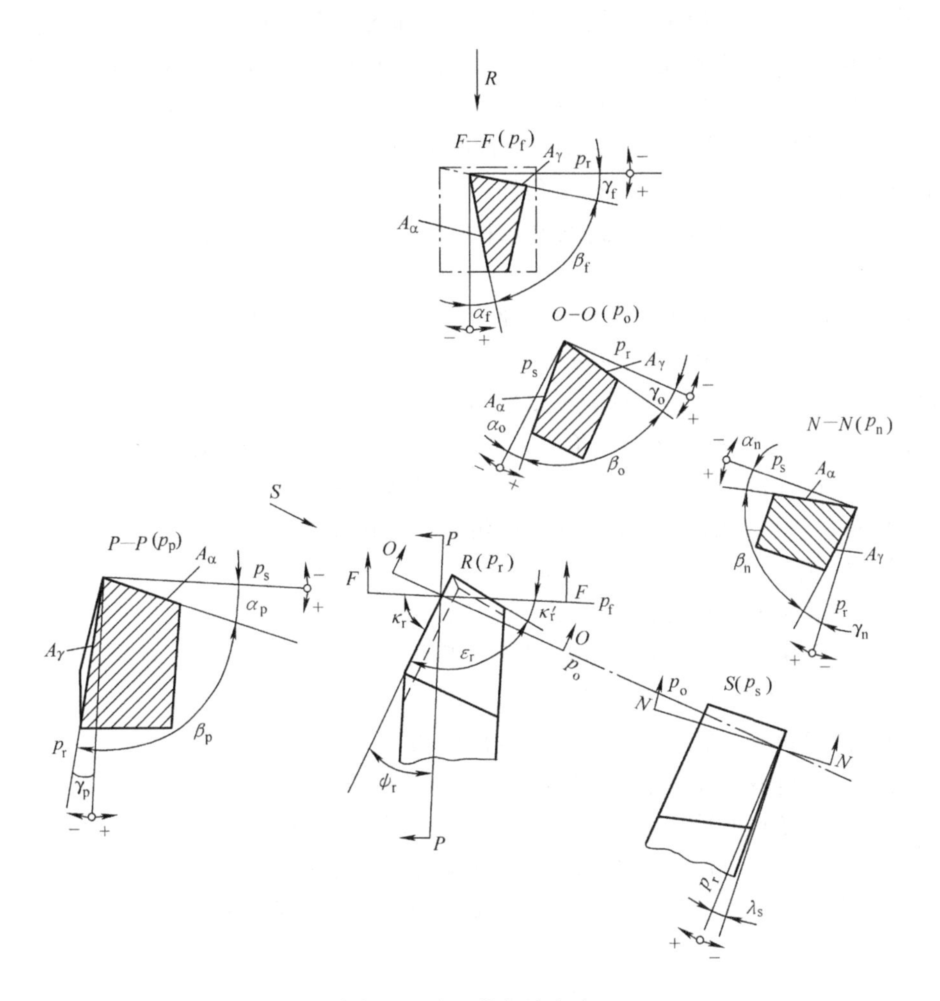

图 1-7 车刀的标注角度

1）在基面 p_r 上测量的角度。

主偏角 κ_r 切削刃在基面 p_r 上的投影与进给运动方向 v_f 间的夹角。

副偏角 κ_r' 副切削刃在基面 p_r 上的投影与反进给运动方向间的夹角。

刀尖角 ε_r 主切削平面与副切削平面间的夹角，$\varepsilon_r=180°-(\kappa_r+\kappa_r')$。

2）在切削平面 p_s 上测量的角度（S 向）。

刀倾角 λ_s 即在切削平面 p_s 上切削刃与基面 p_r 间的夹角。刀倾角 λ_s 正负的判定：刀尖为切削刃上最低点时为负（$-\lambda_s$）；刀尖为切削刃上最高点时为正（$+\lambda_s$）；切削刃平行于基面 p_r 时为零（$\lambda_s=0$）。

3）在正交平面内测量的角度（O—O 剖面、p_o）。

前角 γ_o 前刀面与基面 p_r 间的夹角。

后角 α_o 后刀面与切削平面 p_s 间的夹角。

正交楔角 β_o 前、后刀面间的夹角，$\beta_o=90°-(\gamma_o+\alpha_o)$。

同理，对副切削刃也可建立副基面 p_r'、副切削平面 p_s'和副正交平面 p_o'，以定出其相应的角度。由于副切削刃与切削刃共处于同一个前刀面内，当切削刃的前角 γ_o 和刃倾角 λ_s 被确定后，副切削刃的 γ_o' 和 λ_s' 也同时被确定。因此副切削刃只需确定副偏角 κ_r' 和副后角 α_o'。

副后角 α_o'　在副正交平面 p_o' 中，副后刀面和副切削平面 p_s' 间的夹角。

外圆车刀在正交平面系中，有六个独立角度和两个派生角度。

（2）在法平面参考系中的刀具标注角度

1）在基面 p_r 内的主偏角 κ_r、副偏角 κ_r'；在切削平面 p_s 内的刃倾角 λ_s 和正交平面系中相同

2）在法平面 p_n 内测量的角度（N—N 剖面、p_n）

法前角 γ_n　前刀面与基面 p_r 间的夹角。

法后角 α_n　后刀面与切削平面 p_s 间的夹角。

法平面 p_n 与正交平面 p_o 间的夹角为 λ_s，当 $\lambda_s=0$ 时，p_n 与 p_o 重合。

（3）假定工作（进给）平面、背（切深）平面参考系中的刀具标注角度

1）在基面 p_r 内度量的主偏角 κ_r 和副偏角 κ_r'，与正交平面系相同

2）在假定工作（进给）平面内测量的角度（F—F 剖面、p_f）

侧（进给）前角 γ_f　前刀面与基面 p_r 间的夹角。

侧（进给）后角 α_f　后刀面与切削平面 p_s 间的夹角。

3）背（切深）平面内测量的角度（P—P 剖面、p_p）

背（切深）前角 γ_p　前刀面与基面 p_r 间的夹角。

背（切深）后角 α_p　后刀面与切削平面 p_s 间的夹角。

以上讨论了正交平面等三个参考系及其角度。我国主要采用正交平面系，即在图样上标注 κ_r、κ_r'、λ_s、γ_o、α_o 和 α_o' 等6个角度，有时应补充标注 γ_n、α_n。

由以上讨论可知，确定刀具几何角度的步骤为：以切削刃为单元，定出切削刃上选定点，判定出选定点的假定主运动方向和假定进给运动方向，作出基面和切削平面，选取测量平面以建立参考系，从而确定其相应的角度。

4. 刀具标注角度的换算

（1）正交平面与法平面的角度换算（图1-8）　在我国主要采用正交平面系，通常总是已知 γ_o、α_o、κ_r、λ_s 等，那么 γ_n 与 γ_o 是什么关系呢？由图1-8可知：

$$\tan\gamma_n=\frac{\overline{ab_n}}{\overline{ma}}\qquad \tan\gamma_o=\frac{\overline{ab_o}}{\overline{ma}}\qquad \frac{\tan\gamma_n}{\tan\gamma_o}=\frac{\overline{ab_n}}{\overline{ab_o}}=\cos\lambda_s$$

所以

$$\tan\gamma_n=\tan\gamma_o\cos\lambda_s \tag{1-1}$$

（2）正交平面参考系中的 γ_o、λ_s 与假定工作（进给）平面、背（切深）平面参考系中的 γ_f、γ_p 间的换算　已知主偏角为 κ_r。由图1-9可见：

背前角 γ_p

$$\tan\gamma_p=\frac{\overline{a_pb_p}}{\overline{ma_p}}=\frac{\overline{a_pc_p}+\overline{c_pb_p}}{\overline{ma_p}}$$

$$\overline{a_pc_p}=\overline{a_ob_o}=\overline{ma_o}\tan\gamma_o$$

$$\overline{c_pb_p}=\overline{b_oc_p}\tan\lambda_s=\overline{a_oa_p}\tan\lambda_s$$

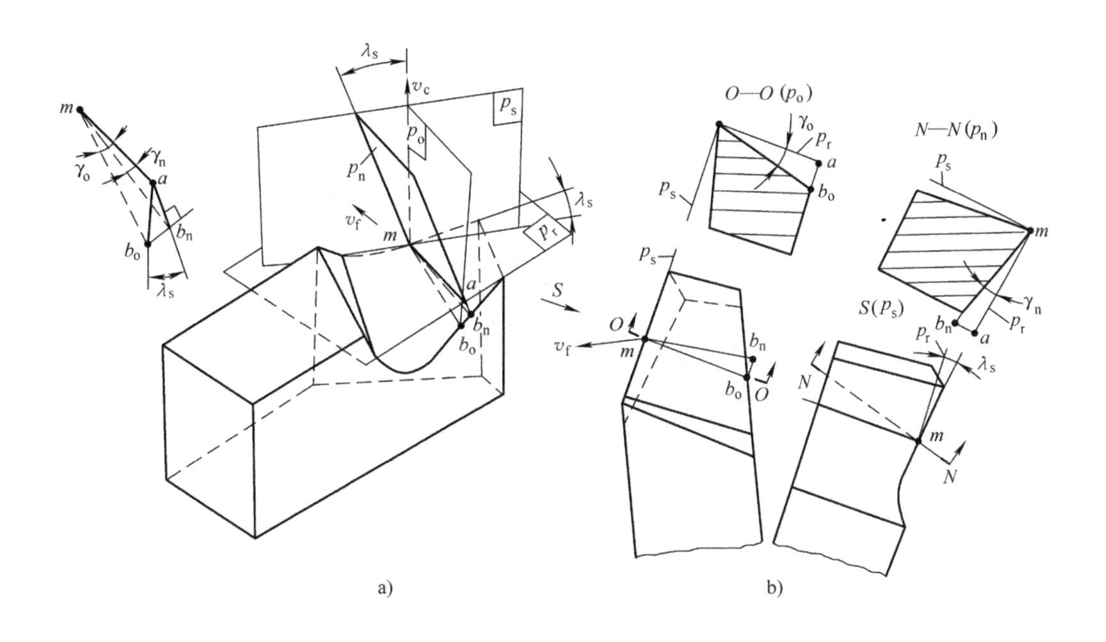

图 1-8 γ_n 与 γ_o 的关系

所以

$$\tan\gamma_p = \frac{\overline{ma_o}\tan\gamma_o}{\overline{ma_p}} + \frac{\overline{a_oa_p}\tan\lambda_s}{\overline{ma_p}} = \tan\gamma_o\cos\kappa_r + \tan\lambda_s\sin\kappa_r \tag{1-2}$$

侧前角 γ_f

$$\tan\gamma_f = \frac{\overline{a_fb_f}}{\overline{ma_f}} = \frac{\overline{a_fc_f} - \overline{b_fc_f}}{\overline{ma_f}}$$

$$\overline{a_fc_f} = \overline{a_ob_o} = \overline{ma_o}\tan\gamma_o$$

$$\overline{b_fc_f} = \overline{b_oc_f}\tan\lambda_s = \overline{a_oa_f}\tan\lambda_s$$

所以

$$\tan\gamma_f = \frac{\overline{ma_o}\tan\gamma_o}{\overline{ma_f}} - \frac{\overline{a_oa_f}\tan\lambda_s}{\overline{ma_f}} = \tan\gamma_o\sin\kappa_r - \tan\lambda_s\cos\kappa_r \tag{1-3}$$

在图 1-9b 中，若设想图中的后刀面转向前刀面并与前刀面重合，则各剖面中的后刀面与基面的夹角为（$90° - \alpha$），则

$$\gamma_o = 90° - \alpha_o$$

$$\gamma_f = 90° - \alpha_f$$

$$\gamma_p = 90° - \alpha_p$$

将这种角度互余关系代入式（1-2）、式（1-3）中，可得假定工作和背平面中的后角 α_f、α_p 换算式：

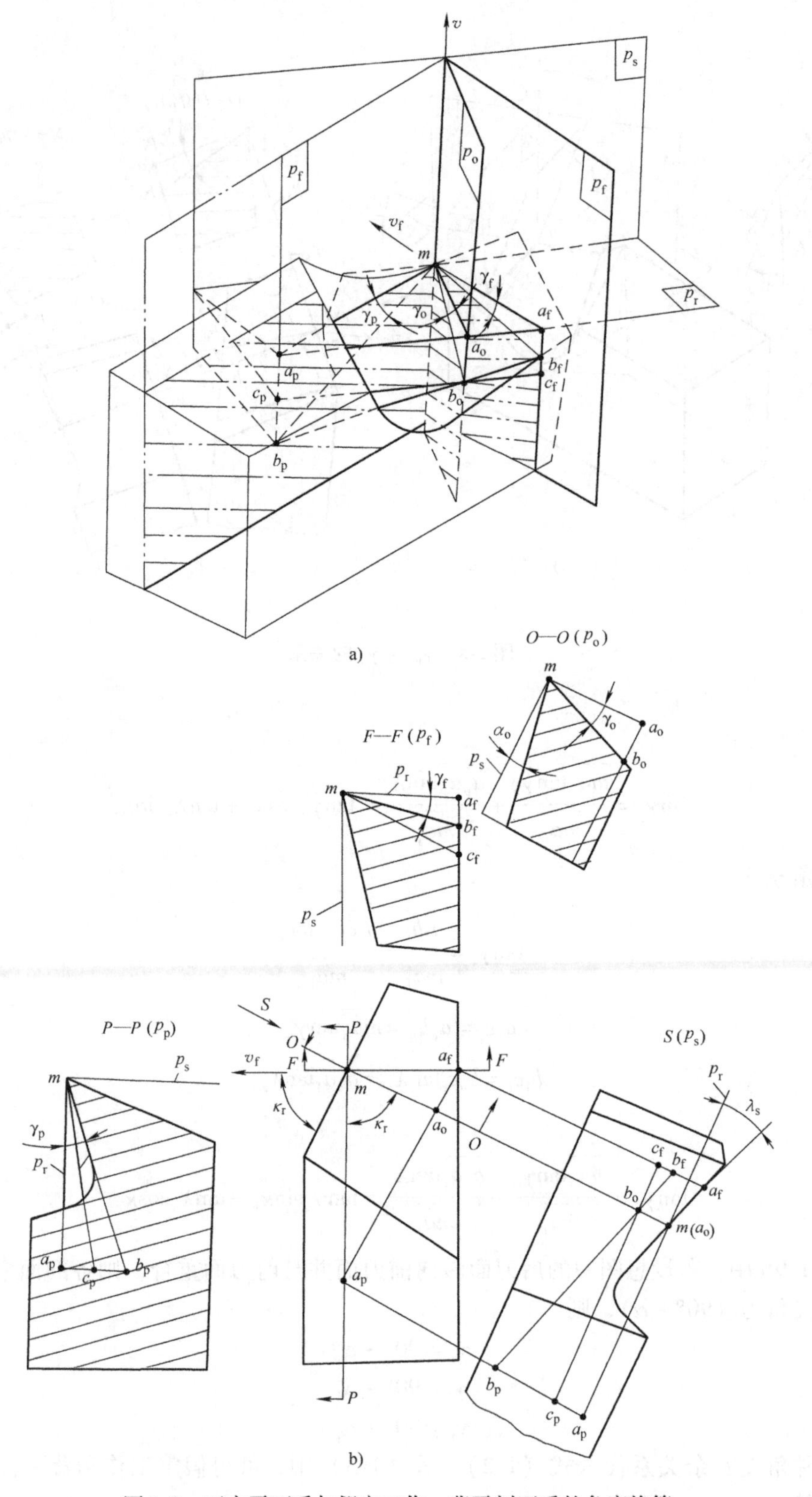

图 1-9　正交平面系与假定工作、背平剖面系的角度换算

$$\cot\alpha_f = \cot\alpha_o \sin\kappa_r - \tan\lambda_s \cos\kappa_r \tag{1-4}$$

$$\cot\alpha_p = \cot\alpha_o \cos\kappa_r + \tan\lambda_s \sin\kappa_r \tag{1-5}$$

（3）已知假定工作（进给）前角 γ_p、背前角 γ_f 及主偏角 κ_r，求前角 γ_o 及刀倾角 λ_s

由式（1-2）及式（1-3）可知：

令式（1-3）$\times\sin\kappa_r$ + 式（1-2）$\times\cos\kappa_r$，化简可得

$$\tan\gamma_o = \tan\gamma_p \cos\kappa_r + \tan\gamma_f \sin\kappa_r \tag{1-6}$$

令式（1-3）$\times\cos\kappa_r$ − 式（1-2）$\times\sin\kappa_r$，化简可得

$$\tan\lambda_s = \tan\gamma_p \sin\kappa_r - \tan\gamma_f \cos\kappa_r \tag{1-7}$$

5. 车刀几何角度的刃磨

车刃所要求的几何角度是需要经过刃磨来得到的。由于手工刃磨质量差，通常应在磨刀机上通过夹具来进行。常用的车刀刃磨夹具如图1-10所示，它是由平口钳1、底座3和两副90°弯头2所组成的三向回转夹具。设三向回转轴 x、y、z 的初始位置相互垂直。当刃磨前刀面时，将夹具与刀具一起调整为图1-11所示的位置。已选定刀具的角度为 κ_r、γ_o、λ_s。

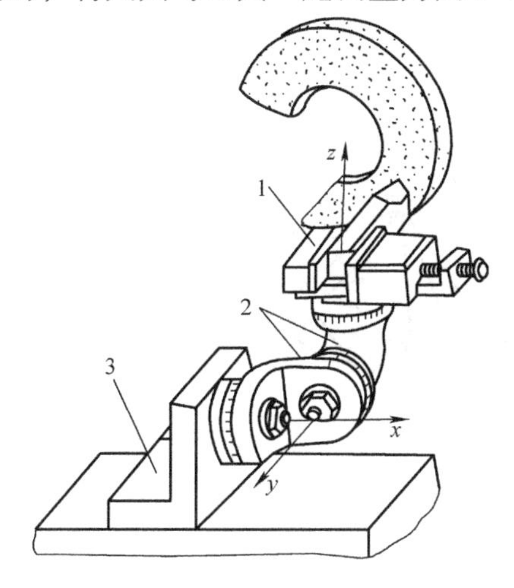

图1-10 车刀刃磨夹具

1—平口钳 2—90°弯头 3—底座

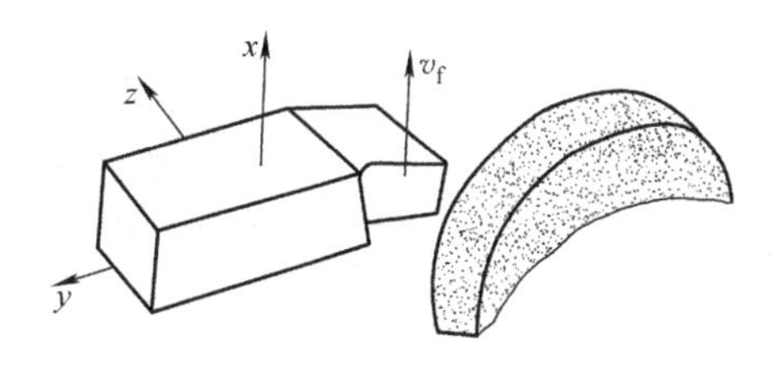

图1-11 车刀刃磨前刀面夹具的调整

这时，x 坐标轴相当于车刀的假定工作平面 $p_f - p_f$，而 y 坐标轴则相当于车刀的背平面 $p_p - p_p$。为了得到具有 γ_o 和 λ_s 的前刀面，只要绕 y 轴转动侧前角 γ_f；绕 x 轴转动背前角 γ_p，即可得到近似的 γ_o 和 λ_s（由于绕 x 轴旋转后，再绕 y 轴转动时，x 轴也跟着转动，调整时为了获得完全准确的 γ_o 和 λ_s，还需要增加一修整量。此处不作讨论）。

三、刀具工作角度参考系

上面所讨论的刀具标注角度参考系，没有考虑刀具切削时的进给运动速度 v_f，而刀具切削刃上的选定点，也是在刀具特定安装条件下给出的。刀具工作角度参考系，是以刀具切削时的合成切削运动方向（v_e），或以刀具的实际安装位置（切削刃选定点实际所在位置）为依据所建立的参考系，其相应的角度，称为刀具工作角度。

1）工作基面 p_{re}　过切削刃选定点，垂直于合成运动方向 v_e 的平面；或在不考虑进给运

动方向 v_f 时，过切削刃选定点垂直于该点的实际主运动方向 v_c 的平面。

2）工作切削平面 p_{se}　过切削刃选定点包含切削刃或切于（对曲线刃）切削刃，且垂直于工作基面 p_{re} 的平面。

在刀具工作角度参考系中，同样有：工作正交平面系；工作法平面系和工作平面系、背平面系。其相应的角度也有：工作前角 γ_{oe}、工作法前角 γ_{ne}、工作侧前角 γ_{fe} 等，余类推。

1. 进给运动对刀具几何角度的影响

（1）纵向进给　如图 1-12 所示，为以合成切削运动速度（v_e）为依据所建立的工作基面 p_{re} 和工作切削平面 p_{se}。这时，工作基面 p_{re} 和基面 p_r 在假定工作（进给）平面 p_f 内的夹角为 μ_f。若进给量为 f（单位为 mm/r），则

$$\tan\mu_f = \frac{f}{\pi d_w} \tag{1-8}$$

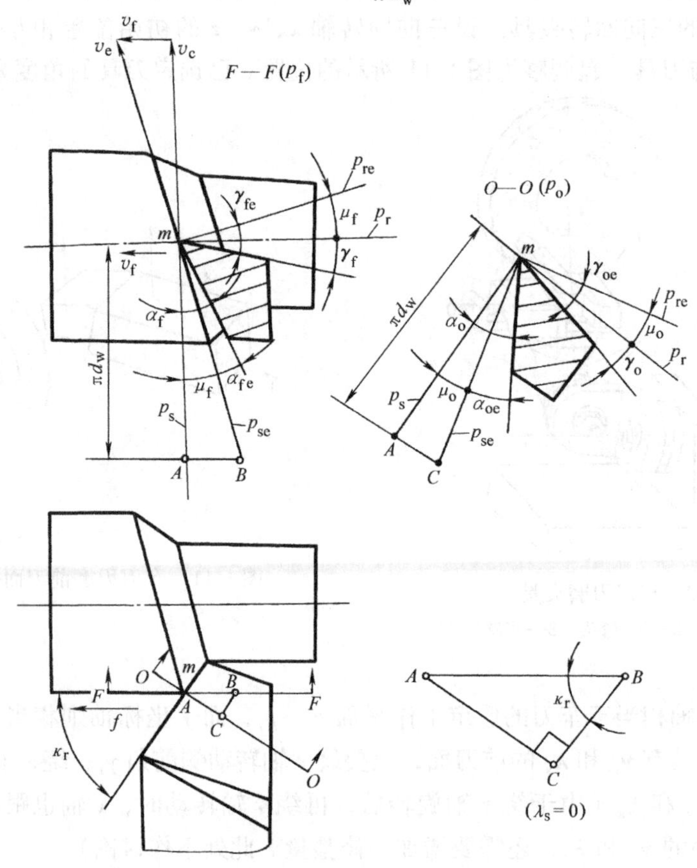

图 1-12　纵向车削时，车刀的工作角度

在工作（进给）平面内：

$$\left.\begin{aligned} &\text{工作侧（进给）前角 } \gamma_{fe} \quad && \gamma_{fe} = \gamma_f + \mu_f \\ &\text{工作侧（进给）后角 } \alpha_{fe} \quad && \alpha_{fe} = \alpha_f - \mu_f \end{aligned}\right\} \tag{1-9}$$

在工作正交平面内：

工作前角 γ_{oe}　　$\gamma_{oe}=\gamma_o+\mu_o$

工作后角 α_{oe}　　$\alpha_{oe}=\alpha_o-\mu_o$　　(1-10)

由图 1-12：($\lambda_s=0$)　$\tan\mu_o=\dfrac{AC}{\pi d_w}$；$\tan\mu_f=\dfrac{AB}{\pi d_w}=\dfrac{f}{\pi d_w}$

所以

$$\tan\mu_o=\tan\mu_f\frac{AC}{AB}=\tan\mu_f\sin\kappa_r=\frac{f}{\pi d_w}\sin\kappa_r \tag{1-11}$$

由式（1-11）可见，μ_o 的大小，与进给量 f 和工件直径 d_w 有关。一般外圆车削的 μ_o 值不超过 30′～40′，可忽略不计。但在车削螺纹，尤其是大导程或多线螺纹时，μ_o 的数值很大，必须进行工作角度的验算，使螺纹车刀 α_{feL} 与 α_{feR} 不小于 1°30′～2°。并且要注意，螺纹车刀左右两侧切削刃的 μ_o 值对工作角度影响的符号相反，如图 1-13 所示。

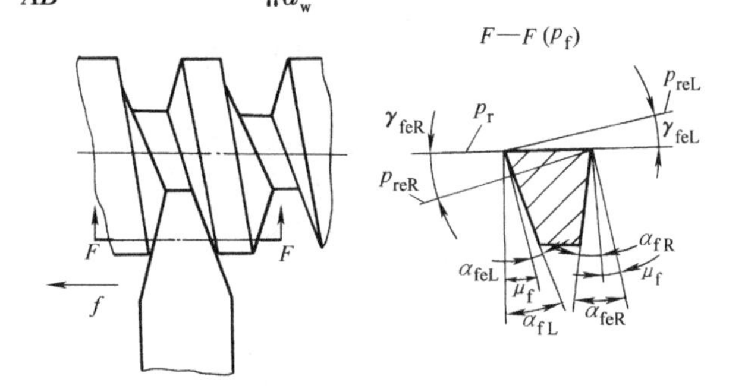

图 1-13　车螺纹时刀具的工作角度

（2）横向进给（图 1-14）　车槽或切断时，假定工作（进给）平面 p_f 与正交平面 p_o 重合。

$$\tan\mu_o=\tan\mu_f=\frac{f}{\pi d_w}$$

因此

$$\left.\begin{aligned}&\text{工作前角 }\gamma_{oe}\\&\gamma_{oe}=\gamma_{fe}=\gamma_o+\mu_o\\&\text{工作后角 }\alpha_{oe}\\&\alpha_{oe}=\alpha_{fe}=\alpha_o-\mu_o\end{aligned}\right\} \tag{1-12}$$

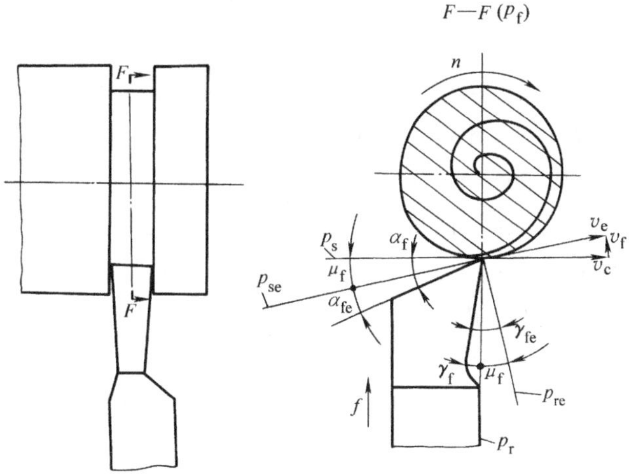

图 1-14　横向进给时刀具的工作角度

式(1-12)中代号同式(1-8)～式(1-11)。μ_o 值与进给量 f 和工件直径 d_w 的大小有关。当采用自动进给切断时，进给量 f 一定，工件直径 d_w 不断减小，使 μ_o 不断增大，结果工作后角 α_{oe} 或工作侧(进给)后角 α_{fe} 不断减小，甚至为负值。为此，对切断刀的后角 α_o 应采用较大值，并在切断终了时，应减小进给量 f，以免产生噪声或打刀。

2. 刀具安装位置对刀具工作角度的影响

（1）刀具安装高、低的影响　如图 1-15 所示，设刀具的 $\lambda_s=0$，当刀尖安装高于工件中心高时，若不计进给运动的影响，以刀尖实际位置为依据建立工作基面 p_{re} 和工作切削平面 p_{se}。这样，由图 1-15 可以看出，在背（切深）平面 p_p 内，工作基面 p_{re} 与基面 p_r 间的夹角为 θ_p。

$$\tan\theta_p=\frac{h}{\sqrt{(d_w/2)^2-h^2}} \tag{1-13}$$

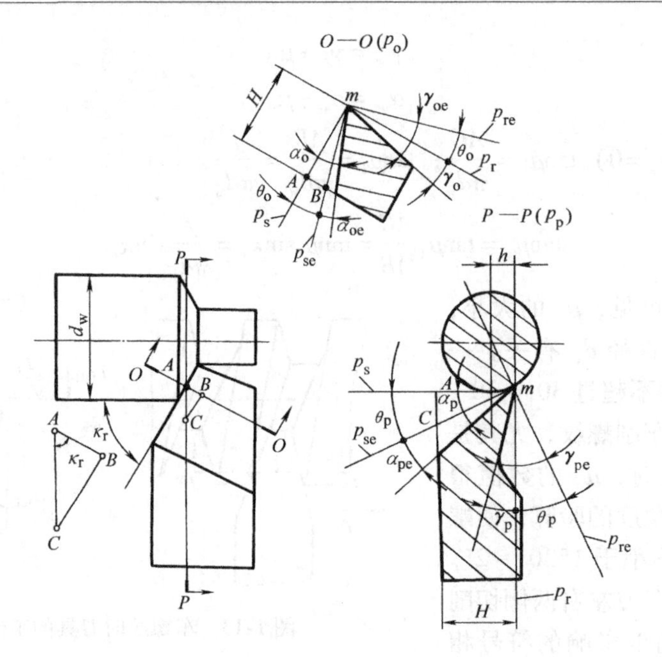

图1-15　刀具安装高低对刀具工作角度的影响

式中　h——刀尖高于工件中心值，单位为mm；

　　d_w——工件直径，单位为mm。

在背（切深）平面p_p内：

工作背（切深）前角γ_{pe}　　$\gamma_{pe}=\gamma_p+\theta_p$

工作背（切深）后角α_{pe}　　$\alpha_{pe}=\alpha_p-\theta_p$　　(1-14)

在正交平面p_o内：

由图1-15（$\lambda_s=0$）

$$\tan\theta_o=\frac{AB}{H};\ \tan\theta_p=\frac{AC}{H}$$

所以

$$\tan\theta_o=\tan\theta_p\frac{AB}{AC}=\tan\theta_p\cos\kappa_r \tag{1-15}$$

工作前角γ_{oe}　　$\gamma_{oe}=\gamma_o+\theta_o$

工作后角α_{oe}　　$\alpha_{oe}=\alpha_o-\theta_o$　　(1-16)

若刀尖安装低于工件中心，工作角度变化与上述相反。镗孔时，刀具安装高、低的影响与车外圆时相反。

（2）刀杆轴线安装不垂直于进给运动方向的影响　如图1-16所示，在基面p_r内，若刀具轴线在安装时，不垂直于进给运动方向，其夹角为G，使刀具工作主、副偏角发生变化，其值为

$$\left.\begin{aligned}\kappa_{re}&=\kappa_r\pm\mu\\ \kappa'_{re}&=\kappa'_r\mp\mu\end{aligned}\right\} \tag{1-17}$$

式中的“+”“-”号，由刀杆的偏斜方向决定；μ为刀杆轴线的垂线与进给方向的夹角。

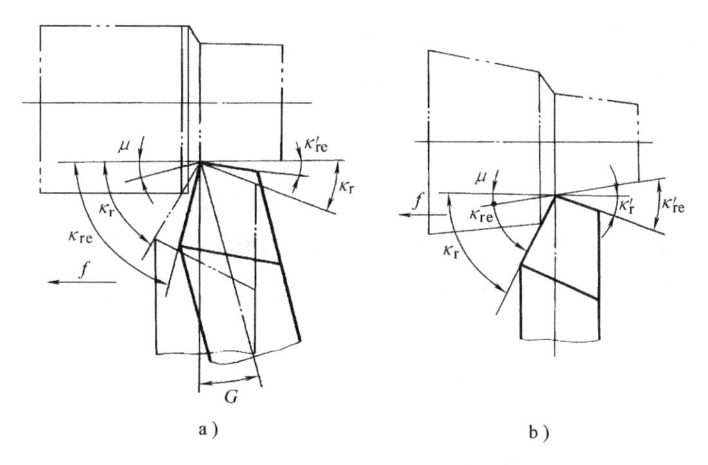

图 1-16 刀杆轴线不垂直于进给运动方向时的刀具工作角度

第三节 切削用量与切削层参数

一、切削用量

切削用量是用于表示主运动、进给运动和切入量参数的数量，以便用于调整机床。它包括切削速度、进给量和背吃刀量（切削深度）三个要素。

1. 切削速度v_c

切削速度是刀具切削刃选定点相对于工件的主运动的瞬时速度。当主运动为旋转运动时，刀具或工件上最大直径处的切削速度 v_c 由下式确定：

$$v_c = \frac{\pi dn}{1000} \tag{1-18}$$

式中 v_c——切削速度，单位为 m/min 或 m/s；

d——完成主运动的刀具或工件的最大直径，单位为 mm；

n——工件或刀具的转速，单位为 r/min 或 r/s。

2. 进给量f

进给量是刀具在进给运动方向上相对工件的位移量，可用刀具或工件每转或每行程的位移量来表述和度量。车削时的进给量f是工件每转一转，切削刃沿进给方向的移动量，单位为 mm/r。其进给速度 v_f 为

$$v_f = nf \tag{1-19}$$

式中 v_f——进给速度，单位为 mm/min 或 mm/s。

3. 背吃刀量（切削深度）$\boldsymbol{a_p}$

在基面 p_r 上，垂直于进给运动方向测量的切削层尺寸。

车削外圆时
$$a_p = \frac{d_w - d_m}{2} \tag{1-20}$$

式中 a_p——背吃刀量（切削深度），单位为 mm；

d_w——工件待加工表面直径，单位为 mm；

d_m——工件已加工表面直径，单位为 mm。

二、切削层参数

切削时，沿进给运动方向移动一个进给量（车削或刨削时为 mm/r，mm/双行程；多刃刀具为 mm/z）所切除的金属层称为切削层。切削层参数，是指切削层在基面 p_r 内所截得的截面形状和尺寸，即在切削层公称横截面中度量。车削时的切削层公称横截面参数，如图1-17 所示，其定义如下。

（1）切削层公称厚度　简称切削厚度 h_D，它是垂直于过渡表面度量的切削层尺寸。

$$h_D = f\sin\kappa_r \tag{1-21}$$

式中　h_D——切削厚度，单位为 mm；

f——进给量，单位为 mm/r；

κ_r——主偏角，单位为（°）。

（2）切削层公称宽度　简称切削宽度 b_D，它是平行于过渡表面度量的切削层尺寸。

$$b_D = \frac{a_p}{\sin\kappa_r} \tag{1-22}$$

式中　b_D——切削宽度，单位为 mm；

a_p——背吃刀量，单位为 mm。

切削宽度 b_D，是切削刃和过渡表面的接触长度在基面 p_r 上的投影。当刃倾角 $\lambda_s = 0°$时，为（实际）切削宽度 b_D。当 $\lambda_s \neq 0°$时，其实际切削宽度 b_{DS}为

$$b_{DS} = \frac{a_p}{\sin\kappa_r\cos\lambda_s} \tag{1-23}$$

由式（1-21）和式（1-22）可知，当进给量 f 和背吃刀量（切削深度）a_p 一定时，切削厚度 h_D 和切削宽度 b_D 随主偏角 κ_r 而变化（图 1-17）。当 $\kappa_r = 90°$时，$h_D = h_{Dmax} = f$；$b_D = b_{Dmin} = a_p$（图 1-17）。

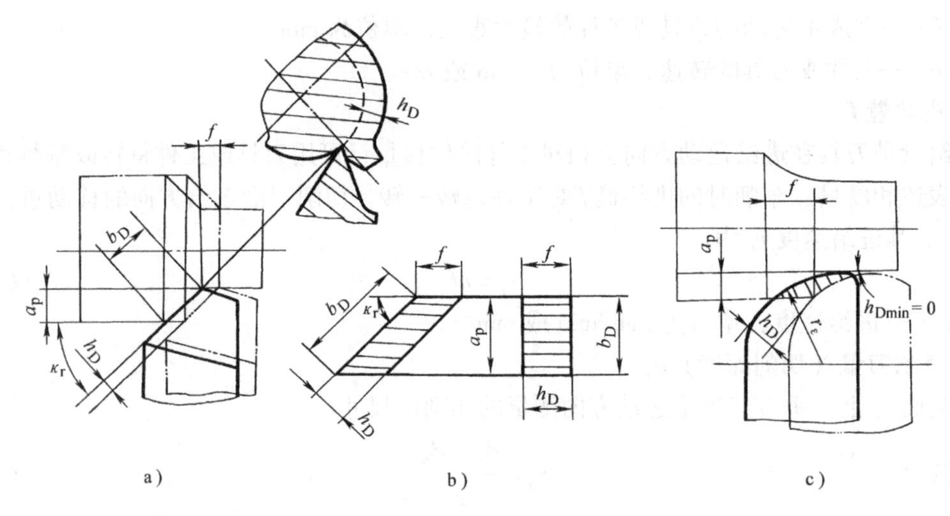

图 1-17　切削层参数

由于切削厚度 h_D 表明了切削层横截面的厚度，而切削宽度 b_D 表明了切削层横截面的宽度。因而，用切削厚度 h_D 和切削宽度 b_D，比用进给量 f 和背吃刀量（切削深度）a_p，更能反映切削层横截面的特性。

（3）切削层公称横截面积　简称切削层横截面积 A_D，它是在切削层尺寸平面度量的横截面积（在基面 p_r 内度量的切削层横截面积）。

$$A_D = h_D b_D = f\sin\kappa_r \frac{a_p}{\sin\kappa_r} = fa_p \tag{1-24}$$

式中　A_D——切削层横截面积，单位为 mm^2。

思考与习题

1.1　试画出习图 1-1 所示切断刀的正交平面系的标注角度：γ_o、α_o、κ_r、κ_r'、α_o'（要标出：假定主运动方向 v_c、假定进给运动方向 v_f、基面 p_r 和切削平面 p_s）。

1.2　如习图 1-2 所示，用弯头刀车端面时，试指出车刀的切削刃、副切削刃、刀尖；画图并标出假定工作进给平面、背（切深）平面中的 γ_f、α_f、γ_p、α_p。

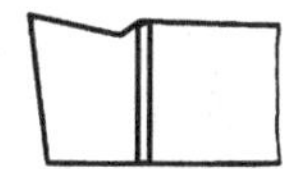

习图 1-1

1.3　转塔车床或自动车床安装刀具如习图 1-3 所示，若不考虑进给运动的影响，试标明该刀具的基面 p_r 和工作基面 p_{re}，将这种情况与基面的定义相比较。

1.4　如习图 1-4 所示，镗孔时，工件内孔直径为 ϕ50mm。镗刀的几何角度为：$\gamma_o = 10°$，$\alpha_o = 8°$，$\kappa_r = 75°$，$\lambda_s = 0°$。若镗刀在安装时，刀尖比工件中心低 $h = 1mm$，试检验镗刀的工作后角 α_{oe}。

1.5　车削梯形单线螺纹，螺距为 12mm，外径为 50mm，若螺纹车刀的 $\gamma_f = 0°$，$\lambda_s = 0°$，$\alpha_{fR} = \alpha_{fL} = 8°$，试校验螺纹车刀的 α_{feR} 和 α_{feL} 的大小。

1.6　如习图 1-2 所示的车端面，试标出背吃刀量 α_p，进给量 f；切削宽度 b_D，切削厚度 h_D。若 $a_p = 5mm$，$f = 0.3mm/r$；$\kappa_r = 45°$。试求，b_D、h_D 和切削层横截面积 A_D 的大小。

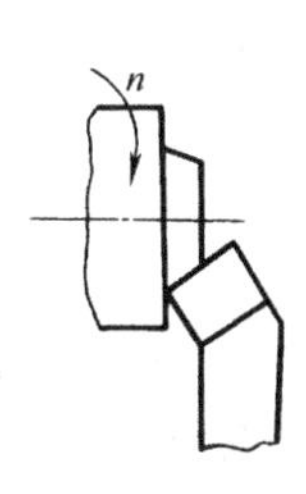

习图 1-2

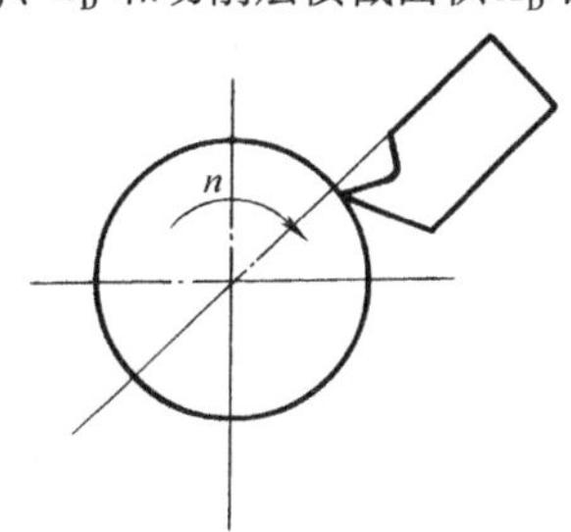

习图 1-3

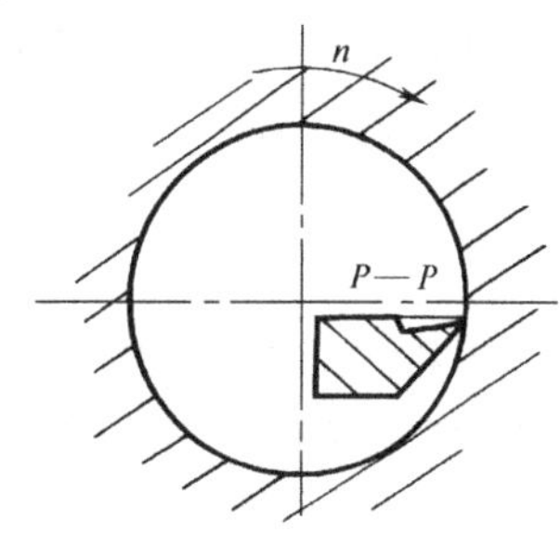

习图 1-4

第二章　刀具材料

在金属切削过程中，刀具切削部分承担切削工作，其材料性能的好坏对于切削效率、加工成本、加工表面质量等都有密切关系。目前广泛应用的刀具材料有高速钢和硬质合金。随着生产率的不断提高和难加工材料的日益广泛应用，超硬刀具材料也不断涌现，如陶瓷、立方氮化硼和人造金刚石等。

第一节　刀具材料应具备的性能

在切削过程中，刀具切削部分是在很大切削力和很高的切削温度作用下工作的，有时还要受到强烈的冲击力，因此刀具材料必须具备下列性能。

一、硬度和耐磨性

刀具要从工件上切除多余的金属，其硬度必须大于工件材料的硬度。一般常温硬度应超过60HRC以上。常用高速钢的硬度为62～65HRC，硬质合金的硬度可达89～95HRA，金刚石硬度为10000HV。

耐磨性与硬度有密切关系，硬度越高，均匀分布的细化碳化物越多，则耐磨性越好。

二、强度和韧性

在切削过程中，刀具承受很大的压力，同时还要出现冲击和振动，为了不产生崩刃或折断，刀具材料必须具有足够的强度和韧性。

三、耐热性

耐热性是指在高温下刀具材料保持上述性能的能力，可用热硬性表示。高温下硬度越高则热硬性越好。例如，碳素工具钢的热硬性约300℃、高速钢约600℃、硬质合金约900℃。

四、良好的工艺性

为了便于制造刀具，刀具材料应具有良好的工艺性能，如锻造、焊接、热处理、磨削加工等性能。

各种刀具材料的物理力学性能见表2-1。

表2-1　各种刀具材料的物理力学性能

材料性能 / 材料种类	密度 /(g/cm³)	硬　度	抗弯强度 /GPa	抗压强度 /GPa	冲击韧度 /(kJ/m²)	弹性模量 /GPa	热导率 /[W/(m·℃)]	线胀系数 /(1/℃)×10⁻⁶	耐热性 /℃
碳素工具钢	7.6～7.8	63～65HRC	2.2	4	—	210	41.8	11.72	200～250

（续）

材料种类		密度 /（g/cm^3）	硬　度	抗弯强度 /GPa	抗压强度 /GPa	冲击韧度 /（kJ/m^2）	弹性模量 /GPa	热导率 /[W/(m·℃)]	线胀系数 /(1/℃) ×10^{-6}	耐热性 /℃
合金工具钢		7.7～7.9	63～66 HRC	2.4	4	—	210	41.8	—	300～400
高速钢 W18Cr4V		8.7	63～66 HRC	3～3.4	4	180～320	210	20.9	11	620
硬质合金	YG6	14.6～15	89.5 HRA	1.45	4.6	30 (0.3)	630～640	79.4	4.5	900
	YT14	11.2～12	90.5 HRA	1.2	4.2	7 (0.07)	—	33.5	6.21	900
陶瓷	Al_2O_3 陶瓷 AM①	3.95	>91 HRA	0.45～0.55	5	5 (0.05)	350～400	19.2	7.9	1200
	Al_2O_3 + TiC 陶瓷 T8	4.5	93～94 HRA	0.55～0.65						
	Si_3N_4 陶瓷 SM	3.26	91～93 HRA	0.75～0.85	3.6	4 (0.04)	300	38.2	1.75	1300
金刚石	天然金刚石	3.47～3.56	10000HV	0.21～0.49	2	—	900	146.5	0.9～1.18	700～800
	聚晶金刚石复合刀片②		6500～8000HV	2.8	4.2	—	560	100～108.7	5.4～6.48	700～800
立方氮化硼	烧结体③	3.45	6000～8000HV	1.0	1.5	—	720	41.8	2.5～3	1000～1200
	立方氮化硼复合刀片 FD		≥5000HV	1.5						>1000

① 除密度、硬度和抗弯强度外，其余数据取自前苏联 ЦМ332 牌号陶瓷。

② 数据以自美国 Compax 刀片，国产 FJ 刀片的硬度为 >7000HV，抗弯强度≥1.5GPa。

③ 数据取自前苏联 Эльбор-Р 牌号。

第二节　高　速　钢

高速钢是在钢中加入较多的钨、钼、铬、钒等合金元素的高合金工具钢，在热处理过程中，一部分钨、铁、铬和钒均与碳形成高硬度的碳化物，可以提高钢的耐磨性；另一部分钨溶于基体中，增加钢的高温硬度。钼的作用与钨基本相同，并能细化碳化物颗粒，提高钢的韧性。

高速钢具有高的强度（抗弯强度为 3～3.4GPa）和高的韧性（180～320kJ/m^2），具有一定的硬度（63～66HRC）和良好的耐磨性，当切削温度高达 500～650℃时，尚能进行切削。切削中碳钢的切削速度可达 30m/min 左右。高速钢刀具的制造工艺性能好，在复杂刀具（如钻头、丝锥、成形刀具、拉刀、齿轮刀具等）制造中占主要地位。其加工的材料范围也很广泛，包括有色金属、铸铁、碳钢、合金钢等。

常用高速钢的物理力学性能见表2-2。

表2-2　常用高速钢的物理力学性能

类型		牌号			硬度 HRC			抗弯强度/GPa	冲击韧度/(MJ/m²)
		YB12-77牌号	美国AISI代号	国内有关厂代号	室温	500℃	600℃		
普通高速钢		W18Cr4V(T1)			63～66	56	48.5	2.94～3.33	0.176～0.344
		W6Mo5Cr4V2(M2)			63～66	55～56	47～48	3.43～3.92	0.294～0.392
		W6Mo5CrV3Co8			64～66	—	50.5	～3.92	～0.245
高性能高速钢	高碳	95W18Cr4V			67～68	59	52	～2.92	0.166～0.216
	高钒	W10Mo4Cr4V3Co10(EV4)			65～67	—	51.7	～3.136	～0.245
		M3 (W6Mo5Cr4V3)			65～67	—	51.7	～3.136	～0.245
	含钴	M36 (W6Mo5Cr4V2Co5)			66～68	—	54	～2.92	～0.294
		M42 (W2Mo9Cr4VCo8)			67～70	60	55	2.65～3.72	0.225～0.294
	含铝	W6Mo5Cr4V2Al(M2Al)(501)			67～69	60	55	2.84～3.82	0.225～0.294
		W10Mo4Cr4V3Al(5F6)			67～69	60	54	3.04～3.43	0.196～0.274
		W6Mo5Cr4V5SiNbAl(B201)			66～68	57.7	50.9	3.53～3.82	0.255～0.265
	含氮	V3N (W12Mo3Cr4V3N)			67～70	61	55	1.96～3.43	0.147～0.392

注：牌号中化学元素后面数字表示质量分数的大致百分比，未注者约在1%左右。

高速钢按用途不同，可分为普通高速钢和高性能高速钢。按制造工艺方法不同，又可分为熔炼高速钢和粉末冶金高速钢。

一、普通高速钢

普通高速钢的特点是工艺性好，可满足一般工程材料的切削加工，常用的品种有：

1. 钨系普通高速钢

钨系普通高速钢，在我国最常用的牌号是W18Cr4V，它的硬度为63～66HRC，抗拉强度为R_m=3.13GPa。切削时能承受较大的冲击负荷，刃磨性好，是制造复杂刀具的主要材料。属于钨系普通高速钢的另一种牌号是W6Mo5Cr4V3Co8，它有较大的塑性，可作为热轧刀具的材料，其性能相当于W18Cr4V。

2. 钨钼系普通高速钢

钨钼系普通高速钢，使用最广泛的牌号是W6Mo5Cr4V2，它的通用性能好，碳化物细小均匀，抗弯强度比W18Cr4V高15%～20%，具有较大的塑性，也是热轧刀具的主要材料。热处理后的性能高于W18Cr4V。钼可以改善钢的刃磨性，但缺点是热处理脱碳敏感性大，淬火温度范围窄。

二、高性能高速钢

高性能高速钢是通过调整基本化学成分和添加其他合金元素，使其性能比普通高速钢提高一步，可用于切削高强度钢、高温合金、钛合金等难加工材料。主要有以下几种：

1. 高碳高速钢

高碳高速钢碳的质量分数提高到 0.9% ~1.05%，使钢中的合金元素全部形成碳化物，从而提高钢的硬度、耐磨性和耐热性。但其强度和韧性略有所下降。

2. 高钒高速钢

高钒高速钢钒的质量分数提高到 3% ~5%。由于碳化钒量的增加，从而提高了钢的耐磨性，一般用于切削高强度钢。但这种钢的刃磨比普通高速钢困难。

3. 钴高速钢

钴高速钢是在高速钢中加入钴，可提高钢的高温硬度和抗氧化能力。因此，可以提高切削速度。其应用最广泛的牌号是 M42，它的综合性能好，硬度高，可磨削性也好。可用于切削高温合金、不锈钢等难加工材料。

4. 铝高速钢

铝高速钢是我国独创的新钢种。在高速钢中加入少量的铝，可提高钢的耐热性和耐磨性，还可防止高碳引起的强度和韧性的下降。铝高速钢的性能接近国外钴高速钢 M42，价格也便宜得多。但铝高速钢的淬火温度较窄，氧化脱碳倾向较严重，因此，需要严格掌握热处理工艺。

三、粉末冶金高速钢

粉末冶金高速钢是将高频感应炉炼的钢液用高压惰性气体（如氩气）雾化成粉末，再经过冷压和热压（同时进行烧结）制成刀坏或制成钢坏，再经过轧制或锻造成材。这种钢的优点很多：韧性和硬度较高，可磨削性能好，材质均匀，热处理变形小，质量稳定可靠，寿命较长，故可切削各种难加工材料，特别适合于制造各种精密刀具和形状复杂的刀具。

四、高速钢的表面处理

高速钢刀具经过表面化学处理后，可提高刀具的切削性能。其表面的处理方法有：用盐浴氮碳共渗、气体氮碳共渗、辉光离子渗氮和离子注入等，可形成高硬度和耐磨性高的薄层（0.02 ~0.1mm）。还可采用真空溅射的方法在高速钢刀具表面深积一层（约 10μm）TiN 或 TiC 等材料。经过表面处理或涂层后，刀具的耐磨性和寿命可以得到显著提高。

第三节　硬 质 合 金

硬质合金是高硬度、高熔点金属碳化物（表 2-3）：微米级的粉末，用钴或镍作黏结剂烧结而成的粉末冶金制品。允许的切削温度高达 800 ~1000℃。切削碳素钢时，切削速度可达 100 ~200m/min。硬质合金是目前最主要的刀具材料之一。由于硬质合金工艺性差故目前主要用来制造简单刀具，而制造复杂刀具则受到一定限制。

表 2-3　金属碳化物的主要性能

碳化物	熔点/℃	硬度 HV	弹性模量 /GPa	热导率 /(W·m^{-1}·℃$^{-1}$)	密度 /(g/cm^3)	对钢的黏附温度
WC	2900	1780	720	29.3	15.6	较低
TiC	3200～3250	3000～3200	321	24.3	4.93	较高
TaC	3730～4030	1599	291	22.2	14.3	—
TiN	2930～2950	1800～2100	616	16.8～29.3	5.44	—

一、高温碳化物

在硬质合金中碳化物所占比例越大则硬度越高，反之，碳化物所占比例小而黏结剂比例大则硬度低但抗弯强度提高。碳化物的粒度越细则有利于提高硬质合金的硬度和耐磨性但降低它的抗弯强度；反之，则硬质合金的抗弯强度提高而硬度则降低。此外碳化物粒度的均匀性也影响硬质合金的性能，粒度均匀的碳化物会形成均匀的黏结层，可防止产生裂纹。在硬质合金中添加 TaC 能使碳化物均匀和细化。

二、硬质合金的种类、牌号和性能

目前大部分硬质合金是以 WC 为基体，分为钨钴类（YG 类）、钨钛钴类（YT 类）、添加钽（Ta）铌（Nb）类（YG-YW 类）和硬化钛基类（YN）四类。表 2-4 列出了国内常用各类硬质合金牌号、成分和性能。表底的注解说明硬质合金牌号的表示方法。

表 2-4　国内常用各类硬质合金牌号、成分与性能

GB/T 18376.1—2008 GB/T 18376.2—2001 GB/T 18376.3—2001		化学成分×100					物理力学性能				对应 GB/T 2075—2007			使用性能				
类型	牌号	w_{WC}	w_{TiC}	$w_{TaC(NbC)}$	w_{Co}	其他	密度 /(g·cm^{-3})	热导率 /(W·m^{-1}·K^{-1})	硬度 HRA	抗弯强度 /GPa	代号	牌号	颜色	耐磨性	韧性	切削速度	进给量	加工材料类别
钨钴类	YG3	97	—	—	3	—	14.9～15.3	87	91	1.2	K类	K01	红	↑	↓	↑	↓	短切屑的黑色金属；非铁金属；非金属材料
	YG6X	93.5	—	0.5	6	—	14.6～15	75.55	91	1.4		K10						
	YG6	94	—	—	6	—	14.6～15.0	75.55	89.5	1.42		K20						
	YG8	92	—	—	8	—	14.5～14.9	75.36	89	1.5		K30						
	YG8C	92	—	—	8	—	14.5～14.9	75.36	88	1.75								
钨钛钴类	YT30	66	30	—	4	—	9.3～9.7	20.93	92.5	0.9	P类	P01	蓝	↑	↓	↑	↓	长切屑的黑色金属
	YT15	79	15	—	6	—	11～11.7	33.49	91	1.15		P10						
	YT14	78	14	—	8	—	11.2～12	33.49	90.5	1.2		P20						
	YT5	85	5	—	10	—	12.5～13.2	62.8	89	1.4		P30						

（续）

GB/T 18376.1—2008 GB/T 18376.2—2001 GB/T 18376.3—2001		化学成分×100					物理力学性能				对应 GB/T 2075—2007			使用性能				
类型	牌号	w_{WC}	w_{TiC}	$w_{TaC(NbC)}$	w_{Co}	其他	密度 /(g · cm^{-3})	热导率 /(W · m^{-1} · K^{-1})	硬度 HRA	抗弯强度 /GPa	代号	牌号	颜色	耐磨性	韧性	切削速度	进给量	加工材料类别
添加钽(Ta)铌(Nb)类	YG6A	91	—	3	6	—	14.6 ~ 15.0	—	91.5	1.4	K类	K10	红	—				长、短切屑的黑色金属
	YG8N	91	—	1	8	—	14.5 ~ 14.9	—	89.5	1.5		K20						
	YW1	84	6	4	6	—	12.8 ~ 13.3	—	91.5	1.2	M类	M10	黄					
	YW2	82	6	4	8	—	12.6 ~ 13.0	—	90.5	1.35		M20						
碳化钛基类	YN05	—	79	—	—	Ni7 Mo14	5.56	—	93.3	0.9	P类	P01	蓝	—				长切屑的黑色金属
	YN10	15	62	1	—	Ni12 Mo10	6.3	—	92	1.1		P01						

注：Y——钨，G——钴，T——钛，X——细颗粒合金，C——粗颗粒合金，A——含 TaC（NbC）的 YG 类合金，W——通用合金。

硬质合金的主要性能如下：

1. 硬度

由于 WC、TiC 等的硬度很高，所以合金的硬度也很高，一般在 89 ~ 93HRA 之间。硬质合金的硬度随着温度升高而降低，在 70 ~ 80℃时，大部分硬质合金保持着相当于高速钢的常温硬度。合金的高温硬度主要取决于碳化物在高温下的硬度，故 WC-TiC-Co 合金的高温硬度比 WC-Co 合金高。添加 TaC（或 NbC）能提高其高温硬度。

2. 抗弯强度和韧性

常用硬质合金的抗弯强度在 0.9 ~ 1.5GPa 范围内。黏结剂含量越高则抗弯强度越高。随着 TiC 含量增加则抗弯强度下降。硬质合金是脆性材料，其中击韧度仅是高速钢的 1/30 ~ 1/8。韧性差是硬质合金的一大弱点。故硬质合金刀具一般将合金刀片焊接或夹固在刀体上使用，对复杂刀具才做成整体式。WC-TiC-Co 类低于 WC-Co 类。

3. 热导率

由于 TiC 的热导率低于 WC，所以 WC-TiC-Co 合金的热导率比 WC-Co 合金低并随 TiC 含量增加而下降。YG6 的热导率比 YT15 大一倍多。

4. 线胀系数

硬质合金的线胀系数比高速钢小得多。WC-TiC-Co 合金的线胀系数大于 WC-Co 合金，且随着 TiC 含量增加而增大。

5. 抗冷焊性

硬质合金与钢冷焊温度高于高速钢，WC-TiC-Co 合金与钢冷焊的漫度高于 WC-Co 合金。

三、硬质合金的选用

正确选用适当牌号的硬质合金对发挥其效能具有重要意义（表 2-5）。

表 2-5　各种硬质合金的应用范围

<table>
<tr><th>牌　号</th><th colspan="2">应用范围</th></tr>
<tr><td>YG3X</td><td rowspan="6">硬度、耐磨性、切削速度↑　抗弯强度、韧性、进给量↓</td><td>铸铁、有色金属及其合金的粗加工、半精加工，不能承受冲击载荷</td></tr>
<tr><td>YG3</td><td>铸铁、有色金属及其合金的精加工、半精加工，不能承受冲击载荷</td></tr>
<tr><td>YG6X</td><td>普通铸铁、冷硬铸铁、高温合金的精加工、半精加工</td></tr>
<tr><td>YG6</td><td>铸铁、有色金属及其合金的半精加工和精加工</td></tr>
<tr><td>YG8</td><td>铸铁、有色金属及其合金、非金属材料的粗加工，也可用于断续切削</td></tr>
<tr><td>YG6A</td><td>冷硬铸铁、有色金属及其合金的半精加工，也可用于高锰钢、淬硬钢的半精加工和精加工</td></tr>
<tr><td>YT30</td><td rowspan="4">硬度、耐磨性、切削速度↑　抗弯强度、韧性、进给量↓</td><td>碳素钢、合金钢的精加工</td></tr>
<tr><td>YT15</td><td>碳素钢、合金钢在连续切削时的粗加工、半精加工，也可用于断续切削时精加工</td></tr>
<tr><td>YT14</td><td>碳素钢、合金钢在连续切削时的粗加工、半精加工，亦可用于断续切削时精加工</td></tr>
<tr><td>YT5</td><td>碳素钢、合金钢的粗加工，可用于断续切削</td></tr>
<tr><td>YW1</td><td rowspan="2">硬度、耐磨性、切削速度↑　抗弯强度、韧性、进给量↓</td><td>高温合金、高锰钢、不锈钢等难加工材料及普通钢料、铸铁、有色金属及其合金的半精加工和精加工</td></tr>
<tr><td>YW2</td><td>高温合金、不锈钢、高锰钢等难加工材料及普通钢料、铸铁、有色金属及其合金的粗加工和半精加工</td></tr>
</table>

切削铸铁和其他脆性材料时，由于形成崩碎切屑，切削力集中在切削刃上，局部压力很大，并且有一定的冲击性，故宜选用抗弯强度和韧性较好的 WC-Co 合金。但这类合金与钢料摩擦时，其抗月牙洼磨损的能力比 WC-TiC-Co 合金差，故不宜用于高速切削普通钢料。对于高温合金、不锈钢等难加工材料选用不含钛的 WC-Co 合金且采用较低的切削速度为宜，因为这些难加工材料中含有钛，且热导率低所以切削温度高，并易产生冷焊。

粗加工宜选用含钴少、硬度高的合金，如 YG3、YT20；精加工或有冲击载荷时，宜用含钴多、抗弯强度大的合金，如 YG8、YT5。

四、新型硬质合金

1. 添加碳化钽（TaC）、碳化铌（NbC）的硬质合金

在 WC-Co 合金中添加少量 TaC 或 NbC 能提高常温硬度、高温硬度、高温强度和耐磨性，而抗弯强度略有降低，如表 2-5 中的 YG6A 就是这类合金；在 TiC 质量分数少于 10% 的 WC-TiC-Co 合金中，添加少量 TaC 或 NbC 可以得到较好的综合性能，既可加工铸铁、有色金属，又可加工碳素钢、合金钢，也可用于加工高温合金。目前这类硬质合金应用日益广泛，而没有 TaC 或 NbC 的 YG、YT 类旧牌号硬质合金在国际市场上呈被淘汰趋势。

2. 涂层硬质合金

解决刀具硬度、耐磨性、强度和韧性之间矛盾的最好方法是采用涂层技术。在 YG8、

YT5 这类韧性、强度较好而硬度和耐磨性较差的刀具表面上，用 CVD 法（化学气相沉积法）涂上粒度极细的碳化物（TiC）、氮化物（TiN）或氧化物（Al_2O_3）等，可以解决上述矛盾。TiC 硬度高、耐磨性好，线胀系数与基体相近，所以与基体结合比较牢固；TiN 的硬度低于涂层的高温化学性能稳定，适用于更高速度下的切削。目前多用复合涂层合金，其性能比单层更好。近年来出现了金刚石涂层硬质合金刀具，其寿命可提 50 倍而成本仅提高 10 倍。由于涂层材料的线胀系数总大于基体，故表层存在残余应力，抗弯强度下降，涂层硬质合金适用于各种钢料，铸铁的精加工、半精加工和负荷较轻的粗加工，含钛的涂层材料不能加工高温合金、钛合金和奥氏体不锈钢，因为它们之间产生冷焊。

涂层刀片不能采用焊接结构，不能重磨，只能用于机械夹固可转位刀具。

3. 细晶粒和超细晶粒硬质合金

一般硬质合金晶粒的大小均大于 1μm，如使晶粒细化到小于 1μm，甚至小于 0.5μm，则耐磨性有较大改善，刀具寿命可提高 1～2 倍，加 Cr_2O_3 可使晶粒细化。这类合金可用于加工冷硬铸铁、淬硬钢、不锈钢、高温合金等难加工材料。

4. TiC 基和 Ti（C、N）基硬质合金

一般硬质合金属于 WC 基，TiC 基合金是以 TiC 为主体成分，以镍、钼作黏结剂，TiC 质量分数达 60%～70%，与 WC 基合金相比较，其硬度较高，抗冷焊磨损能力较强，热硬性较好，但韧性、抗塑性变形的能力较差，性能介于陶瓷和 WC 基合金之间。国内代表性牌号为 YN10 和 YN05，它们适用于碳素钢、合金钢的半精加工和精加工，其性能优于 YT5 和 YT30。

在 TiC 基合金中进一步加入氮化物形成的 Ti（C、N）基硬质合金，它的强度、韧性、抗塑性变形能力均高于 TiC 基合金，是很有发展前景的刀具材料。

5. 高速钢基硬质合金

以 TiC 或 WC 作硬质合金相（占 30%～40%），以高速钢作黏结剂（占 60%～70%），用粉末冶金工艺制成，其性能介于硬质合金与高速钢之间，具有良好的耐磨性和韧性，特别是改善了工艺性，故适用于制造复杂刀具。

第四节 其他刀具材料或超硬度刀具材料

一、陶瓷

刀具用陶瓷按化学成分可分为：

1. 高纯氧化铝陶瓷

主要用 Al_2O_3 加微量添加剂（MgO），经冷压烧结而成，硬度为 91～92HRA，抗弯强度为 0.392～0.491GPa。

2. 复合氧化铝陶瓷

在 Al_2O_3 基体中添加 TiC、Ni、Mo，经热压成形，硬度达到 93～94HRA，抗弯强度为 0.589～0.785GPa。

3. 复合氮化硅陶瓷

在 Si_3N_4 基体中添加 TiC 和 Co，经热压成形，它的力学性能与复合氧化铝陶瓷相近。

陶瓷有很高的硬度和耐磨性，耐热性高达1200℃以上，切削速度可比硬质合金高2~5倍。陶瓷化学稳定性好，与金属的亲和力小，抗黏结和抗扩散磨损的能力强。陶瓷的最大缺点是抗弯强度很低，冲击韧度很差。因此，目前主要用于各种金属材料（钢、铸铁、有色金属等）的精加工和半精加工

二、金刚石

金刚石分天然的和人造的两种，都是碳的同素异形体。天然金刚石由于价格昂贵，用得很少。人造金刚石是在高温高压条件下，借合金的触媒作用，由石墨转化而成，是目前已知的最硬物质，其硬度接近于10000HV。

金刚石刀具既能胜任硬质合金、陶瓷、高硅铝合金等高硬度、耐磨材料的加工，又能胜任有色金属及其合金的加工，但它不适合加工钢铁材料，因为金刚石中的碳原子和铁有很强的化学亲和力，在高温条件下，铁原子容易与碳原子作用而使其转化为石墨结构，刀具极易损坏。

三、立方氮化硼

立方氮化硼刀具有整体聚晶立方氮化硼刀具和立方氮化硼复合刀片（在硬质合金基体上烧结一层厚度约为0.5mm的立方氮化硼）两种。立方氮化硼是六方氮化硼的同素异形体。立方氮化硼是由软的六方氮化硼在高温高压条件下加入催化剂转变而成，其硬度高达8000~9000HV，耐磨性好，耐热性高达1400℃。因此，可对高温合金、淬硬钢、冷硬铸铁进行半精加工和精加工。

思考与习题

2.1 刀具材料应具备哪些性能？其硬度、耐磨性、强度之间有什么联系？

2.2 普通高速钢的常用牌号有几种？其物理力学性能如何？

2.3 高性能高速钢有几种？它们的特点是什么？

2.4 常用的硬质合金有几种？它们的物理力学性能如何？

2.5 粗、精加工钢件和铸铁件时，应选用什么牌号的硬质合金？

2.6 非金属刀具材料有哪几种？各有什么特点？

2.7 涂层硬质合金刀片涂的什么材料？有什么特点？

2.8 粗加工铸铁应选用哪种硬质合金牌号？为什么？精加工45钢工件应选用什么牌号的硬质合金？为什么？

第三章　金属切削的基本规律

金属切削理论是在生产实践与切削实验中，总结出的关于金属切削过程中基本物理现象变化规律的理论。这些基本物理现象包括：切削变形、切削力、切削温度和刀具磨损等。学习并掌握这些规律，以提高切削加工的生产率、加工质量和降低生产成本。

第一节　切 削 变 形

金属切削过程，从实质讲，就是产生切屑和形成已加工表面的过程。产生切屑和形成已加工表面是金属切削时密切相关的两个方面。切削变形就是从这两个方面讨论切削过程。因而学习切削变形是学习其他物理现象的基础。

一、切削方式

切削时，当工件材料一定，所产生切屑的形态和形成已加工表面的特性，在很大程度上取决于切削方式。切削方式是由刀具切削刃和工件间的运动所决定的，可分为：直角切削、斜角切削和普通切削三种方式，如图 3-1 所示。

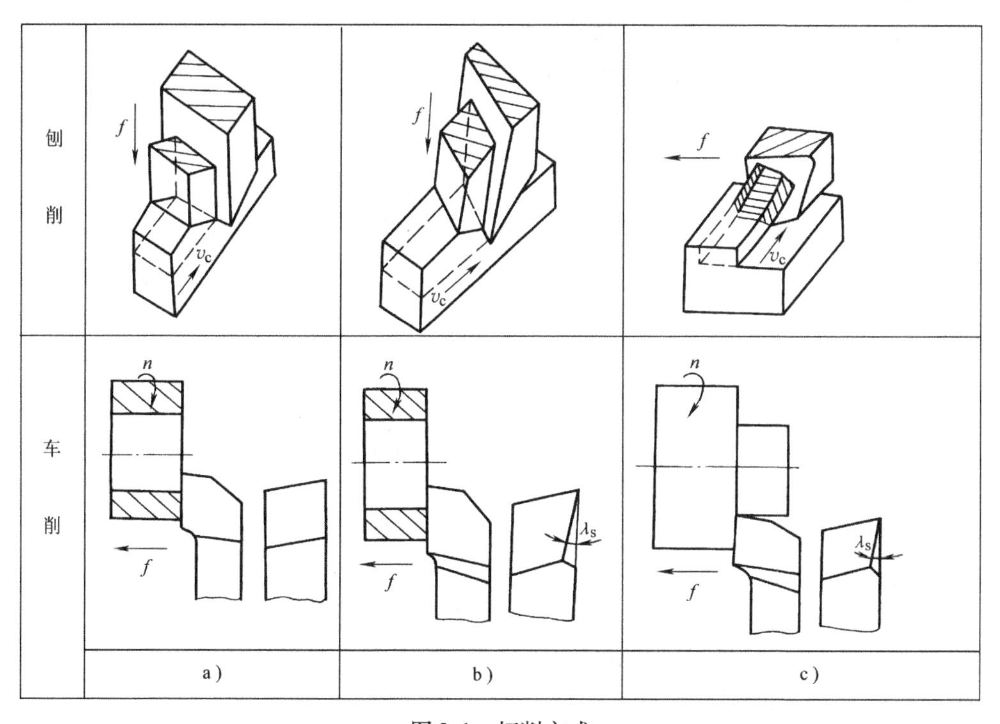

图 3-1　切削方式

a）直角切削　b）斜角切削　c）普通切削

1. 直角切削

如图3-1a所示，使用主偏角$\kappa_r=90°$、刃倾角$\lambda_s=0°$、前角γ_o、切削刃的长度大于切削宽度b_D的刀具切削时，切削速度v_c，在切削平面内垂直于切削刃；切屑流出速度v_{ch}在前刀面上也垂直于切削刃。由于沿切削刃方向的分速度和切削分力均为零，沿切削刃方向（沿切削宽度方向）的变形为零。因而，切削时的变形，仅在切削速度v_c和切屑流出速度v_{ch}所组成的平面（正交剖面或法剖面）内形成，属于平面应变状态。讨论平面应变状态比空间应变状态能使问题简化。直角切削是讨论切削过程最基本的切削方式。本节讨论问题，除指明外均按直角切削对待。

2. 斜角切削

如图3-1b所示，使用主偏角$\kappa_r=90°$、刃倾角λ_s、前角γ_o、切削刃长度大于切削宽度b_D的刀具切削时，在切削平面p_s内，切削速度v_c与切削刃的垂直方向间的夹角为λ_s，由于沿切削刃产生分速度和切削分力，因而沿切削刃（沿切削宽度b_D）也产生变形，属于空间应变状态。

3. 普通切削

如图3-1c所示，使用主偏角κ_r、副偏角κ_r'、刃倾角λ_s、前角γ_o的刀具切削时，主切削刃和副切削刃同时参加切削。它是最一般的切削方式。由于变形复杂，对其分析更为困难。

二、切削变形概述

1. 切屑的基本形态

金属切削时，由于工件材料、刀具几何形状和切削用量不同，会出现各种不同形态的切屑。但从变形观点出发，可归纳为四种基本形态，如图3-2所示。

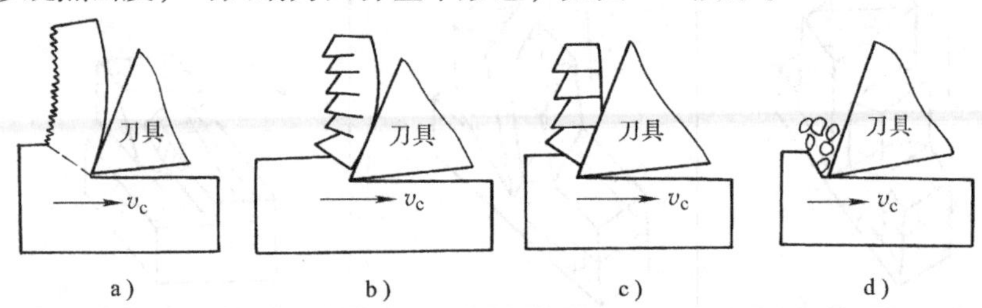

图3-2 切屑基本形态

（1）带状切屑（图3-2a） 切屑呈连续状，与前刀面接触的底层光滑，背面呈毛茸状。在显微镜下可观察到剪切面条纹。一般在加工塑性材料（钢、铝）、采用大的前角γ_o、小的切削厚度h_D、高的切削速度v_c时，会形成此类切屑。带状切屑是在正常切削条件下，最常见的切屑形态。

（2）挤裂状切屑（图3-2b） 切屑背面呈锯齿形，内表面有时有裂纹。其原因是：切削层变形和加工硬化大，使某一局部的应力达到材料的强度极限的结果。在加工塑性材料、采用小的前角γ_o、大的切削厚度h_D和小的切削速度v_c时，会形成此类切屑。

（3）单元状切屑（图3-2c） 切削塑性很大的材料，如铅、退火铝、纯铜时，切屑容易在前面上形成黏结不易流出，产生很大变形，使材料达到断裂极限，形成很大的变形单元，而成为此类切屑。

（4）崩碎状切屑（图3-2d）　切削脆性材料，如铸铁、黄铜等时，形成片状或粒状切屑。以铸铁为例，由于铸铁中含有石墨，强度较低，当刀具切入时，在切削刃附近的铁素体未经充分塑性变形，就沿石墨边界处产生裂纹而断裂，形成不规定的崩碎切屑。工件材料越硬，刀具前角越小，越容易形成此类切屑。

切削时，在产生带状切屑的过程中，切削力变化较小，切削过程稳定，已加工表面质量好。但切屑成为很长的带状，影响机床正常工作和工人安全，因而要采取断屑措施；在产生挤裂状和单元状切屑的过程中，切削力有较大的波动，尤其是单元状切屑，在其形成过程中可能产生振动影响加工质量；在切削铸铁时，由于所形成的崩碎状切屑是经石墨边界处崩裂的，因而已加工表面的粗糙度值变大。

2. 切削时的变形区

根据实验，切削时（图3-3），当厚度为 h_D，宽度为 b_D 的切削层，以切削速度 v_c 向刀具接近时，塑性变形由 *OA* 开始，至 *OM* 终了，形成 *AOM* 塑性变形区。由于塑性变形的主要特点是晶格间的剪切滑移，因此称为剪切区或第Ⅰ变形区；当切削层经剪切区后形成的切屑以 v_{ch} 速度沿前刀面流出时，摩擦力使切屑底层的金属又以剪切滑移的方式再一次变形，由于该变形主要由摩擦所引起，因而称为摩擦变形区或第Ⅱ变形区；刀具后刀面和已加工表面间，由于挤压、摩擦，使已加工表面产生变形区，称为已加工表面变形区或第Ⅲ变形区。

切削过程中的变形，包括上述三个变形区，它们汇集于切削刃附近。以下分别从三个变形区讨论切削变形。

三、剪切区的变形

1. 剪切区的形成

由材料力学可知，如图3-4a所示的物体，受外力作用后，当其内部的切应力达到材料的屈服点时，就产生塑性变形。这时，在物体的表面上出现大约与作用力成45°的线纹（*AB*，*OM*），称为滑移线。滑移线是金属晶格的一部分对另一部分产生相对滑移所形成的滑移面和物体表面的交线。产生滑移是金属塑性变形的主要特征。

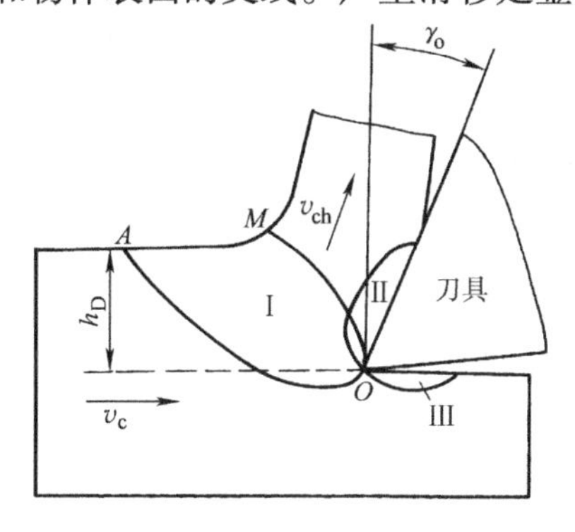

图3-3　切削时三个变形区

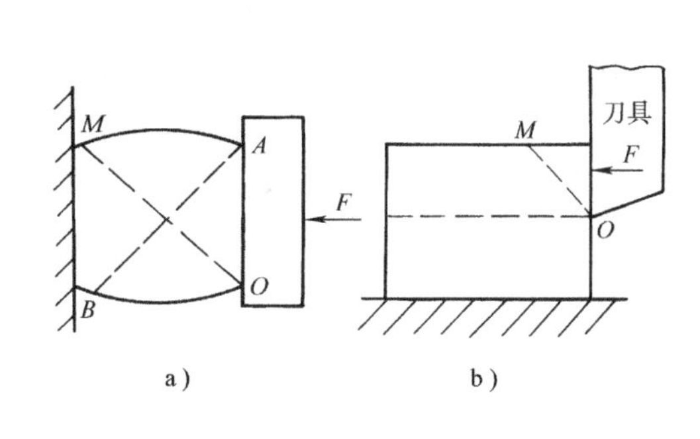

图3-4　金属的挤压变形

切削加工时，工件上的切削层，受到刀具的偏压时（图3-4b），切削层产生弹性变形而至塑性变形。由于受下部金属的阻碍，切削层只沿 OM 产生滑移，形成塑性变形。下面讨论剪切区的形成。

如图 3-5a 所示，若切削层上有一质点 P，以切削速度 v_c 向刀具接近，当 P 未到达剪切区前，只产生弹性变形。当 P 到达滑移线 OA 上的 1 点时，金属的应力达到屈服点而产生剪切滑移，于是 P 点未到达 2′，而移动到 2，2—2′就是质点 P 的滑移量。同样，在滑移线 OC、OM 上的 3—3′、4—4′都是滑移量。当 P 到达到 4 点后，不再产生滑移而沿前刀面流出。把 OM 称为终滑移线；OA 是金属开始产生滑移的滑移线称为始滑移线。从 OA 滑移开始到 OM 滑移终了，形成了剪切滑移区（第Ⅰ变形区）。在这个区域中，金属沿滑移线产生剪切滑移形成塑性变形。

图 3-5a 中，每条滑移线都代表一个切应力相等的曲面（宽度 b_D 图中未标出），不同滑移线上的切应力大上不相等，OA 上的切应力值等于金属的屈服点，而 OB、OC、OM 上的切应力，则由于变形、加工硬化而依次升高，在 OM 达到最大值 τ_{max}。当 τ_{max} 未达到金属的强度极限时，产生的切屑为带状切屑；当 τ_{max} 达到强度极限时，就产生挤裂状切屑。

剪切区实际上是一个区域，一般很窄，在 0.02 ~0.2mm 之间，常用一个平面 OM 代表（图 3-5b），称为剪切面。剪切面 OM 与切削速度 v_c 间的夹角 ϕ 称为剪切角。

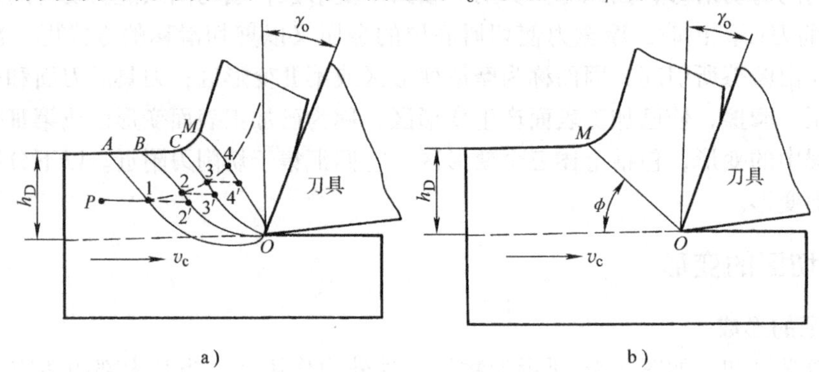

图 3-5　剪切区的形成与剪切面

2. 剪切区的应力与变形

（1）切削力系与应力　使剪切区产生滑移所需的力，是由前刀面作用并经切屑传递的。若以切屑为分离体，如图 3-6a 所示，作用于切屑的力有：由前刀面作用于切屑的法向力 $F_{n\gamma}$ 和摩擦力 $F_{f\gamma}$，其合力为 F_r；由剪切面作用于切屑的力有：正压力 F_{ns} 和剪切力 F_s，其合力为 F'_f。设力系处于平衡状态，则 F_r 与 F'_r 大小相等方向相反，作用于同一直线上。

为讨论方便，把切削力系集中到切削刃上（图 3-6b）。于是剪切区的切应力 τ_ϕ 为

$$\tau_\phi = \frac{F_s}{A_s} = \frac{F_s \sin\phi}{h_D b_D} \tag{3-1}$$

式中　F_s——剪切力；

A_s——剪切面面积，由图 3-6b 得 $A_s = \dfrac{h_D b_D}{\sin\phi}$；

h_D、b_D——切削厚度和切削宽度；

ϕ——剪切角。

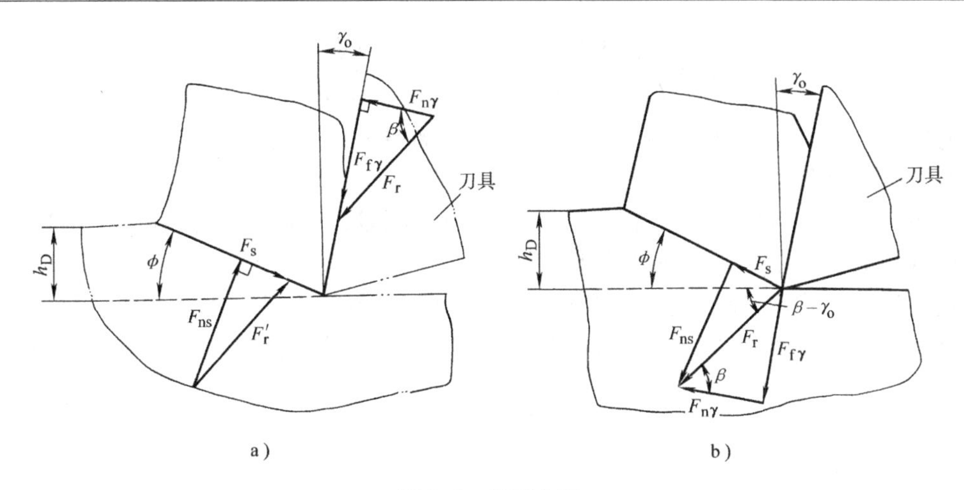

图 3-6　切削力系

由图 3-6b 得

$$F_s = F_r\cos(\phi+\beta-\gamma_o) \tag{3-2}$$

式中　β——摩擦角，$\tan\beta = \dfrac{F_{n\gamma}}{F_{f\gamma}}$。

由式（3-1）得

$$F_s = \frac{\tau_\phi h_D b_D}{\sin\phi} \tag{3-3}$$

由式（3-2）和式（3-3）得

$$F_r = \frac{\tau_\phi h_D b_D}{\sin\phi\cos(\phi+\beta-\gamma_o)} \tag{3-4}$$

式（3-4）为切削时，使切削层产生切屑的切削合力，也是切削力的理论公式。当已知切削厚度 h_D、切削宽度 b_D 和刀具前角 γ_o 时，在一定的条件下，若能求得切应力 τ_ϕ、剪切角 ϕ 和摩擦角 β，即可求出切削合力 F_r。

（2）衡量变形程度的方法

1）切屑厚度压缩比。Λ_h（变形系数 ξ）　如图 3-7 所示，根据实验，切削层经切削成为切屑，由于变形，长度缩短、厚度变厚。若切削层长度为 l_D、切削厚度为 h_D；切屑长度为 l_{ch}、切屑厚度为 h_{ch}。则 $l_D > l_{ch}$，$h_{ch} > h_D$。

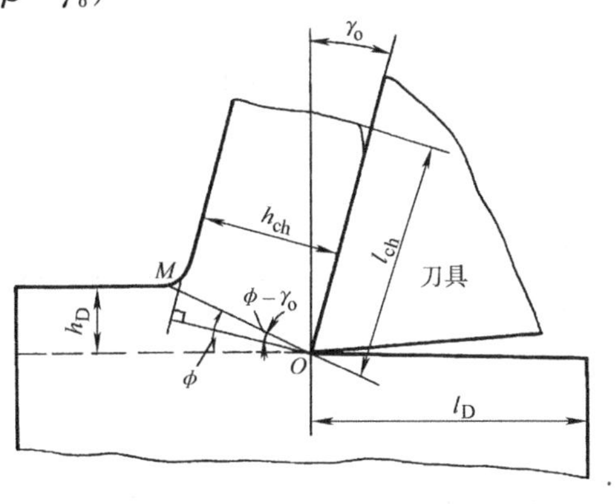

图 3-7　切削变形程度表示

设金属在变形前、后的体积不变，则

$$h_D b_D l_D = h_{ch} b_D l_{ch}$$

于是切屑厚度压缩比 Λ_h（变形系数 ξ）

$$\Lambda_h = \frac{l_D}{l_{ch}} = \frac{h_{ch}}{h_D} \tag{3-5}$$

同时，由图 3-7 得

$$\Lambda_h = \frac{h_{ch}}{h_D} = \frac{\overline{OM}\cos(\phi - \gamma_o)}{\overline{OM}\sin\phi} = \frac{\cos(\phi - \gamma_o)}{\sin\phi} \tag{3-6}$$

若前角 γ_o 为 10°、剪切角 $\phi = 15° \sim 20°$，则切屑厚度压缩比 Λ_h（变形系数）$= 2.87 \sim 3.85$。可见切削变形相当大。

由于切削厚度 h_D 为已知，切屑厚度 h_{ch} 又能直接测量，因而切削厚度压缩比 Λ_h 可用实验方法求得。Λ_h 值大，表示切削变形大。

由式（3-5）、式（3-6）可知，变形的大小与剪切角 ϕ 有关。由图 3-8 可见，在前角 γ_o、切削厚度 h_D 一定情况下，当剪切角为 ϕ 时，切屑厚度为 h_{ch}，剪切角为 ϕ' 时，切屑厚度为 h'_{ch}。

$$\Lambda_h = \frac{h_{ch}}{h_D}$$

$$\Lambda_h' = \frac{h'_{ch}}{h_D}$$

由于　$$h_{ch} > h'_{ch}$$

所以　$$\Lambda_h > \Lambda_h'$$

这时　$$\phi < \phi'$$

由此可知，剪切角 ϕ 大时，变形小；剪切角 ϕ 小时变形大。下面讨论剪切角 ϕ 的关系式。

2）剪切角 ϕ。由图 3-6 可知，切削合力 F_r 与切削速度 v_c 间的夹角为 $\beta - \gamma_o$，剪切面 OM 的剪切角为 ϕ，现表示于图 3-9 上。

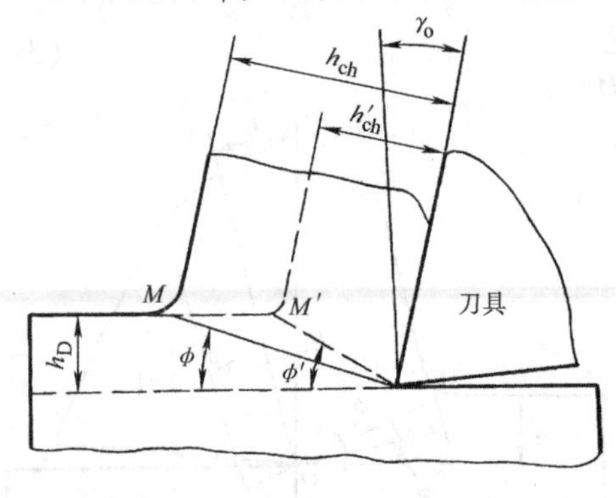

图 3-8　剪切角 ϕ 与变形的关系

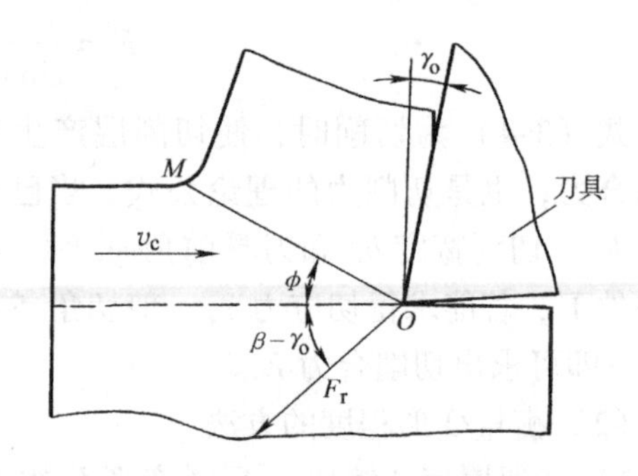

图 3-9　剪切角 ϕ 的导出

根据材料力学可知，剪切滑移产生在切应力最大的平面 OM 上，它和作用力方向间的夹角约为 $\frac{\pi}{4}$。于是由图 3-9 得：

$$\phi + \beta - \gamma_o = \frac{\pi}{4}$$

所以　$$\phi = \frac{\pi}{4} - (\beta - \gamma_o) \tag{3-7}$$

式中　β——摩擦角，即切削合力 F_r 与法向力 $F_{n\gamma}$ 间的夹角（$\tan\beta = \mu$）；

$\beta - \gamma_o$——作用力或切削合力 F_r 与切削速度 v_c 间的夹角。

由式（3-7）可知，金属切削时，增大刀具前角 γ_o，减小前刀面摩擦，使摩擦角 β 减小，从而使剪切角 ϕ 增大，以减小切削变形。

四、摩擦区的变形

1. 摩擦区的形成

切削层经剪切面形成切屑，沿前刀面流出时，因受前刀面的挤压和摩擦，切屑底层各金属层间流动速度依次降低，使这层金属再一次产生剪切滑移，结果金属晶粒变为与前刀面趋于平行的纤维状，把切屑上的这一层金属称为滞流层，如图3-10所示。滞流层的变形程度要比上层切屑剧烈几到十几倍，其厚度取决于切削速度 v_c、切削厚度 h_D 和前角 γ_o 的大小。增大 v_c 与 γ_o 使滞流层厚度减小；增大 h_D 使滞流层厚度增大。滞流层厚度一般约占切屑厚度的$\frac{1}{8}\sim\frac{1}{10}$。

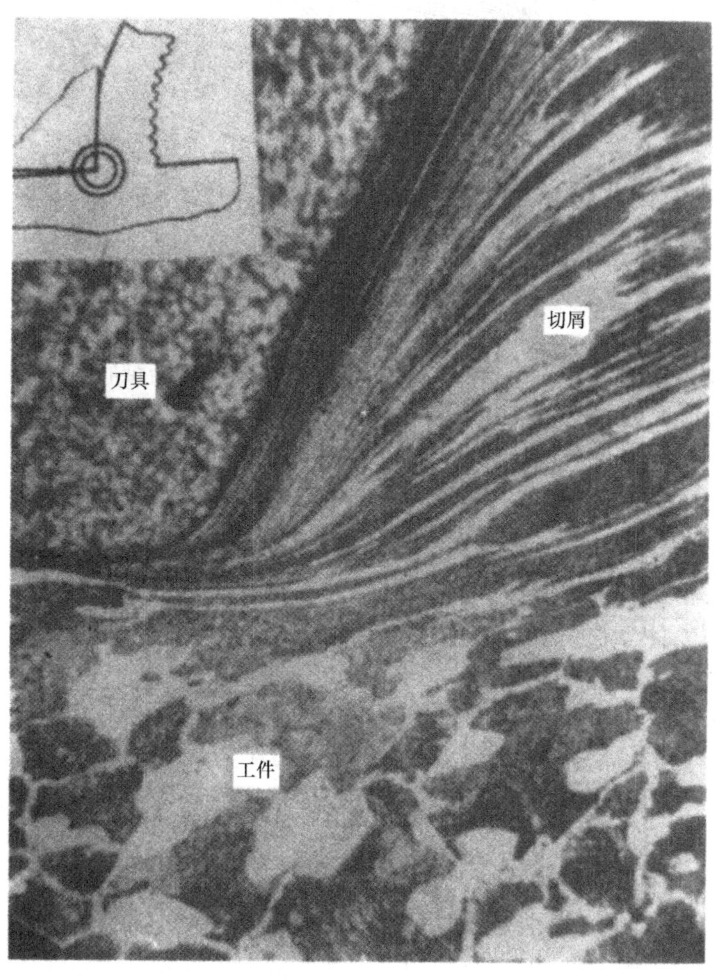

a)

图3-10　滞流层

工件材料：40钢　刀具：YT5；$\kappa_r=45°$；$\gamma_o=-5°$切削用量：

$v_c=153\text{m/min}$；$a_p=1\text{mm}$；$f=0.5\text{mm/r}$

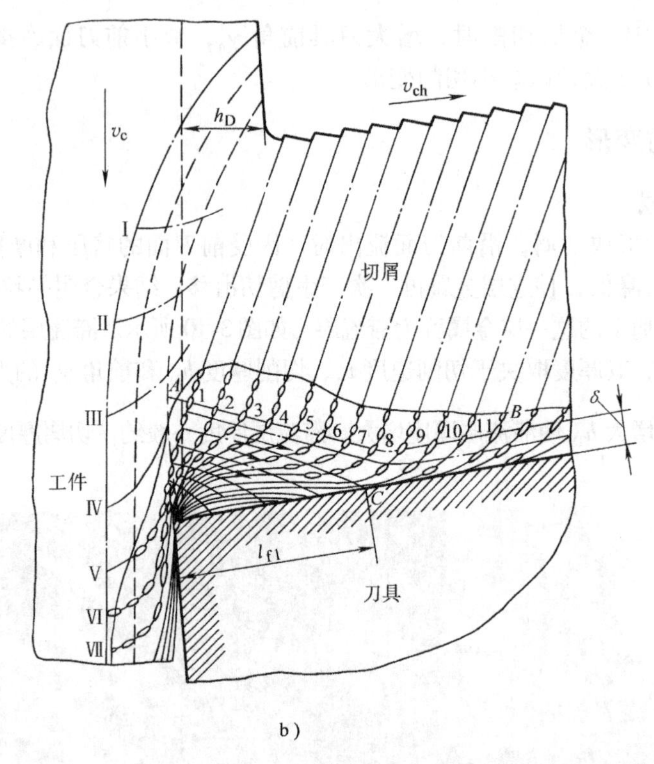

b)

图3-10 滞流层（续）

图3-10a所示为切削实验的照像图，图中平行于前刀面的纤维状切屑层即滞流层。图3-10b所示为滞流层形成的示意图。由图可见，在l_{f1}范围内，愈近前刀面切屑流动速度越低，在滞流层（厚度为δ）以外，切屑以均匀的v_{ch}向外流出。在C点以后，切屑与前面接触层也以v_{ch}向外流出。

2. 前刀面的摩擦特性

根据实验，当前角γ_o由$-45°$增大到$45°$时，切屑与前面间的摩擦因数μ约由0.3增大到1.0，如图3-11a所示。此值比一般摩擦面间的滑动摩擦因数高很多（一般为0.1～0.15），并且是一个变量。

又由图3-11b所示的光弹性试验测出的前刀面应力分布图可知，正应力σ_γ的分布是在切削刃处最大，沿切屑流出方向逐渐减小至零；而切应力τ_γ在一定范围（l_{f1}）保持常数，在另一范围（l_{f2}）逐渐减小为零。这说明，切削时前刀面与切屑间的摩擦状态和一般滑动面间的摩擦状态不同。

在一般滑动摩擦下，两物体接触面间凹凸不平，使实际接触面积A_r远远小于名义接触面积A_a，如图3-12a所示。实际接触面积A_r随法向力$F_{n\gamma}$的增大而增大，结果摩擦力$F_{f\gamma}$与法向力$F_{n\gamma}$成正比，摩擦因数μ与接触面积无关，并且为一常数（库伦摩擦定律）。

切削时，切屑与前刀面是在高压（2～3GPa）和高温（700～1200℃）的作用下，切屑底层不断以新生表面和前刀面接触。切屑底层变软的滞流层，会嵌入到前刀面的凹凸不平中，形成全面积接触（$A_r=A_a$）（图3-12b），阻力增大，滞流层底层的流动速度可降低为零。在适当的温度与压力条件下，就形成黏结现象，把这个区域称为黏结区（图3-11中的

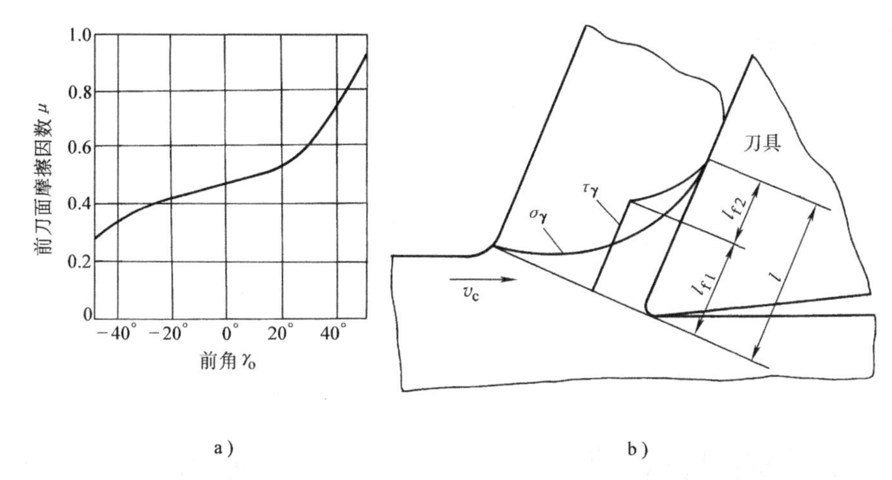

图 3-11　前刀面的摩擦特性

工件材料：4~6 黄铜　切削用量：$a_p = 1\text{mm}$　$f = 0.1\text{mm/r}$；$v_c = 0.8\text{m/min}$

刀具材料：高速钢　不用切削液

l_{f1}）。在黏结区内，摩擦现象不是产生于切屑底层与前刀面之间，而是产生于滞流层内部，即滞流层金属内部材料的剪切滑移代替了接触面的相对滑移。因而，在黏结区（l_{f1}）内的摩擦力，主要取决于切削材料的切应力 τ_γ 和接触面积 A_a 的大小。$F_{f\gamma} = \tau_\gamma A_a$ 称为黏结摩擦力或内摩擦力。由于一定材料的切应力为一常值，因而，在 l_{f1} 范围内的 τ_γ 为一常数。于是摩擦因数 μ 为

$$\mu = \frac{F_{f\gamma}}{F_{n\gamma}} = \frac{\tau_\gamma A_a}{\sigma_\gamma A_a} = \frac{\tau_\gamma}{\sigma_\gamma} \tag{3-8}$$

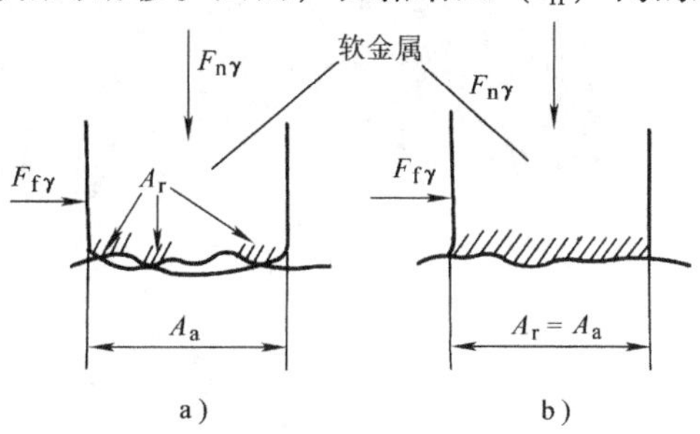

图 3-12　摩擦力与接触面的关系

a) $A_r \ll A_a$　b) $A_r = A_a$

在黏结区内，由于 σ_γ 减小而 τ_γ 为一常数，因而 μ 是变化的；前角 γ_o 增大，$F_{n\gamma}$ 减少，使 σ_γ 减小，而 τ_γ 为一常数，因而 μ 增大。

在黏结区以外的范围内（图 3-10b 的 C 点以后），由于切削温度低、压力小，切屑与前刀面的实际接触面积减少，其摩擦性质属于滑动摩擦，这个区域称为滑动区（l_{f2}）。

由此可知，切削时，切屑与前刀面的接触由黏结区和滑动区组成。黏结摩擦力远大于滑动摩擦力，在研究前刀面的摩擦特性时，应以黏结摩擦为主要依据。

前刀面摩擦因数的大小和变化规律，将影响摩擦角 β（$\tan\beta = \mu$）、剪切角 ϕ［见式（3-7）］、切削力、切削温度等。

3. 积屑瘤

在某一定切削速度范围内，切削钢、铝合金等材料时，切削刃附近的前刀面上会出现一块堆积物，代替切削刃工作（图 3-13），把这个堆积物称为积屑瘤。由于积屑瘤会改变刀具工作时的实际前角，当其变化与脱落时，又会影响已加工表面粗糙度、刀具磨损等。因而积屑瘤也常作为切削时一个重要物理现象进行研究。根据实验，积屑瘤具有以下特点：化学性质与工件材料相同；硬度增加至母体材料的 2~4 倍；与前刀面黏结牢固；消失或脱落具有

一定的临界切削温度；不稳定，成长、脱落反复进行。

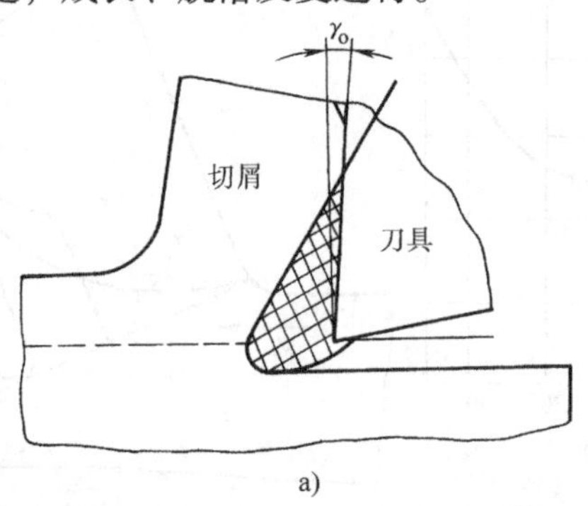

a)

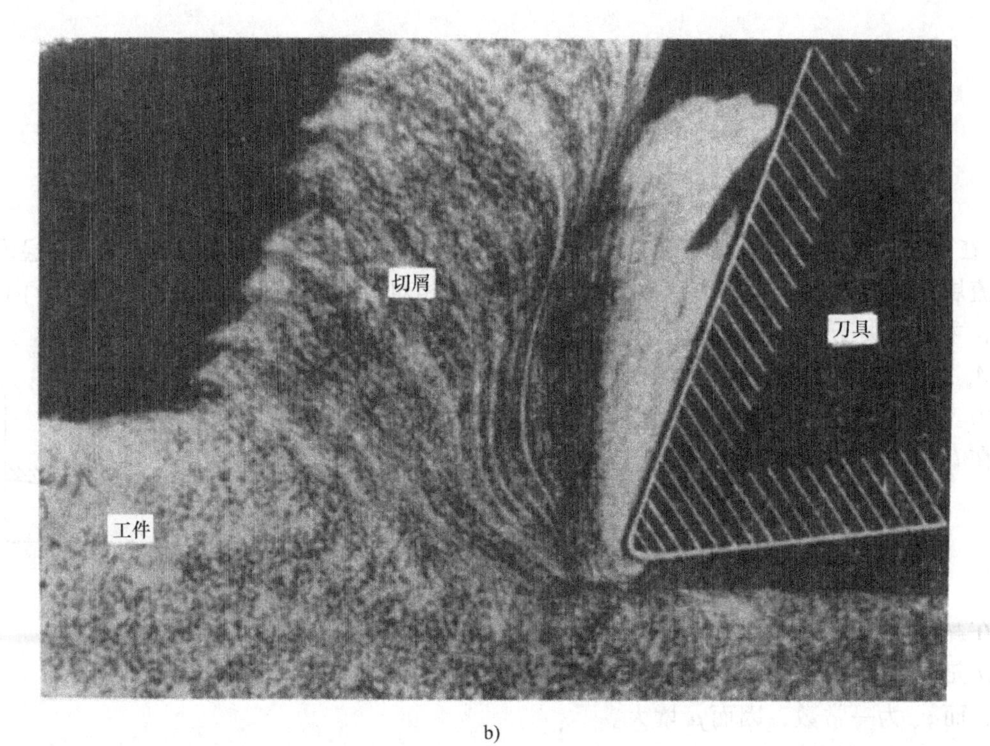

b)

图 3-13　积屑瘤

（1）积屑瘤的产生与成长　由电子扫描得出的积屑瘤产生与成长模型如图 3-14 所示。由图可见，当切屑经前刀面流出时，第Ⅱ变形区滞流层中的一部分金属，在适当的温度与压力条件下与母体分离，牢固地黏结在前刀面上，成为形成积屑瘤的核，如图 3-14a 所示。黏结是金属原子间在其作用力的范围内，相互吸引而结合的状态，其条件大体为：两金属的可溶性；结合是金属结合以及必要的温度和充分的接触时间等。温度对黏结起着决定性的作用。因为温度高，不仅会使两金属原子间的扩散能力增强，而且金属变软，形成大面积接触的机会增多，为黏结创造了有利条件。不同刀具材料对黏结的影响不同，金属刀具材料容易引起黏结，而陶瓷刀具或钛涂层刀具（在高温时，能生成牢固的氧化覆盖膜）能防止金属接触，因而不易形成黏结。

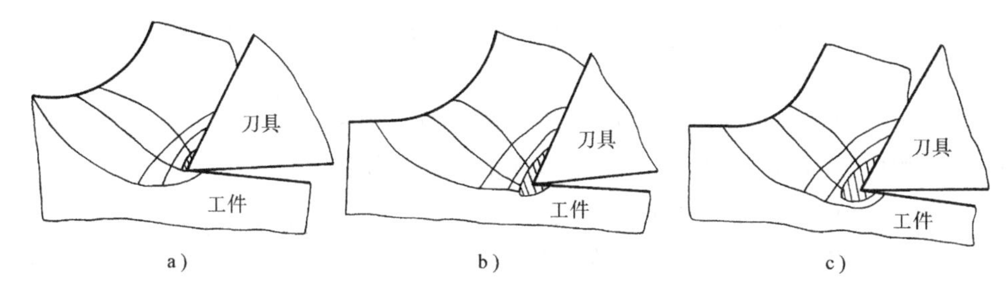

图 3-14　积屑瘤产生与成长模型图

a) 形成积屑瘤的核　b) 产生积屑瘤　c) 积屑瘤成长

一旦在前刀面上产生黏结成为形成积屑瘤的核，为形成积屑瘤建立基础之后，形成积屑瘤就很容易了。因为，同一种金属相互黏结是比较容易发生的。这时，在一定的温度与压力条件下，滞流层一部分金属与母体分离，一层一层的堆积并黏结在一起形成积屑瘤，如图 3-15 所示。这个层状组织，由于加工硬化其硬度与切屑相比增加很多。由此可见，形成黏结和加工硬化是积屑瘤成长的必要条件。

当切削不会引起加工硬化的材料时，即使会产生黏结产生形成积屑瘤的核，但由于堆积物太软，会被切屑带走，积屑瘤还是成长不起来。

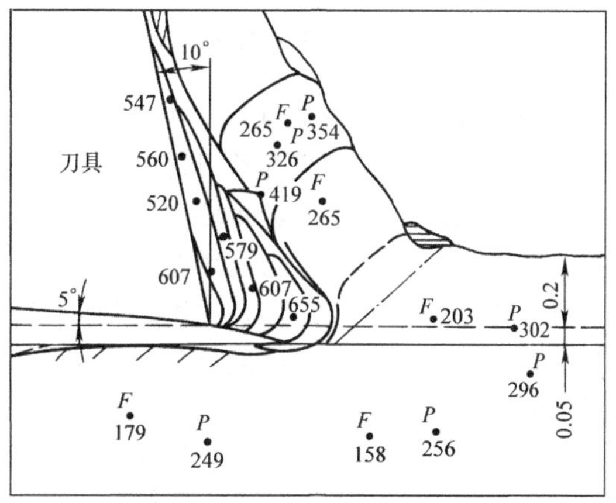

图 3-15　积屑瘤的组成

显微维氏硬度（荷重 50g），P 为珠光体基，F 为铁素体基，0.3% 碳素钢（退火），硬质合金 YT15，前角 10°，切削厚度 0.2mm，切削宽度 3mm，切削速度 22m/min 干切削

（2）积屑瘤的脱落与消失　当切削温度升高到某一临界值时，积屑瘤就消失，这个值为 500～600℃（与金属材料的再结晶温度 560℃相当）。这时，由于温度高，金属的延展性增加，加工硬化消失，堆积物变软被切屑带走，积屑瘤就脱落或消失。因而引起积屑瘤脱落和消失的主要原因也是切削温度。

在实际切削过程中，由于各种因素的影响，会导致切削温度的不断变化，因而即使在相同切削条件下，积屑瘤也处于时而成长、时而脱落的不稳定状态。

（3）控制积屑瘤的措施　积屑瘤代替切削刃工作，能起到保护切削刃的作用，并使刀具实际前角增大，是其有利方面；但由于积屑瘤形状不规则和不稳定，直接影响已加工表面粗糙度，以及使用硬质合金刀具切削时，积屑瘤的脱落，可能会剥落硬质合金颗粒，加剧刀具磨损，是其不利方面。可以说积屑瘤对切削弊多利少。因而，精加工时，一定要避免产生积屑瘤；即使在粗加工，如采用硬质合金刀具，也不希望产生积屑瘤。但如能掌握其规律，进行控制与利用，也可化弊为利，如银白切屑车刀就是一例。通常主要采用以下措施进行控制：

1）降低材料的延展性，提高硬度，减少滞流动的形成。

2）控制切削速度 v_c，以控制切削温度，控制措施如下：

低速时（$v_c = 10$m/min 以下），由于温度低（低于 300℃），不会引起黏结，不会形成积屑瘤核，因而不会形成积屑瘤。通常用高速钢刀具低速精车螺纹或用铰刀低速精铰孔可得到较小的表面粗糙度值。

高速时（v_c = 100m/min 以上），由于温度高（在 500 ~ 600℃以上），积屑瘤的加工硬化消失积屑瘤就消失。采用高速切削，也能获得小的表面粗糙度值。

中速时（切削中碳钢 v_c = 20 ~ 30m/min），温度适宜（300 ~400℃），积屑瘤最大，表面粗糙度值也最大。

积屑瘤高度随切削速度 v_c 变化的规律如图 3-16 所示。

通过采用切削液、增大前角（$\gamma_o > 35°$）、减小切削厚度等方法，也可减少以至消除积屑瘤。

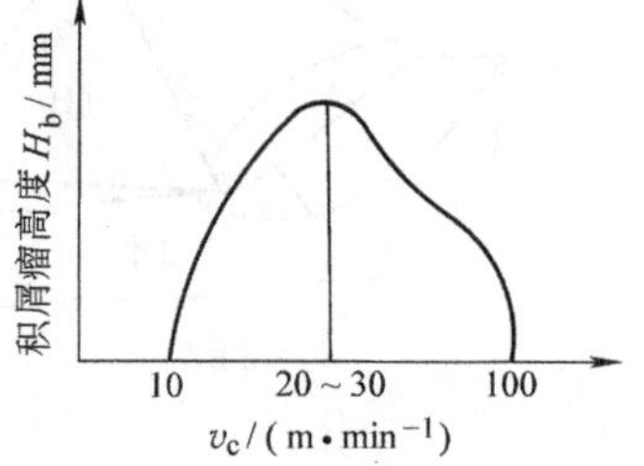

图 3-16　积屑瘤高度随切削速度 v_c 变化的规律

五、已加工表面的变形与表面质量

1. 已加工表面的形成（图 3-17）

切削时，切削层金属流经切削刃分为两支，一支通过剪切区成为切屑；另一支沿后刀面形成已加工表面。已加工表面是在切削刃前方的复杂而集中的应力状态下，与切离切屑同时产生。由于刀具切削刃不能达到理想的锋利，而具有一定的刃口钝圆半径 r_β。r_β 的大小，与刀具材料和刃磨质量有关：高速钢刀具 r_β 为 3 ~ 10μm；硬质合金刀具 r_β 为 18 ~ 32μm。在切削层 h_D 中，将有 Δa 厚度的金属，不会沿 OM 剪切面方向滑移成为切屑，而是被切削刃的钝圆部分（O 点以下）挤压到已加工表面上，使这部分金属首先受压应力；而在 B 点之后，因刀具磨损和金属层的弹性恢复（Δh），与后刀面的接触长度为 BC，又会使这层金属受到切应力的作用。这层受反复应力作用的金属层就成为已加工表面变质层。

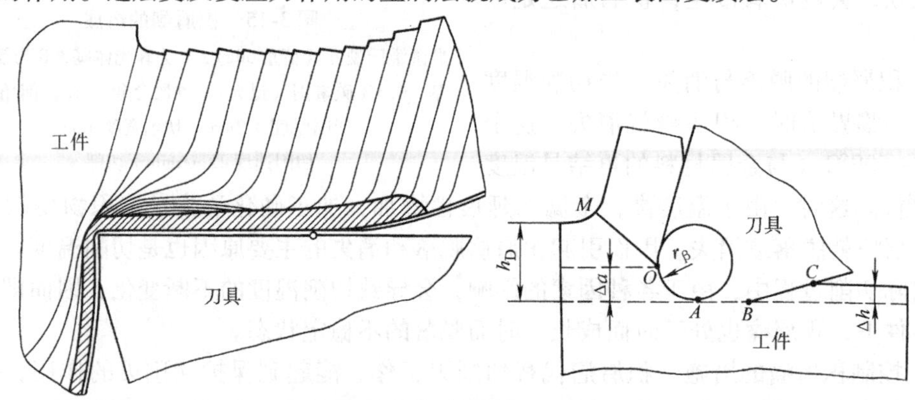

图 3-17　已加工表面的形成

2. 已加工表面变质层的物理-力学特性

这层约 1mm 厚度的表面变质层，其组织如图 3-18 所示。最外层为化合物层（非晶体组织）其主体为金属氧化物。切削温度越高，它的厚度就越厚。当厚度超过某一限度时，其薄膜会因光的干涉作用，而呈现出黄、红、蓝等颜色。接着是纤维组织层、微粒化层、弹性变形层，最后到达金属母体。变质层中金属材料组织的这些变化，也引起性质的变化，主要表现为硬度变化和残余应力两个方面。

（1）加工硬化　经过切削加工的已加工表面层硬度提高的现象称为加工硬化。塑性变形越大，硬化程度越大，深度也越深。另一方面，因切削热引起的退火效应，也会使硬度降低，如加工淬火钢。但一般情况下，都是越近表面层硬度越高，一般硬度提高 20% ~ 30%。

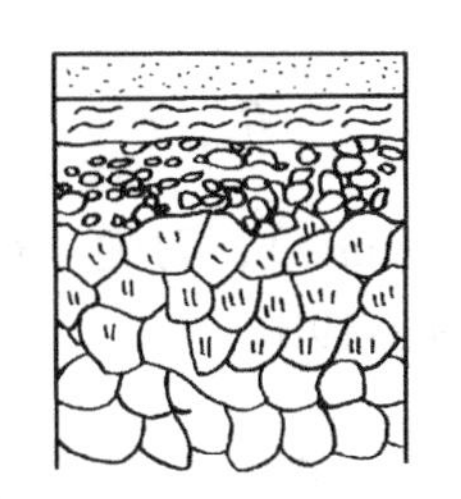

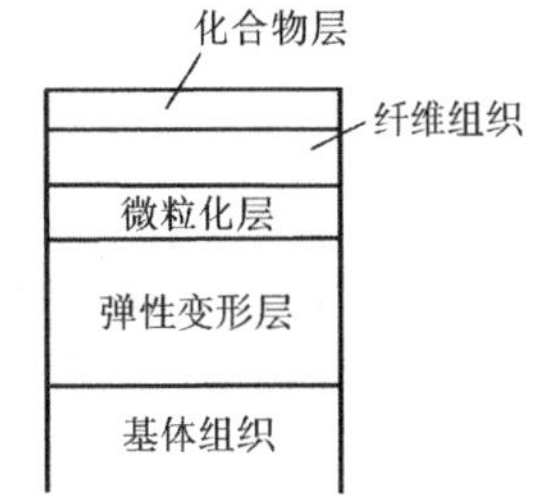

图 3-18　已加工表面变质层

（2）残余应力　残余应力是指去掉外力后，物体内存在应力的现象。已加工表面产生残余应力的原因：

1）机械应力的作用。切削层的一部分厚度受刃口钝圆部分的挤压，成为已加工表面变质层，使表面层产生压缩应力；切削后，内部材料趋于弹性恢复，受表层的阻碍，表层产生拉应力；与此同时，后刀面与已加工表面间产生很大摩擦，使表层产生拉应力；切削后则表层呈压应力。机械应力引起的残余应力，在表层究竟是压应力，还是拉应力，取决于前、后刀面对已加工表面形成变形的大小。

2）切削热的作用。切削热使表层温度升高、体积膨胀，由于时间短而传热慢，因而内层温度低、阻碍表面膨胀，致使表层产生压应力；切削后，表层散热快而收缩，而内部散热慢阻碍表层收缩，使表层受拉应力。

3）相变引起的体积变化。切削温度可达 600 ~ 800℃。碳钢在 720℃时，就会发生相变形成奥氏体，冷却后变为马氏体。马氏体的体积比奥氏体的体积大，表层的体积膨胀，受里层阻碍使表层呈压应力状态。当切削淬火钢时，若表面退火，马氏体转变为托氏体或索氏体，使表层体积缩小，表层会呈拉应力状态。

已加工表面，最后呈哪种应力状态，是各种因素综合作用的结果。一般说，表面呈压应力有利，而拉应力不利。

3. 已加工表面质量

已加工表面质量包括两个方面：表面变质层的物理-力学特性，已如前述，它决定零件的耐磨性，抗疲劳强度等；表面粗糙度，它是从几何方面，表明已加工表面的完整性，它决定零件磨损、密封、接触强度等性质。下面说明形成表面粗糙度的原因。

（1）几何原因形成的表面粗糙度　在普通切削的情况下（两切削刃同时参加切削），由于刀具几何角度和切削刃与工件间相对运动等原因，加工后有一部分金属被残留在已加工表面上，构成了已加工表面在进给方向的表面粗糙度，如图 3-19 所示的纵车外圆时：

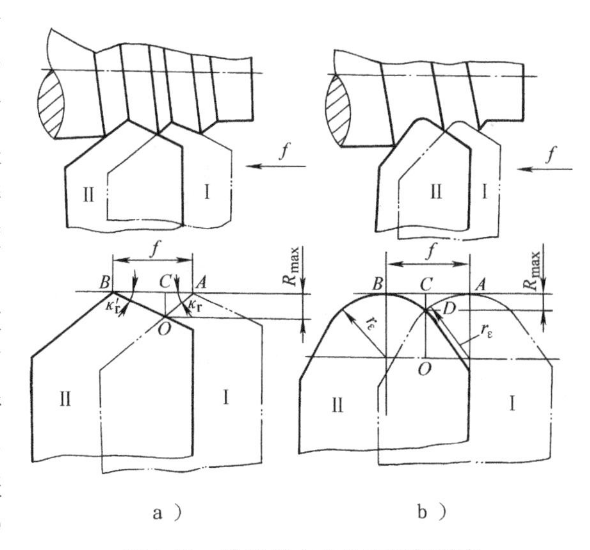

图 3-19　沿进给方向的表面粗糙度

a）$r_\varepsilon=0$　b）$f\leqslant 2r_\varepsilon\sin\kappa_r$

1）若进给量为 f，刀尖半径 $r_\varepsilon=0$，

刀具的主、副偏角分别为 κ_r 和 κ_r'，由图 3-19a 得

$$f = R_{max}\ (\cot\kappa_r + \cot\kappa_r')$$

于是

$$R_{max} = \frac{f}{\cot\kappa_r + \cot\kappa_r'} \tag{3-9}$$

2）若进给量为 f（单位为 mm/r），刀尖半径为 r_ε（单位为 mm），且 $f < 2r_\varepsilon\cos\kappa_r'$，即主要依靠刀尖半径 r_ε 切削时（图 3-19b）

$$R_{max} = r_\varepsilon - \sqrt{r_\varepsilon^2 - \left(\frac{f}{2}\right)^2}$$

经整理，略去 R_{max}^2 高次项，得

$$R_{max} = \frac{f^2}{8r_\varepsilon} \tag{3-10}$$

式中　R_{max}——残留面积高度。

由此可见，减小进给量 f，减小主、副偏角 κ_r 和 κ_r'，增大刀尖半径 γ_ε 可减小表面粗糙度。但 f、κ_r 和 κ_r' 的减小和 r_ε 的增大是有一定的限制的。这是由于切削刃总是具有一定的刃口钝圆半径 r_β。f、κ_r 减小，切削厚度 h_D 减小，当 h_D 与 r_β 相比到一定值后，就不会形成切屑，而是被挤压到已加工表面上。由于变形大，使表面粗糙度值变大；同时，减小 κ_r 与 κ_r' 和增大 r_ε 都会使切削宽度 b_D 变宽，容易引起振动，使表面粗糙度值变大。

（2）切削过程中不稳定因素引起的表面粗糙度

1）积屑瘤。如前所述，由于积屑瘤不稳定，使切削刃形状变化，使表面粗糙度变大，脱落后的积屑瘤碎片黏结在已加工表面上，也会形成表面粗糙度。

2）鳞刺。在较低的切削速度下，切削中碳钢、铬钢（20Cr、40Cr）、纯铜等塑性材料时，工件表面上常会呈一种鱼鳞片状毛刺（图 3-20），称为鳞刺。例如，在拉削、螺纹车削中，会出现这种现象，将严重影响表面粗糙度。

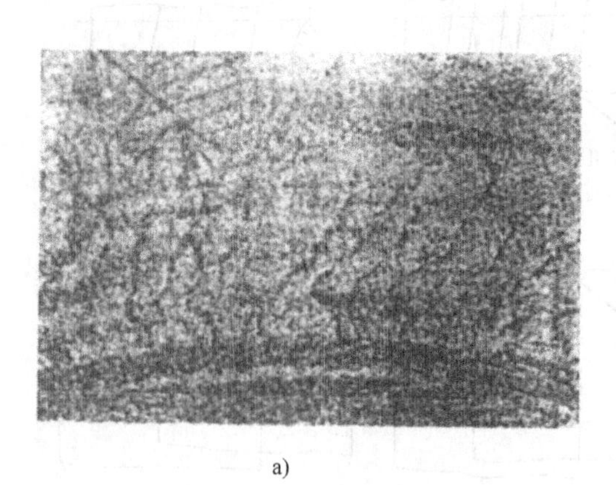

a)

b)

图 3-20　鳞刺

a）加工丝杠时所产生的鳞刺　b）圆孔拉削 40Cr 钢时的鳞刺

刀具：W18Cr4V，工件；45 钢，v_c =4. 5 ~5m/min

产生鳞刺的原因，据国内的研究认为：在较低的切削速度下形成挤裂状或单元状切屑时，切屑与刀具间的摩擦发生周期性变化，促使切屑在前刀面作周期性停留（图3-21），由它代替前刀面推挤切削层，造成切削区的断裂，使切削厚度深入到切削层以下（Ⅱ、Ⅲ阶段）。随后，切屑单元重新沿前刀面滑动（Ⅳ阶段），这样就在已加工表面上形成鳞刺。

减少和消除鳞刺的措施，应从减少切屑和前刀面的摩擦入手，使挤裂状或单元状切屑变为带状切屑。增大前角和采用适宜的切削液，也可取得较好的效果。

其他如振动、切屑的拉伤等也会形成表面粗糙度。

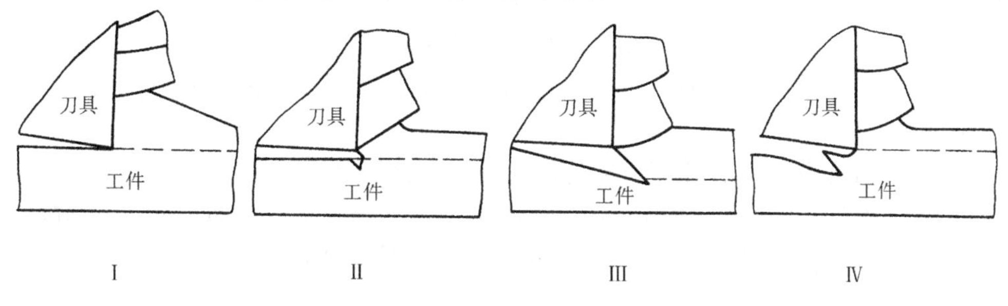

图3-21 鳞刺的形成

第二节 切 削 力

切削力是切削过程中基本物理现象之一，是分析工艺和设计机床、夹具、刀具时的主要技术参数。学习切削力的分析、计算及其变化规律，不仅是金属切削理论的需要，对生产实际也极为重要。

一、切削分力及其作用

采用三向测力仪，可直接测出在一定切削条件下沿运动方向的切削分力，如图3-22所示。

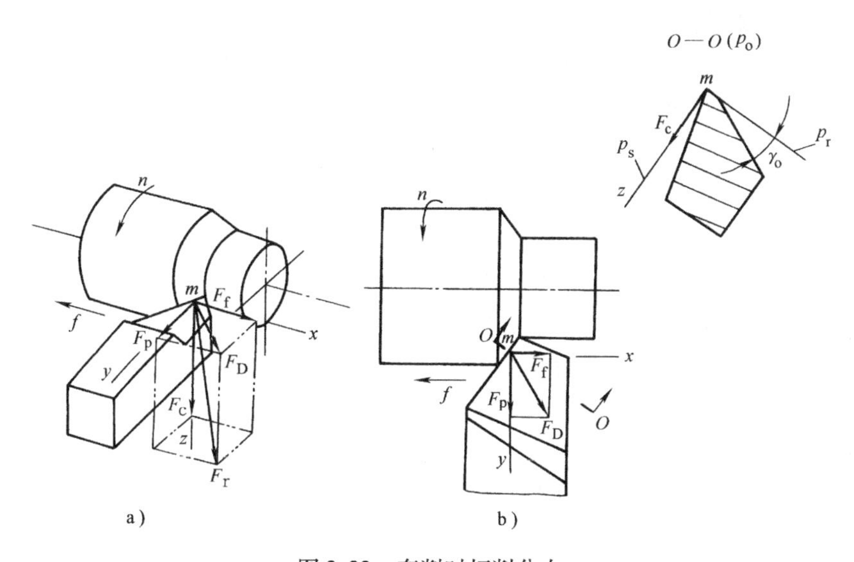

图3-22 车削时切削分力

切削力（主切削力）F_c——沿主运动方向的分力，垂直于基面。

进给力（进给抗力）F_f——沿进给方向的分力，在基面内。

背向力（切深抗力）F_p——沿切深方向的分力，也在基面内。

三个切削分力在空间的关系，如图3-22所示。

在基面内的切削合力

$$F_D = \sqrt{F_f^2 + F_p^2} \tag{3-11}$$

切削合力

$$F_r = \sqrt{F_D^2 + F_c^2} = \sqrt{F_f^2 + F_p^2 + F_c^2} \tag{3-12}$$

主切削力 F_c 是三个切削分力中最大的一个分力。由于它作用在主运动方向，也是消耗功率最多的切削力。

进给力（进给抗力）F_f 作用于机床的进给机构，它也消耗功率。

背向力（切深抗力）F_p 不做功，但由于作用于工件的径向（纵向切削），车削细长工件时会使工件变形而产生加工误差。精加工时，希望其值不要过大。

二、切削力的理论公式

产生切屑所需的切削力，即第Ⅰ、Ⅱ变形区产生的切削力。在直角切削情况下，其合力 F_r 按式（3-4）计算，即

$$F_r = \frac{\tau_\phi h_D b_D}{\sin\phi\cos(\phi + \beta - \gamma_o)}$$

该切削力的理论公式，能够揭示影响切削力诸因素间的内在联系，有助于分析问题。但是由于影响切削力诸因素相当多，公式作了很多假说，公式的计算的准确性较差，实际工程应用的切削力计算公式是通过试验和数据模型化拟合处理得到的经验公式。

三、切削力的实验公式

1. 切削力实验公式

切削力实验公式是将测力后得到的实验数据通过数学整理或计算机处理后建立的。切削力实验后整理的指数公式为

$$\begin{aligned} F_c &= C_{F_c} a_p^{x_{F_c}} f^{y_{F_c}} v_c^{n_{F_c}} K_{F_c} \\ F_p &= C_{F_p} a_p^{x_{F_p}} f^{y_{F_p}} v_c^{n_{F_p}} K_{F_p} \\ F_f &= C_{F_f} a_p^{x_{F_f}} f^{y_{F_f}} v_c^{n_{F_f}} K_{F_f} \end{aligned} \tag{3-13}$$

式中 F_c、F_p、F_f——各切削分力，单位为N；

C_{F_c}、C_{F_p}、C_{F_f}——公式中系数，根据加工条件由实验确定；

x_F、y_F、n_F——表示各因素对切削力的影响程度指数；

K_{F_c}、K_{F_p}、K_{F_f}——不同加工条件对各切削分力的影响修正系数。

2. 单位切削力

目前国内外许多资料中都利用单位切削力 k_c 来计算切削力 F_c 和切削功率 P_c，这是较为实用和简便的方法。

单位切削力是切削单位切削层面积所产生的作用力。

单位切削力 k_c 的单位为 N/mm²，可表示为

$$k_c = \frac{F_c}{A_D} = \frac{C_{F_c} a_p^{x_{F_c}} f^{y_{F_c}}}{a_p f} = \frac{C_{F_c}}{f^{1-y_{F_c}}} \tag{3-14}$$

式（3-14）中实验得到 $x_{F_c} \approx 1$，因此在不同切削条件下影响单位切削力的因素是进给量 f。增大进给量，由于切削变形减小，因此单位切削力减小。

若已知单位切削力 k_c、背吃刀量 a_p 和进给量 f 时，则切削力 F_c（单位为 N）为

$$F_c = k_c A_D = k_c a_p f \tag{3-15}$$

表 3-1 是国内资料中介绍的用硬质合金车刀 $\gamma_o = 10°$、$\kappa_r = 45°$、$\lambda_s = 0°$ 和 $r_\varepsilon = 2\text{mm}$ 等条件下，由实验求得的切削力公式中的各系数和指数值，并由此换算的单位切削力 k_c 值。

表 3-1　硬质合金车刀外圆纵车、横车、镗孔时，公式中系数 C_F，指数 x_F、y_F、n_F 和单位切削刀 k_c 值

加工材料	加工形式	切削力 F_c $F_c = C_{F_c} a_p^{x_{F_c}} f^{y_{F_c}} v_c^{n_{F_c}} K_{F_c}$				背向力 F_p $F_p = C_{F_p} a_p^{x_{F_p}} f^{y_{F_p}} v_p^{n_{F_p}} K_{F_p}$				进给力 F_f $F_f = C_{F_f} a_p^{x_{F_f}} f^{y_{F_f}} v_f^{n_{F_f}} K_{F_f}$			
		C_{F_c}	x_{F_c}	y_{F_c}	n_{F_c}	C_{F_p}	x_{F_p}	y_{F_p}	n_{F_p}	C_{F_f}	x_{F_f}	y_{F_f}	n_{F_f}
结构钢铸铁 $R_m = 650\text{MPa}$	外圆纵车、横车及镗孔	2795	1.0	0.75	-0.15	1940	0.90	0.6	-0.3	2880	1.0	0.5	-0.4
	外圆纵车（$\kappa_r' = 0°$）	3570	0.9	0.9	-0.15	2845	0.60	0.3	-0.3	2050	1.05	0.2	-0.4
	切槽及切断	3600	0.72	0.8	0	1390	0.73	0.67	0	—	—	—	—
不锈钢 1Cr18Ni9Ti 硬度 141HBW	外圆纵车、横车、镗孔	2000	1.0	0.75	0	—	—	—	—	—	—	—	—
灰铸铁硬度 190HBW	外圆纵车、横车、镗孔	900	1.0	0.75	0	530	0.9	0.75	0	450	1.0	0.4	0
	外圆纵车（$\kappa_r' = 0$）	1205	1.0	0.85	0	600	0.6	0.5	0	235	1.05	0.2	0
可锻铸铁硬度 150HBW	外圆纵车、横车、镗孔	795	1.0	0.75	0	420	0.9	0.75	0	375	1.0	0.4	0

加工材料	单位切削力 $k_c = C_{F_c}/f^{1-y_{F_p}'}$/N·mm⁻²												
	进给量 f/mm/r												
	0.01	0.15	0.20	0.26	0.30	0.36	0.41	0.48	0.56	0.66	0.71	0.81	0.96
结构钢铸铁 $R_m = 650\text{MPa}$	4991	4508	4171	3937	3777	3630	3494	3367	3213	3106	3038	2942	2823
	4518	4301	4200	4103	4011	3967	3923	3839	3798	3719	3680	3642	3607
	5714	5294	5000	4737	4557	4390	4286	4186	4045	3913	3871	3750	3636
不锈钢 1Cr18Ni9Ti 硬度 141HBW	3571	3226	2898	2817	2701	2597	2509	2410	2299	2222	2174	2105	2020

（续）

加工材料	单位切削力 $k_c = C_{F_c}/f^{1-y_{F_c}}$/N · mm^{-2}												
	进给量 f/mm/r												
	0.01	0.15	0.20	0.26	0.30	0.36	0.41	0.48	0.56	0.66	0.71	0.81	0.96
灰铸铁硬度 190HBW	1607	1451	1304	1267	1216	1169	1125	1084	1034	1000	978	947	909
	1697	1607	1525	1470	1452	1401	1385	1339	1310	1282	1268	1242	1217
可锻铸铁硬度 150HBW	1419	1282	1152	1120	1074	1032	994	958	914	883	864	836	803

表3-2是加工结构钢和铸铁时工件材料、前角 γ_o、主偏角 κ_r 对切削力影响的修正系数 K_F。

表3-2　加工结构钢和铸铁时工件材料、前角 γ_o、主偏角 κ_r 对切削力影响的修正系数 K_F

材料类型 \ K_{M_F}	材料对切削力修正系数		
	$K_{M_{F_c}}$	$K_{M_{F_p}}$	$K_{M_{F_f}}$
结构钢铸钢	$\left(\frac{R_m}{650}\right)^{0.75}$	$\left(\frac{R_m}{650}\right)^{1.35}$	$\left(\frac{R_m}{650}\right)^{1.0}$
灰铸铁	$\left(\frac{HBW}{190}\right)^{0.4}$	$\left(\frac{HBW}{190}\right)^{1.0}$	$\left(\frac{HBW}{190}\right)^{0.8}$
可锻铸铁	$\left(\frac{HBW}{150}\right)^{0.4}$	$\left(\frac{HBW}{150}\right)^{1.0}$	$\left(\frac{HBW}{150}\right)^{0.8}$
前角 γ_o \ K_{γ_oF}	前角对切削力修正系数		
	$K_{\gamma_oF_c}$	$K_{\gamma_oF_p}$	$K_{\gamma_oF_f}$
-15°	1.25	2.0	2.0
-10°	1.2	1.8	1.8
0°	1.1	1.4	1.4
10°	1.0	1.0	1.0
20°	0.9	0.7	0.7
主偏角 κ_r \ K_{κ_rF}	主偏角对切削力修正系数		
	$K_{\kappa_rF_c}$	$K_{\kappa_rF_p}$	$K_{\kappa_rF_f}$
30°	1.08	1.30	0.78
45°	1.0	1.0	1.0
60°	0.94	0.79	1.11
75°	0.92	0.62	1.13
90°	0.89	0.50	1.17

四、切削功率 P_c

消耗在切削过程中的功率称为切削功率 P_c，它是切削力 F_c 和进给抗力 F_f 消耗功率的和。由于 F_f 消耗功率占比例很小，为1%～5%，通常可略去不计，于是

$$P_c = \frac{F_c v_c 10^{-3}}{60}$$

式中　P_c——切削功率，单位为kW；

F_c——切削力，单位为N；

v_c——切削速度，单位为m/min。

机床电动机所需的功率 P_E（单位为kW）为

$$P_E = \frac{P_c}{\eta} \tag{3-16}$$

式中　η——机床传动效率，一般取 $\eta = 0.75 \sim 0.85$。

五、车削力计算举例

用硬质合金车刀车削热轧45钢（$R_m = 0.650\text{GPa}$），车刀主要几何角度为 $\gamma_o = 15°$、$\kappa_r = 75°$、$\lambda_s = 0°$，切削用量为 $a_p = 4\text{mm}$、$f = 0.3\text{mm/r}$、$v_c = 100\text{m/min}$。

1. 计算切削力及切削功率

（1）计算切削力

查表3-1得 $C_{F_c} = 2795$，$x_{F_c} = 1.0$，$y_{F_c} = 0.75$，$n_{F_c} = -0.15$

查表3-2

$$K_{\gamma_o F_c} = 0.95,\ K_{\kappa_r F_c} = 0.92$$

$$K_{\gamma_o F_p} = 0.85,\ K_{\kappa_r F_p} = 0.62$$

$$K_{\gamma_o F_f} = 0.85,\ K_{\kappa_r F_f} = 1.13$$

$$F_c = C_{F_c} a_p^{x_{F_c}} f^{y_{F_c}} v_c^{n_{F_c}} K_{\gamma_o F_c} K_{\kappa_r F_c} = 2795 \times 4 \times 0.3^{0.75} \times 100^{-0.15} \times 0.95 \times 0.92 = 1980.45\text{N}$$

$$F_p = C_{F_p} a_p^{x_{F_p}} f^{y_{F_p}} v_c^{n_{F_p}} K_{\gamma_o F_p} K_{\kappa_r F_p} = 1940 \times 4^{0.9} \times 0.3^{0.6} \times 100^{-0.3} \times 0.85 \times 0.62 = 434.10\text{N}$$

$$F_f = C_{F_f} a_f^{x_{F_f}} f^{y_{F_f}} v_c^{n_{F_f}} K_{\gamma_o F_f} K_{\kappa_r F_f} = 2880 \times 4 \times 0.3^{0.5} \times 100^{-0.4} \times 0.85 \times 1.13 = 958.05\text{N}$$

（2）切削功率

$$P_c = \frac{F_c v_c \times 10^{-3}}{60} = \frac{1980.45 \times 100 \times 10^{-3}}{60}\text{kW} = 3.3\text{kW}$$

2. 单位切削力及切削功率

（1）单位切削力

查表3-1，表3-2　$k_c = 3777$，$n_{F_c} = -0.15$、$k_{\gamma_o F_c} = 0.95$，$k_{\kappa_r F_c} = 0.92$

$$F_c = k_c a_p f v_c^{-n_{F_c}} K_{\gamma_o F_c} K_{\kappa_r F_c} = (3777 \times 4 \times 0.3 \times 100^{-0.15} \times 0.95 \times 0.92)\ \text{N} = 1982\text{N}$$

（2）切削功率

$$P_c = \frac{P_c v_c \times 10^{-3}}{60} = \frac{1982 \times 1000 \times 10^{-3}}{60}\text{kW} = 3.3\text{kW}$$

六、影响切削力的因素

1. 工件材料的影响

工件材料强度大、硬度高、切应力 τ_ϕ 大，切削力就大，参见（式3-4）。但切削力的大小，并不单纯受工件材料原始强度和硬度的影响，还与其他因素有关，如不锈钢1Cr18Ni9Ti

的强度和硬度都与45钢相近，加工时，切削力却相当大，其原因是，这种材料的韧性比45钢约大5倍左右，加工硬化能力强，较小的变形，就会引起硬度大幅度升高，从而使切削力增大；又如，切削灰铸铁等脆性材料时，若从硬度方面看，它和45钢相近，但切削力却小得多，这是由于脆性材料强度小、切削变形小的缘故。另外同一种材料，当热处理状态不同，金相组织不同，也会影响切削力的大小。如45钢在正火、调质状态下的硬度不同、金相组织不同，从而影响切削力的大小。

通常情况下,对韧性材料主要以强度,对脆性材料主要以硬度,来判别其对切削力的影响。

2. 切削用量的影响

（1）背吃刀量（切削深度）a_p 背吃刀量 a_p 增大，切削宽度 $b_D\left(b_D=\dfrac{a_p}{\sin\kappa_r}\right)$ 按比例增大，从而使剪切面面积 A_s 和切屑与前刀面的接触面积都按比例增大，第Ⅰ变形区和第Ⅱ变形区的变形都按比例增大。因而，当背吃刀量增大1倍时，切削力也增大1倍（图3-23）。

（2）进给量 f 进给量 f 增大，切削厚度（$h_D=f\sin\kappa_r$）按比例增大，而切削宽度 b_D 不变，如图3-23所示。这时虽剪切面面积按比例增大，但切屑与前刀面的接触未按比例增大，第Ⅱ变形区的变形未按比例增加。因而当进给量 f 增大1倍时，切削力增加70%～80%。

由上可知，从切削力的角度看，应采用厚而窄的切削断面形状。也就是说，当切削层横截面积 A_D（$A_D=b_Dh_D$）相同、切削效率相同时，采用大的 f，小的 a_p，对减小切削力 F_c 有利。因为，这样做既减小了切削力 F_c，降低切削功率的消耗，又不降低生产率。

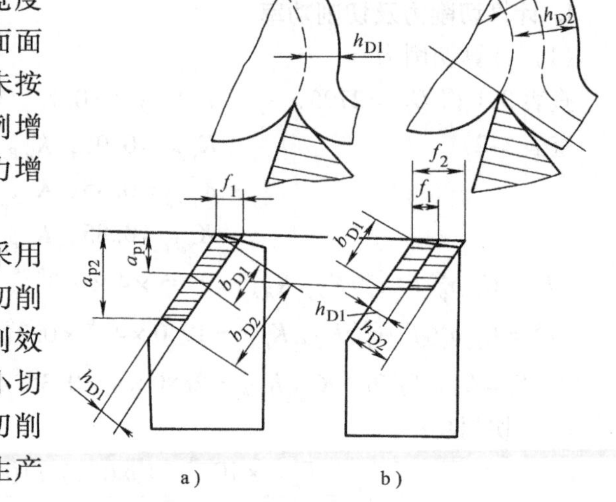

图3-23 a_p、f 对切削力的影响

（3）切削速度 v_c 根据实验，切削时，若不形成积屑瘤，随着切削速度 v_c 的增大，应变速度加快，剪切区变窄，变形减小；切屑与前刀面的接触长度也减小，摩擦力减小。因而，当切削速度 v_c 增大，则切削力减小，如图3-24a所示。

若形成积屑瘤，开始时，随着切削速度 v_c 的增大，逐渐产生与形成积屑瘤，使实际前角逐渐增大，切削力下降。至 B 点，积屑瘤高度最高，切削力最小；随着切削速度的增加，切削温度不断升高，积屑瘤逐渐脱落，使前角减小，切削力又逐渐增加。至 A 点，积屑瘤完全消失，切削力达到最大值。随后切削力又随切削速度的增大而减小，如图3-24b所示。

由此可见，在保持单位时间金属切除量（$Q_w=1000a_pfv_c/60$）不变的条件下，为使切削力减小，在选择切削用量时，应采用大的切削速度 v_c、较大的进给量 f 和小的背吃刀量 a_p（切削深度）。

3. 刀具几何形状的影响

（1）前角 γ_o 由图3-11a可知，前角 γ_o 增大，前刀面摩擦因数 μ 增大，摩擦角 β 增大

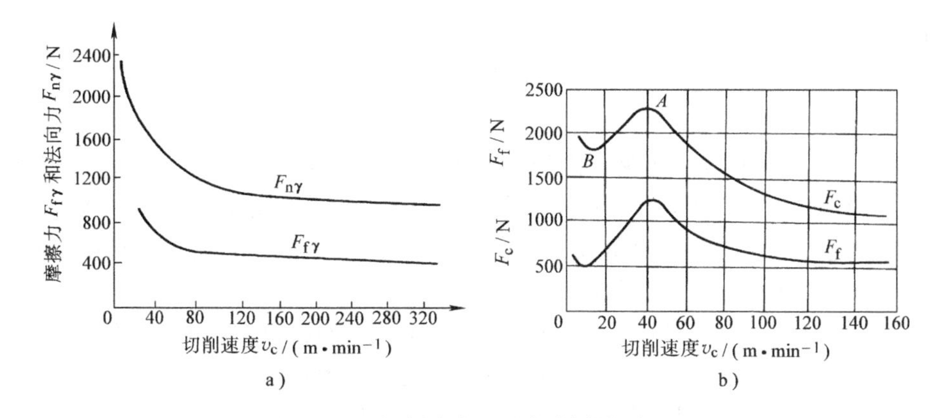

图 3-24　切削速度 v_c 和切削力的关系

a）工件材料：黄铜；刀具材料：高速钢　b）工件材料：45 钢；刀具材料：YT15；

切削用量 $a_p=4$mm，$f=0.3$mm

（$\tan\beta=\mu$）。实验结果表明（$\beta-\gamma_o$）减小。又由式（3-7）可知，剪切角 ϕ 大。于是由式（3-4）$F_r=\dfrac{\tau_\phi h_D b_D}{\sin\phi\cos(\phi+\beta-\gamma_o)}$可以看出，切削合力 F_r 减小。

实验结果证明，前角 γ_o 对主切削力 F_c 影响不显著，而对进给力 F_f 和背向力（切深抗力）F_p 影响较大，如图 3-25 所示。现分析如下：

当 $\lambda_s=0°$时，由图 3-22 可作出图 3-26，这时切削合力 F_r 在正交平面内与 F_c 间的夹角为 $\beta-\gamma_o$，于是

$$\left.\begin{aligned}F_c&=F_r\cos(\beta-\gamma_o)\\F_M&=F_r\sin(\beta-\gamma_o)\end{aligned}\right\}\tag{3-17}$$

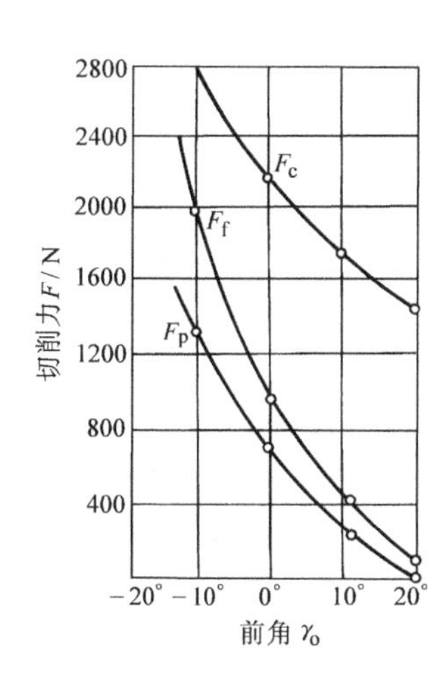

图 3-25　前角 γ_o 对 F_c、F_f、F_p 的影响

工件材料：40 钢；刀具材料：

YT 类硬质合金，$\kappa_r=60°$。切削用量：$a_p=4$mm，

$f=0.285$mm/r，$v_c=40$m/min

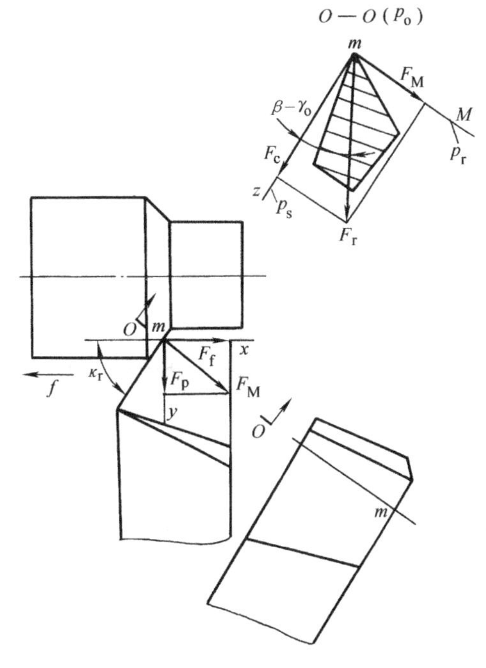

图 3-26　$\lambda_s=0°$时刀具在正交平面内的作用力

又知

$$\left.\begin{aligned} F_f &= F_M \sin\kappa_r \\ F_p &= F_M \cos\kappa_r \end{aligned}\right\} \tag{3-18}$$

由式（3-4）、式（3-17）可见，由于 γ_o 增大，则 F_r 减小，$\beta-\gamma_o$ 也减小。因而 F_c 变化不显著，约减少 1%；而 F_M 减小显著，结果使 F_f 和 F_p 减少较大，为 3% ~5%。

另一方面，前角 γ_o 增大，楔角 β_o 减小，刀具的强度减小，刀具承受切削力的能力减小，从这个角度看，前角 γ_o 又不宜采用过大值。

此外，工件材料不同，前角的影响也不同。对塑性大的材料，如纯铜、铝合金等，切削时变形大，前角影响显著；而对脆性材料如黄铜，前角的影响则较小。

由此可知，切削时，从切削力的角度看，切削塑性材料刀具前角可选用大值，切削脆性材料刀具前角应选用小值。同时前角不应太小，但也不宜过大，应有一个适宜值。

（2）主偏角 κ_r

1）对切削力 F_c 的影响。当切削面积 A_D 不变时（$A_D=a_pf=h_Db_D$），主偏角 κ_r 增大，切削厚度 h_D 增大，而切削宽度 b_D 减小，切削层形状变为厚而窄，切削力减小，当 κ_r 增大到 60° ~75°之后，由于刀尖圆弧半径 r_ε 部分参与切削的比例增大，切削层变薄而宽，F_c 又逐渐增加，如图 3-27 所示。

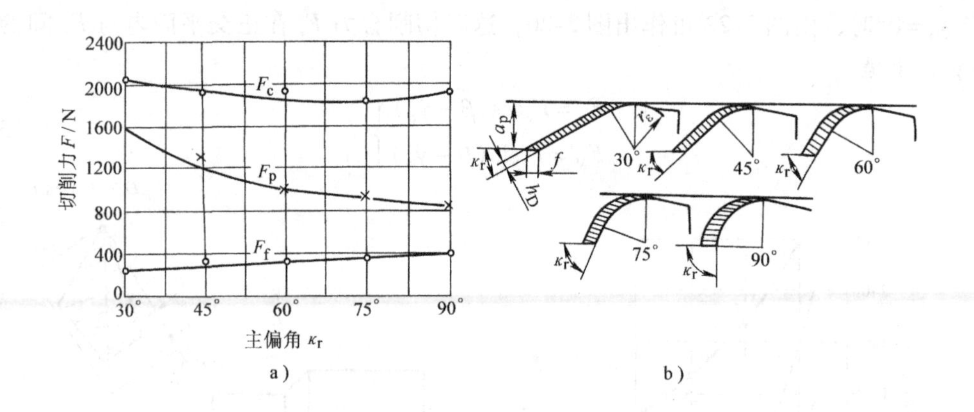

图 3-27　κ_r 对 F_c、F_p 和 F_f 的影响

a）主偏角对切削力的影响　b）随主偏角 κ_r 的变化，切削厚度与切削刃曲线部分长度的变化

工件材料：45 钢（正火），187HBW　刀具几何参数：$\gamma_o=18°$，$\alpha_o=6°\sim8°$，$\kappa_r'=10°\sim12°$，$\lambda_s=0°$，$b_\gamma=0$，$r_\varepsilon=0.2\text{mm}$　刀具结构：焊接平前刀面外圆车刀；切削用量：$a_p=3\text{mm}$，$f=0.3\text{mm/r}$

$v_c=95.5\sim103.5\text{m/min}$　刀片材料：YT15

2）对进给力 F_f 和背向力（切深抗力）F_p 的影响。由式（3-18）

$$F_f = F_M \sin\kappa_r$$

$$F_p = F_M \cos\kappa_r$$

可知，进给力 F_f 随主偏角 κ_r 的增大而增大，背向力（切深抗力）F_p 则减小。

从切削力减小的角度看，主偏角 κ_r 应选用较大值。

（3）刃倾角 λ_s　实验结果，如图3-28所示，它说明刃倾角 λ_s 对切削力 F_c 影响不大，原因是：刃倾角 λ_s 增大，有效前角 γ_{oe} 增大，切削力减小；但与此同时，实际切削宽度变宽，又使切削力增大。刃倾角 λ_s 对进给力 F_f 和背向力（切深抗力）F_p 影响较大。这是因为，随 λ_s 的增大，侧（进给）前角 γ_f 减小［式（1-3）］，而背（切深）前角 γ_p 增大［式（1-2）］。因而，相应的 F_f 增大，而 F_p 减小。

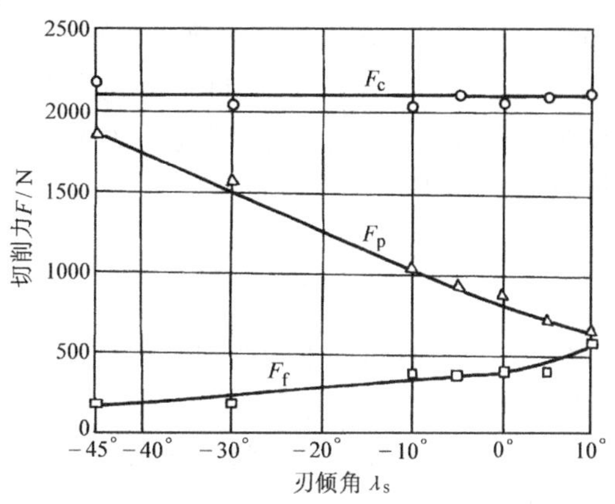

图3-28　λ_s 对 F_c、F_p 和 F_f 的影响

工件材料：45钢（正火），187HBW　刀具结构：焊接平前刀面外圆车刀；刀片材料；YT15；刀具几何参数：$\gamma_o=18°$，$\alpha_o=6°$，$\alpha_o'=4°\sim6°$，$\kappa_r=75°$，$\kappa_r'=10°\sim12°$，$\gamma_\varepsilon=0.2\text{mm}$　切削用量；$a_p=3\text{mm}$，$f=0.35\text{mm/r}$，$v_c=100\text{m/min}$

外圆车削时，为使工件变形小，以减少加工误差，应使 F_p 小，因而在精加工时，应采用大的 λ_s（正值）。

（4）刀尖圆弧半径 r_ε　当背吃刀量（切削深度）a_p、进给量 f 一定时，由于圆弧刃上各点的主偏角和副偏角是变化的，如图3-29所示，D 点的 $\kappa_{rD}=\kappa_r$，B 点的 $\kappa_{rB}<\kappa_{rD}$，而 A 点的 $\kappa_{rA}=0$。若刀尖圆弧半径 r_ε 增大，切削刃上的平均主偏角 κ_r 就减小，使切削宽度 b_D 增大，切削厚度 h_D 减小，切削断面形状变为宽而薄，切削力 F_c 增大，F_p 明显增大。从切削力的角度看，应采用小的刀尖圆弧半径 r_ε。

4. 其他因素对切削力的影响

（1）刀具材料　刀具材料不同，影响切屑与刀具间的摩擦状态，从而影响切削力。图3-30表示几种常用刀具材料切削力的影响。由图可见，当其他条件相同，陶瓷刀的切削力最小；硬质合金刀具次之；高速钢刀具的切削力最大。

（2）切削液与刀具磨损　刀具磨损大，切削力大。使用适宜的切削液可降低切削力。

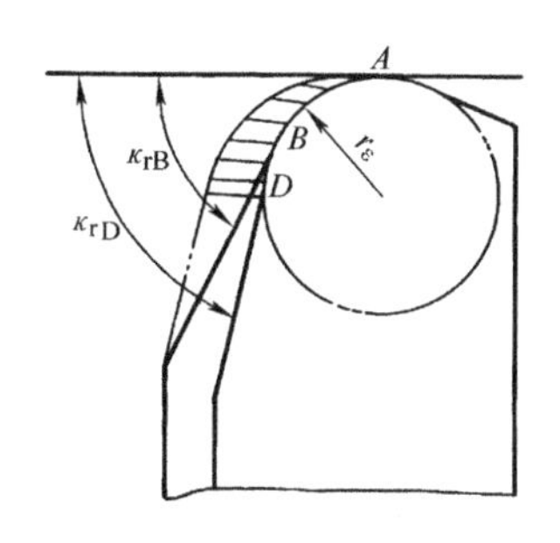

图3-29　r_ε 对主、副偏角和切削断面形状的影响

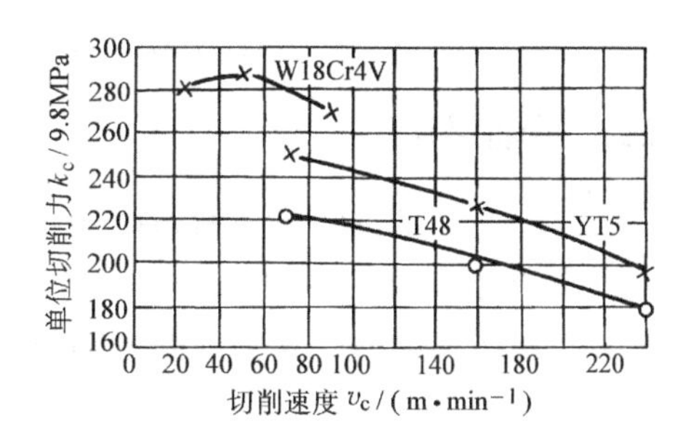

图3-30　刀具材料对切削力的影响

图中T48为前苏联的一种陶瓷刀具材料的牌号

第三节　切削温度

切削温度是切削过程中又一基本物理现象。切削温度的大小与变化，将改变前刀面的摩

擦状态；影响积屑瘤的产生、成长与消失；与刀具磨损有密切关系。因此，讨论切削温度的分布、大小及其变化规律，具有重要的实用意义。

一、切削热

1. 切削热的产生

由第一节已知，切削时存在剪切变形区、摩擦变形区和已加工表面变形区。在这三个变形区中，因变形、摩擦而消耗的能量绝大部分转变为切削热。因而切削时存在有三个切削热源（图3-31），其单位时间产生的切削热 Q 可由下式表示

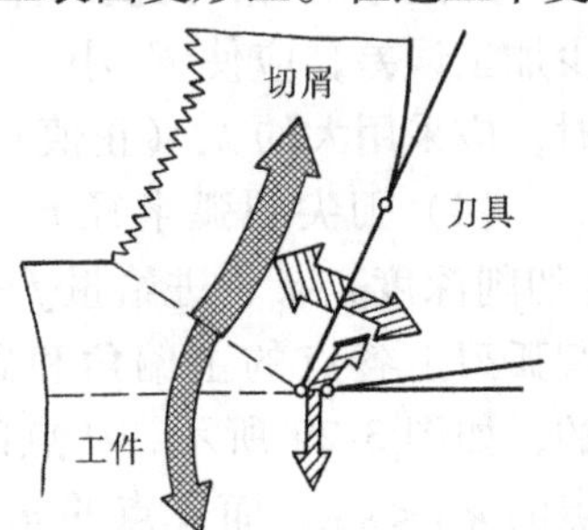

图3-31　切削热源与切削热的传散

$$Q=9.81F_cv_c$$

式中　Q——单位时间产生的切削热，单位为J/min；

F_c——切削力，单位为N；

v_c——切削速度，单位为m/min。

在用硬质合金刀具，车削 $R_m=0.637\text{GPa}$ 的结构钢时，将计算切削力的指数公式 F_c 代入，则

$$Q=9.81C_{F_c}a_pf^{0.75}v_c^{-0.15}K_{F_c}v_c=9.81C_{F_c}a_pf^{0.75}v_c^{0.85}K_{F_c} \tag{3-19}$$

由式(3-19)可见，背吃刀量 a_p 增大1倍，则切削热 Q 增大1倍，影响最大；切削速度 v_c 的影响次之；进给量 f 的影响最小，其他因素对切削热的影响与它们对切削力的影响相同。

2. 切削热的传散

产生的切削热传散到切屑、刀具、工件和周围的介质中去。车削时，其各自的比例大体为：切屑50%～86%、刀具10%～40%、工件3%～9%，介质（如空气）1%。

传入切屑、刀具、工件和介质中的比例与切削速度 v_c 有关。切削速度越高，传入切屑的比例增大，传入刀具和工件的比例减小。

二、切削温度

切削温度一般是指切屑与前刀面接触区域的平均温度。

1. 计算切削温度的实验公式

用实验方法求出的计算切削温度的指数公式如下：

$$\theta=C_\theta v_c^{z_\theta}f^{y_\theta}a_p^{x_\theta} \tag{3-20}$$

式中　θ——实验测出的前刀面接触区平均温度，单位为℃；

C_θ——切削温度系数；

v_c——切削速度，单位为m/min；

f——进给量，单位为mm/r；

a_p——背吃刀量（切削深度），单位为mm；

z_θ、y_θ、x_θ——分别为 v_c、f、a_p 的指数。

切削温度系数 C_θ 和指数 x_θ、y_θ、z_θ 可由表 3-3 查得。

表 3-3　切削温度的系数及指数

刀具材料	加工方法	C_θ	z_θ		y_θ	x_θ
高速钢	车　削	140~170	0.35~0.45		0.2~0.3	0.08~0.10
	铣　削	80				
	钻　削	150				
硬质合金	车削	320	$f/(\mathrm{mm\cdot r^{-1}})$		0.15	0.05
			0.1	0.41		
			0.2	0.31		
			0.3	0.26		

2. 前刀面接触区的温度分布

图 3-32 所示为用实验方法测得的前刀面（正交平面内）切削温度分布。由图可见，前刀面上的最高温度不是在切削刃上，而是距切削刃有一段距离（该实验为 0.5mm）处。

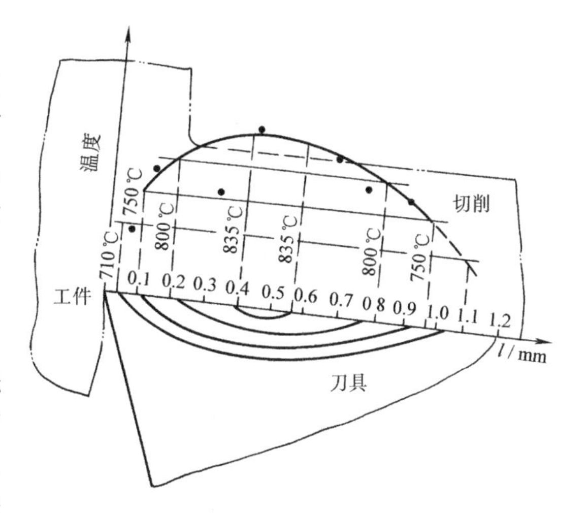

图 3-32　前刀面（正交平面内）的切削温度分布
工件材料：40 钢；切削用量：$f=0.21\mathrm{mm}$；
$v_c=115\mathrm{m/min}$；刀具材料：YT15

三、影响切削温度的因素

在分析各因素对切削温度的影响时，先要了解热量与温度间的关系。切削温度的高低既取决于单位时间产生热量的多少，又与单位时间传出热量的大小有关。如产生热量大于传出热量则温度升高；传出热量大于产生热量则温度降低。

1. 工件材料的影响

被加工材料不同，切削温度相差很大，例如：在相同切削条件下，切削钛合金比切削易切钢的切削温度要高得多。其原因是各种材料的强度（硬度）、塑性、热导率与质量定压热容不同而形成的。

材料的强度（硬度）大，切削力大，产生热量多。塑性大、变形大，产生热量也多，因而切削温度高；热导率表示物体传导热量的快慢程度，热导率大，热量容易传出，切削温度低，质量定压热容表示单位体积温度升高 1℃所需要的热量，如产生的热量相同，质量定压热容小，温度就高。不同材料的热导率和质量定压热容见表 3-4。

表 3-4　五种材料的热导率 κ 与质量定压热容 c_p

工件材料	$\kappa/(\mathrm{kW\cdot m^{-1}\cdot K^{-1}})$	$c_p/(\mathrm{J\cdot m^{-3}\cdot K^{-1}}\times10^{-6})$
45 钢	50	3.35
1Cr18Ni9Ti 不锈钢	16.3	3.98
钛合金	7.12~8.37	2.26
铝	200	2.47
黄铜	100	3.31

2. 切削用量的影响

（1）背吃刀量（切削深度）a_p　由式（3-19）可知，背吃刀量（切削深度）a_p 增加，产生的热量按比例增加。又由图3-23可见，背吃刀量（切削深度）a_p 增大，切削宽度 b_D 按比例增加，刀具的传热面积也按比例增加。因而背吃刀量（切削深度）a_p 对切削温度 θ 的影响很小，如图3-33a所示。

（2）进给量 f　进给量 f 增大，由式（3-19）可知，产生热量增加。但随着 f 的增大，切削厚度 h_D 增大，而切削宽度 b_D 不变，使刀具的传热面积未按比例增加，因而，切削温度有所增加，如图3-33b所示。

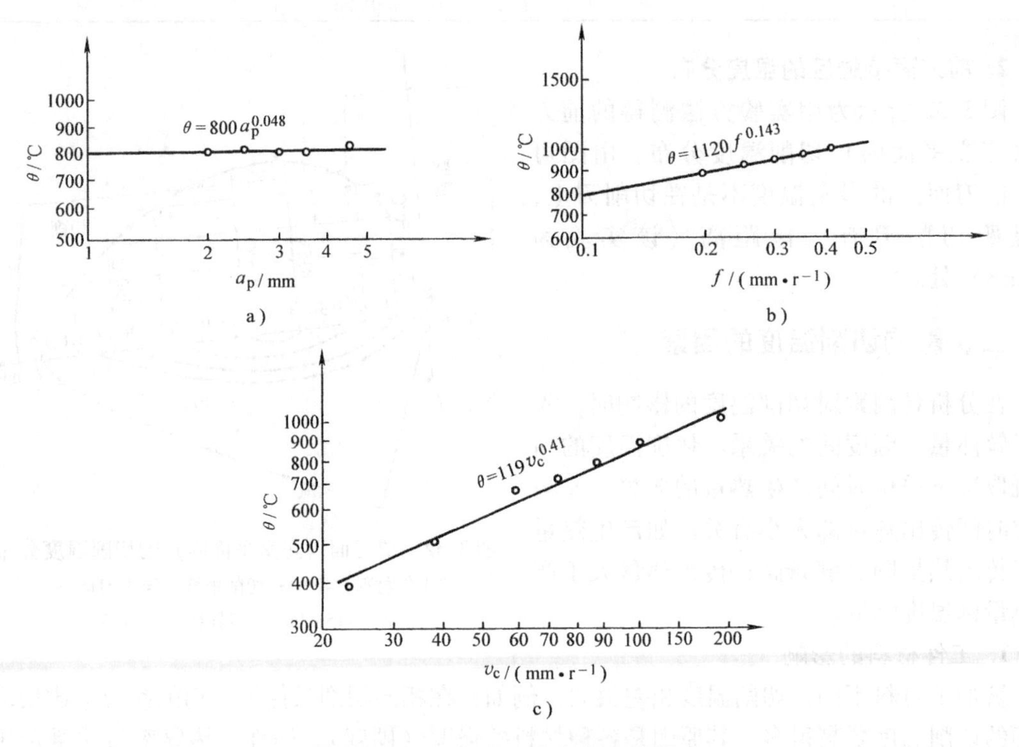

图3-33　v_c、f、a_p 对切削温度的影响

工件材料：45钢（正火），187HBW；刀具材料：YT15；$\gamma_o=15°$，$\alpha_o=6\sim8°$，$\kappa_r=75°$，$\lambda_s=0°$，$b_{\gamma1}=0.1\text{mm}$，$\gamma_1=-10°$，$r_\varepsilon=0.2\text{mm}$

a）背吃刀量（切削深度）与切削温度的关系 $f=0.1\text{mm/r}$，$v_c=107\text{m/min}$　b）进给量与切削温度的关系 $a_p=3\text{mm}$，$v_c=94\text{m/min}$　c）切削速度与切削温度的关系 $a_p=3\text{mm}$，$f=0.1\text{mm/r}$

由上分析可知，从降低切削温度的观点看，采用宽而薄的切削断面形状有利。

（3）切削速度 v_c　由式（3-19）可知，切削速度 v_c 增加，产生的热量按比例增加，而刀具的传热能力无任何变化，因而，切削速度对切削温度的影响很大，如图3-33c所示。

由此可见，在选择切削用量时，为使切削温度较低，应选用大的背吃刀量（切削深度）a_p，较小的进给量 f 和低的切削速度 v_c。

3. 刀具几何形状的影响

（1）前角 γ_o　前角 γ_o 大，使剪切角 ϕ 增大，变形小，产生的热量小。切削温度随前角的增大而降低；但 γ_o 大，则楔角 β_o 减小，使刀具的传热能力降低。根据实验，γ_o 由 $-10°$ 增大到25°时，切削温度约降低25%；若前角继续增大，切削度反而会逐渐升高。因此，从切削温度看前角不宜小，也不宜过大，应有一个适宜值。

（2）主偏角 κ_r　主偏角 κ_r 增大，切削厚度 h_D 增大，产生的切削热减小。但主偏角增大，刀尖角 ε_r 减小，切削宽度 b_D 减小，刀具的传热能力减小，切削温度升高（图3-34）。从切削温度小的角度看，κ_r 应取小值。

（3）刀尖圆弧半径 r_ε　刀尖圆弧半径 r_ε 增大，刀具切削刃的平均主偏角 κ_{rc} 减小，切削宽度 b_D 增大，刀具传热能力增大，切削温度降低。

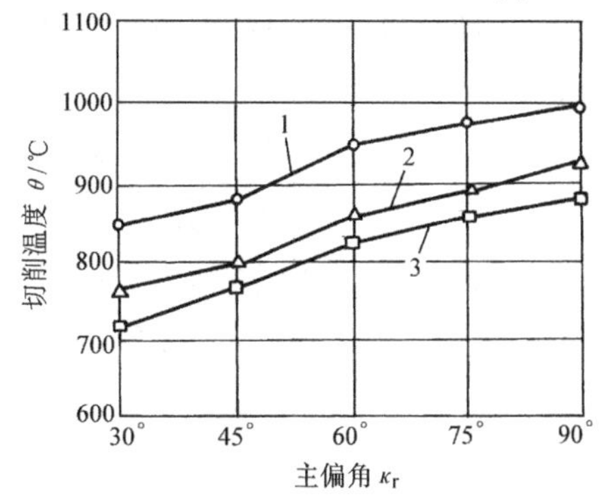

图3-34　主偏角与切削温度的关系

1—$v_c=135\text{m/min}$　2—$v_c=105\text{m/min}$

3—$v_c=81\text{m/min}$

工件材料：45钢；刀具材料YT15；

切削用量：$a_p=2\text{mm}$；

$f=0.2\text{mm/r}$；前角 $\gamma_o=15°$

4. 其他因素的影响

使用切削液可使切削温度降低；刀具磨损增大，切削温度升高。

第四节　刀具磨损

切削时，刀具在高温和高应力的作用下，前刀面与切屑、后刀面与工件间产生强烈摩擦，使刀具磨损。

刀具磨损，会使切削力增大、切削温度升高、表面质量降低。当刀具磨损达到一定程度时，必须更换刀具。刀具磨损的特片及其变化规律，直接影响切削加工的效率、质量和成本，因而刀具磨损也作为切削过程中主要物理现象进行研究。

一、刀具磨损形态

刀具磨损是指刀具摩擦面上的刀具材料逐渐损失的现象。刀具磨损的形态一般有以下三种：

1. 前刀面磨损

当切削塑性材料，切削厚度（h_D）和切削速度（v_c）都较大时，切屑在前刀面会磨损出洼凹，这个洼凹称月牙洼。月牙洼产生的地方是切削温度最高的地方。前刀面磨损量的大小，用月牙洼珠宽度 *KB* 和深度 *KT* 表示，如图3-35a所示。

2. 后刀面磨损

由于切削刃的刃口钝圆半径对加工表面的挤压与摩擦，在切削刃的下方会磨损出一条后角等于零的沟痕，这就是后刀面磨损。在切削速度较低、切削厚度较小的情况下，切削脆性材料时，将会发生后刀面磨损，如图3-33b所示。后刀面磨损大小是不均匀的，在刀尖部分由于强度和散热条件差，磨损厉害。切削刃靠近待加工表面部分，由于硬化或毛坯表面的缺陷，磨损也较大。后刀面磨损量用平均值 *VB* 表示。

3. 前、后刀面同时磨损

切削塑性材料，采用较小的切削厚度 h_D 时，刀具的前、后刀面可能同时磨损，如图 3-35 所示。

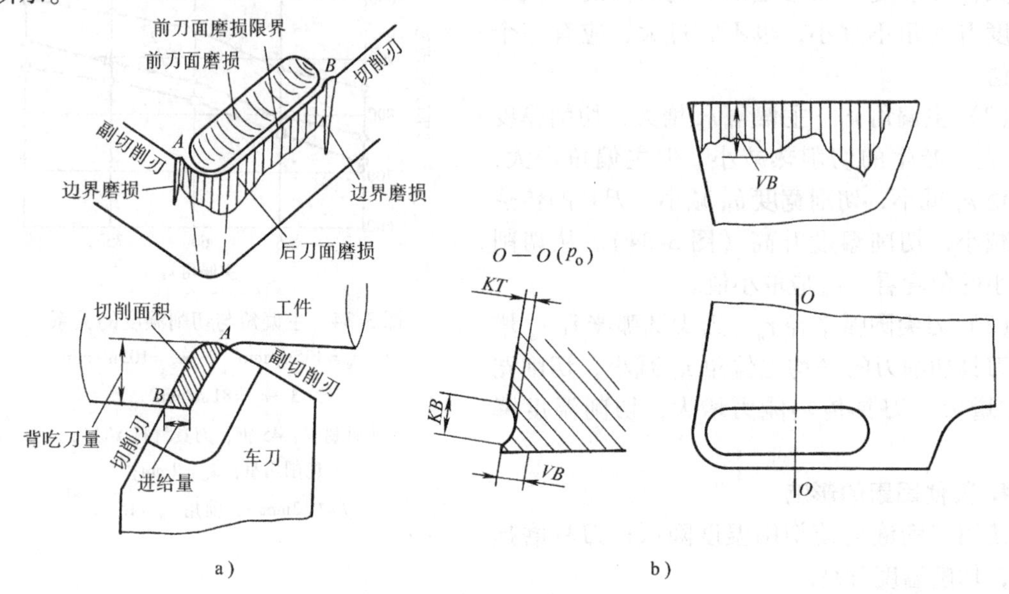

图 3-35　车刀的磨损形态

以上磨损是由于正常原因所引起的，称为正常磨损。由于振动、冲击、热效应等异常原因导致刀具的崩刃、碎裂等形成的刀具损坏，称为非正常磨损。本节讨论正常磨损。

二、刀具磨损的原因

刀具磨损与一般机械零件的磨损不同，一方面由于刀具前刀面所接触的切屑和后刀面所接触的工件都是新生表面，这个表面不存在氧化层或其他污染。另一方面又由于刀具的摩擦区（前刀具、后刀面）是在高压（大于工件材料的屈服应力）、高温（700～1200℃）作用下进行的，所以刀具的磨损原因极其复杂，按性质大体可分为机械作用和热-化学作用两类原因。

1. 机械作用的磨损

两相接触物体表面间，具有相对运动时，硬物体使软物体摩擦面上材料减少的现象，称为机械磨损。刀具材料虽比工件材料硬，但从微观上看，在工件材料中包含有氧化物（SiO_2、Al_2O_3）、碳化物（Fe_3C、SiC）等硬质点。这些硬质点的硬度很高，它们像切削刃一样，在刀面上划出划痕，使刀具磨损。此外，积屑瘤脱落的碎片，黏结在切屑或工件上，也会使刀具磨损。

机械磨损是低速时形成刀具磨损的主要原因。这时，切削温度较低，其他磨损都不显著。由机械磨损产生的磨损量与刀具和工件间相对滑动距离或切削路程成正比。

2. 热-化学作用的磨损

由于高温，使接触面间产生某些化学作用，形成化学反应而引起的刀具磨损。这种磨损有以下几种：

（1）黏结磨损　黏结是分子间的吸引力导致金属相互吸附的结果。切削时，在一定温度与压力下，使刀具与切屑和工件间产生黏结（如积屑瘤的产生中所述）。两摩擦面间的黏结点因相对运动，使刀具一方的晶粒或晶粒群受剪切或拉力而被对方带走，而造成磨损。此外，当积屑瘤脱落时，带走刀具材料也会形成黏结磨损。

黏结磨损不仅与切削温度有关，也与刀具材料和工件材料两者的化学成分有关。例如，切削铁素体时，使用YT类刀具比YG类刀具黏结磨损小。这是由于含有TiC的硬质合金，在高温下会形成TiO_2，可减少黏结。而切削镍铬钛合金时，YT类硬质合金却比YG类的黏结磨损大。这是因为，刀具和工件材料中Ti元素亲合作用的结果；而YG类刀具材料中无Ti元素。因而黏结磨损小。

（2）扩散磨损　切削时，由于高温，刀面始终与切屑或工件的新生表面相接触，在接触面间分子活动能量很大，使两摩擦面间的化学元素相互扩散到对方去，造成两摩擦面的化学成分发生变化，降低刀具材料的性能，加速刀具磨损。例如，用硬质合金刀具切削钢时，由800℃开始，硬质合金中的Co、C、W等元素会扩散到切屑中去；而切屑中的Fe元素又可能扩散到硬质合金中来，使硬质合金形成新的低硬度、高脆性的复合碳化物。又由于Co的扩散造成WC、TiC等与基体的结合强度降低，从而加速刀具磨损。

扩散磨损的速度，一方面取决于刀具和工件材料间是否容易起化学反应。不同材料间有不同的化学亲和力。有些材料间，在一定高温条件下会发生强烈的化学反应，如WC与碳钢之间。在相同条件下，有的则不发生反应，如Al_2O_3和碳钢之间。有的会发生轻微反应，如TiC与碳钢之间。因此，切削碳钢时，WC-Co硬质合金磨损最快，Al_2O_3陶瓷刀具磨损最慢，而WC-TiC-Co硬质合金刀具介于两者之间。因而在切削钢材时，广泛采用YT、TW类或表面涂有TiC、TiN、Al_2O_3或TiC基的涂层硬质合金，可减少和防止扩散磨损。

另一方面扩散磨损的速度又取决于接触面的温度。根据扩散规律表明，对一定材料，随着温度的升高，扩散量先是较缓慢地增大，而后则越来越迅猛地增大。例如钨向铁中的扩散速度在1280℃时为1，在1330℃时则为5.56。用硬质合金刀具切削钢时，前刀面最高温度在离切削刃一小段距离处（图3-32），与磨损时形成月牙洼的KT最大处基本重合，说明黏结磨损与扩散磨损是产生月牙洼的主要原因。用高速钢切削钢和铸铁时，在前刀面上由于扩散形成一层厚度为$2\sim3\mu m$的白色带状中间层，其中的C和Cr含量增加，而Fe的含量减少。白色层随时被切屑带走，使刀具磨损。由于高速钢刀具在常用的切削速度范围内加工，温度较低（不超过600℃），因而扩散磨损很轻。

（3）氧化磨损或化学磨损　在一定的温度条件下（通常高于800℃），刀具材料（如硬质合金）与空气中的氧、极压润滑液中的添加剂硫、氯等起化学作用，生成一些疏松、脆弱的氧化物（Co_3C_4、CoO、WO_3等）被切屑带走从而加速刀具的磨损。或因刀具材料的某种介质被腐蚀造成刀具磨损。例如YT14切削18-8不锈钢（w_{Cr}为18%，w_{Ni}为9%）时，如采用硫、氯化切削油，由于硫和氯的腐蚀作用，刀具寿命反而比不用切削液低。

用硬质合金刀具进行切削，在低温时以机械磨损为主。温度升高，黏结磨损加快，温度再升高，黏结磨损减少而扩散磨损与氧化磨损加快。

（4）相变磨损　当刀具的最高温度超过相变温度时，刀具表面金相组织发生变化，使马氏体组织转化为托氏体或索氏体，硬度急剧下降，刀具磨损加剧。高速钢的相变温度为550~600℃。

用高速钢刀具进行切削，低温时以机械磨损为主；温度升高，黏结磨损加快；温度达到相变时即形成相变磨损，刀具很快失去工作能力。

由上可知，温度对刀具磨损起着决定性的作用，温度越高，刀具磨损越快。

三、刀具磨损过程及磨钝标准

1. 磨损过程

刀具的磨损随着切削时间的延长而逐渐增大，通过实验可以得到如图3-36所示的刀具磨损曲线，横坐标为切削时间，纵坐标为刀具磨损量 VB 或前刀面磨损月牙洼深度 VT。由图可知刀具磨损过程大致被分为三个阶段。

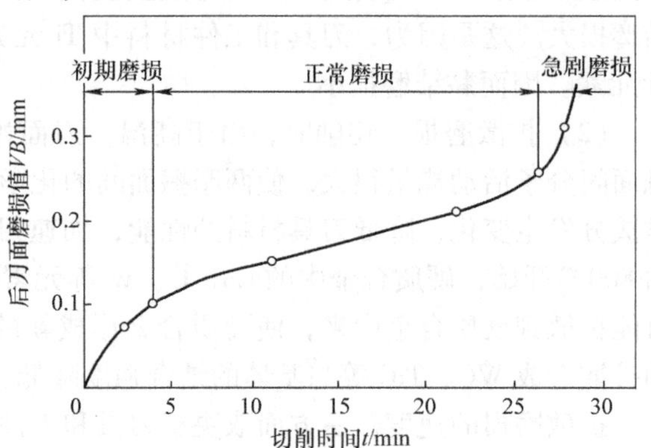

图3-36 硬质合金车刀的典型磨损曲线

P10（TiC涂层）外圆车刀；60Si2Mn（40HRC）；$\gamma_o=4°$，$\kappa_r=45°$，$\lambda_s=-4°$，$r_\varepsilon=0.5$mm，$v_c=115$m/min，$f=0.2$mm/r，$a_p=1$mm

（1）初期磨损阶段　这一阶段的磨损较快。这是因为新刃磨的刀具，表面粗糙度值大，接触应力大，以及前、后刀面可能有脱碳、氧化层等表面缺陷。因而这一阶段的磨损速度，在很大程度上取决于刀具刃磨的质量。经过仔细刃磨和研磨的刀具，初期磨损速度就要慢得多。

（2）正常磨损阶段　这是一个磨损稳定区，磨损宽度 VB 随切削时间均匀增加，这是刀具工作的有效区，在这个区域内，磨损曲线基本上是向上倾斜的直线。其余率表示磨损强度。

（3）急剧磨损阶段　当刀具磨损达到一定程度后，由于刀具很钝，磨擦过大，使切削温度迅速升高，刀具磨损加剧，以致刀具失去切削能力。生产中为合理使用刀具，保证加工质量，刀具磨损应避免到达这个阶段。在这个阶段到来之前，就应及时更换刀具（或切削刃）。

2. 刀具的磨钝标准

刀具磨损后将影响切削力、切削温度和加工质量，因此必须根据加工情况规定一个最大的允许磨损值，这就是刀具的磨钝标准。一般刀具后刀面上均有磨损，它对加工精度和切削力的影响比前刀面显著，同时后刀面磨损量容易测量。因此在刀具管理和金属切削的科学研究中多根据后刀面的磨损量来制定刀具磨钝标准。它是指后刀面磨损带中间部分平均磨损量允许达到的最大值，以 VB 表示。硬质合金车刀的磨钝标准见3-5。

表3-5 硬质合金车刀的磨钝标准

加工条件	碳钢及合金钢		铸　铁	
	粗　车	精　车	粗　车	精　车
VB/mm	1.0～1.4	0.4～0.6	0.8～1.0	0.6～0.8

四、刀具寿命 T

刀具寿命是指将新刃磨的刀具，从开始切削至达到刀具磨钝标准所经过的总切削时间，

用 T（单位为 min）表示。刀具寿命 T 大，表示刀具磨损慢。

1. 切削速度与刀具寿命 T 的关系

通过刀具磨损实验可知，当工件材料、刀具标准及刀具几何形状确定后。则切削速度是影响刀具寿命的主要因素。提高切削速度，刀具的寿命就降低，其关系可在实验中获得（图 3-37）在双对数坐标纸上定出（T_1，v_{c1}），（T_2，v_{c2}），（T_3，v_{c3}），（T_4，v_{c4}），如图 3-38 所示。在一定的切削速度范围内，这些点基本上分布在一条直线上，v_c-T 关系可写成

$$v_c = C/T^m \text{ 或 } v_c T^m = C \tag{3-21}$$

式中 v_c——切削速度，单位为 m/min；

T——刀具寿命，单位为 min；

C——与实验条件有关的系数；

m——指数，表示 v_c 对 T 的影响程度，其值见表 3-6。

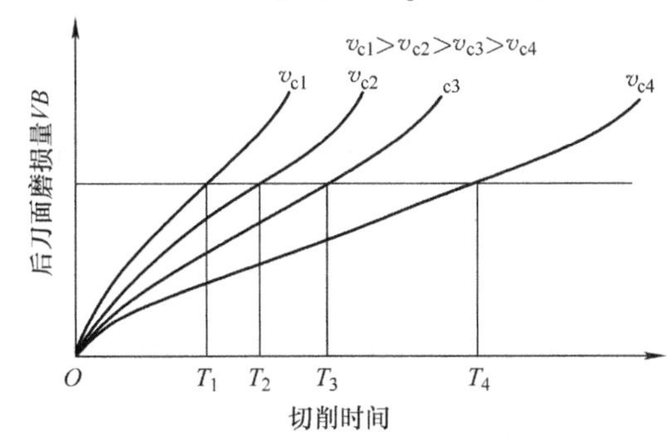

图 3-37　刀具磨损曲线

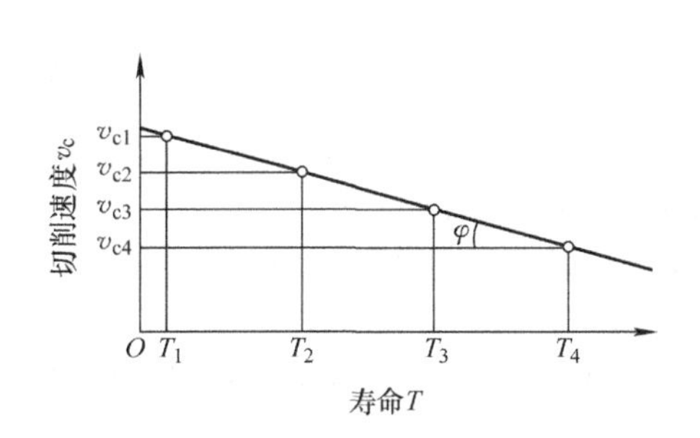

图 3-38　在双对数坐标纸上的 T-v_c 曲线

表 3-6　刀具寿命指数 m

刀具材料	高速钢刀具	硬质合金刀具	陶瓷刀具
m	0.1 ~ 0.125	0.2 ~ 0.3	0.4

m 值越小，说明 v_c 对 T 的影响越大。例如采用高速钢刀具切削时，$m=0.125$，式（3-21）可改变为：$T=\left(\dfrac{C}{v_c}\right)^{\frac{1}{m}}=\dfrac{C}{v_c^{\frac{1}{0.125}}}=\dfrac{C}{v_c^8}$。由此可见切削速度 v_c 对刀具寿命 T 的影响程度。

2. 进给量、背吃刀量与刀具寿命 T 的关系

固定影响切削的其他因素，仅改变 f 及 a_p，分别可以获得 f-T 和 a_p-T 的关系表达式（3-22）和式（3-23）

$$fT^{m_1} = C_f \tag{3-22}$$

$$a_p T^{m_2} = C_{a_p} \tag{3-23}$$

把式（3-21）与上两式综合为一起，可得

$$T = \frac{C_T}{v_c^{\frac{1}{m}} f_1^{\frac{1}{m}} a_{p2}^{\frac{1}{m}}}$$

例如：使用 YT15 硬质合金车刀车削 $R_m=0.650$GPa 的碳素钢时（$f>0.7$mm/r），切削用量与刀具寿命的关系为

$$T=\frac{C_T}{v_c^5 f^{2.25} a_p^{0.75}}$$

由上式可知，当其他条件不变

1）切削速度 v_c 提高一倍时，刀具寿命 T 降低到原来的3%。

2）进给量 f 提高一倍时刀具寿命 T 降低到原来的21%。

3）背吃刀量 a_p 提高一倍时，刀具寿命降低到原来的59%。

由此可看出在切削用量三要素中，切削速度 v_c 对刀具寿命的影响最大，其次是进给量 f，背吃力量 a_p，影响最小，这与三者对切削温度的影响一致。因此，为减少磨损考虑选择切削用量，应首先选择大的背吃刀量，其次根据条件选择最大进给量 f，最后在刀具寿命允许条件下取切削速度 v_c。

思考与习题

3.1 试用金属变形原理，按切屑形态直接判断切屑的变形程度。并用图表示切屑形态（注：可在实验室或车间取得切屑）。

3.2 为什么剪切面实际上是一个区域，能否根据自己的知识或有关实验中得到证明。对剪切区可看作一个平面又如何理解。什么是剪切角？

3.3 试分析在斜角切削时，沿切削刃有分速度和切削分力。并与直角切削时相对比；同时比较两者各自的 v_c-v_{ch}所组的平面有何不同？

3.4 试由切削力公式（3-4），讨论切削力的来源和影响切削力的主要因素。

3.5 简述积屑瘤的产生、成长与消失，以及影响积屑瘤的主要因素和控制积屑瘤的主要措施。

3.6 试述改善加工表面粗糙度的措施。

3.7 试根据自己的实际经验判断在直角切削和斜角切削时，作用于刀具的实际切削力分布有哪些？

3.8 试画出在牛头刨上刨平面时的切削力 F_c、进给力 F_f 和背向力 F_p。

3.9 背吃刀量 a_p 和进给量 f 对切削力的影响有何不同？

3.10 主偏角 κ_r 和刃倾角 λ_s 对切削力 F_f、F_p 的影响有何不同？

3.11 刀具材料为 YT15，刀具几何角度为 $\gamma_o=10°$、$\kappa_r=75°$、$\lambda_s=0°$；切削工件材料为 $R_m=0.598$GPa 的碳素钢工件，直径为 ϕ50mm。采用的切削用量 $a_p=5$mm、$f=0.3$mm/r，$v_c=50$m/min。试求 F_c，若拟使切削力 F_c 降低20%，可采取哪些措施？

3.12 同上题条件，试求 F_p，若拟使 F_p 降低至700N，应改变刀具的哪些角度？

3.13 试说明背吃刀量 a_p 和进给量 f 对切削温度的影响。并与 a_p 和 f 对切削力的影响相比较，两者有何不同？

3.14 试说明主偏角和刀尖圆弧半径对切削温度的影响。与两者对切削力的影响相比较。

3.15 切削温度是影响刀具磨损的主要原因，这种说法是否正确？为什么？

3.16 什么叫刀具寿命？刀具寿命与刀具磨损有何关系。影响刀具寿命的主要因素是温度对否？为什么？什么是刀具寿命方程？切削速度 v_c 对刀具寿命 T 的影响最大，与上面说法是否有矛盾？为什么？

3.17 在刀具寿命方程中，指数 m 的大小说明什么？由刀具材料的性能可知，硬质合金比高速钢刀具材料耐磨损，那么它们两者的 m 值哪个应该大？各自的通常值为多少？

第四章　提高金属切削效益的途径

在第三章中，已阐明了主要因素对金属切削过程中基本物理现象的影响。这些主要因素包括工件材料、刀具几何角度、切削用量和切削液等。现在讨论在切削加工时，应如何控制与合理选用这些因素，以改善切削过程、提高金属切削效益，达到提高生产率、加工质量和降低成本的目的。

第一节　改善工件材料的切削加工性

工件材料的切削加工性是指在一定切削条件下，工件材料被切削的难易程度。讨论材料切削加工性的目的，是为了寻找改善材料切削加工性的途径。

一、衡量切削加工性的指标

工件材料的切削加工性，除主要取决于材料自身的化学成分、金相组织、机械物理性质外，还与切削条件和对切削过程的要求有关。通常用下面的一个或数个指标来衡量。

1）刀具寿命或在一定寿命下允许的切削速度。

2）切削力。

3）表面粗糙度或表面质量。

在上述各指标中，目前多采用在一定寿命下所允许的切削速度 v_T 这个指标。v_T 的含义是当刀具寿命为 T 时，切削某种材料所允许的切削速度。v_T 越高，该材料的切削加工性越好。

为了对各种材料的切削加工性进行比较，用相对加工性 K_r 来表示。它是以切削抗拉强度 $R_m = 0.735\text{GPa}$ 的 45 钢，寿命 $T = 60\text{min}$ 时的切削速度 v_{060} 为基准，和切削其他材料时的 v_{60} 的比值。

$$K_r = \frac{v_{60}}{v_{060}} \tag{4-1}$$

当 $K_r > 1$ 时，该材料比 45 钢容易切削，切削加工性好；$K_r < 1$ 时，该材料比 45 钢难切削，切削加工性差。常用材料的切削加工性，根据相对加工性 K_r 的大小划分为八级，见表 4-1。

表 4-1　相对切削加工性及其分级

加工性等级	工件材料分类		相对切削加工性 K_r	代表性材料
1	很容易切削的材料	一般有色金属	>3.0	5-5-5 铜铅合金、铝镁合金、9-4 铝铜合金
2	容易切削的材料	易切钢	2.5~3.0	退火 15Cr、自动机钢
3		较易切钢	1.6~2.5	正火 30 钢

（续）

加工性等级	工件材料分类		相对切削加工性 K_r	代表性材料
4	普通材料	一般钢、铸铁	1.0 ~ 1.6	45钢、灰铸铁、结构钢
5		稍难切削的材料	0.65 ~ 1.0	调质20Cr13、85钢
6	难切削的材料	较难切削的材料	0.5 ~ 0.65	调质45Cr、调质65Mn
7		难切削的材料	0.15 ~ 0.5	1Cr18Ni9Ti、调质50CrV、某些钛合金
8		很难切削的材料	<0.15	铸造镍基高温合金、某些钛合金

二、改善材料可加工性的途径

1. 材料中加入少量添加剂

在黄铜中加入质量分数为1% ~3%的铅，铅可作为球状粒子存在于铜的金相组织中，切削时能起很好润滑作用，减少摩擦，使刀具寿命和表面质量提高。

在钢中加入质量分数为0.1% ~0.3%的S和Mn，使生成MnS而分布于钢的珠光体中，MnS切削时可起润滑作用，使刀具寿命和切削后的表面质量提高，并使切屑容易折断。在钢中加入质量分数为0.1% ~0.25%的铅，能起到铅在铜中同样的作用。

2. 进行适当的热处理

根据材料性质不同，对材料进行适当的热处理，如低碳钢通过正火、调质，可降低塑性，提高硬度，使切削容易；高碳钢、白口铸铁，可通过退火处理，以降低硬度，改善其切削性。各种碳钢在退火、正火后的硬度见表4-2。

表4-2　各种碳钢在退火、正火后的硬度

热处理 \ 钢中 w_C	结构钢			工具钢
	<0.25%	0.25 ~0.65%	>0.65%	0.7 ~1.3（球化）
退火	<150HBW	150 ~220HBW	220 ~229HBW	187 ~217HBW
正火	<156HBW	156 ~228HBW	229 ~280HBW	229 ~341HBW

采用冷作硬化，如对低碳钢采用冷拔使塑性降低，硬度提高，改善其切削加工性。

三、几种难加工材料的切削加工性

1. 高锰钢的切削加工性

钢中 w_{Mn} 在11% ~14%时，称为高锰钢。其组织多为奥氏体。

（1）削加工困难的原因。

1）加工硬化严重。塑性变形会引起奥氏体组织转变为细晶粒马氏体组织，使硬度由180 ~220HBW增加到450 ~500HBW。

2）导热性低。热导率约为45钢的1/4，切削温度高。

3）韧性大。韧性约为45钢的8倍，延长率大，使切削力大，且不易断屑。当温度超过600℃时，延长率会很快增长，使切削更加困难。

（2）应采取的措施

1）在刀具方面。采用强度与韧性较好的硬质合金YG类或YW类；采用较大的前角γ_o和$-20° \sim -30°$的刃倾角，以增强切削刃和改善散热条件并使切削刃保持锋利。

2）在切削用量方面。采用低的切削速度$v_c=20\sim40$m/min，以免切削温度过高；采用大的进给量$f=0.2\sim0.8$mm/r，使切削厚度较厚，避免引起大的加工硬化；采用较大的背吃刀量a_p（1～3mm），以免切削刃在硬化层中工作。

2. 不锈钢的切削加工性

难加工的不锈钢，主要有奥氏体不锈钢（1Cr18Ni9Ti）和马氏体不锈钢（20Cr13，硬度>250HBW）等。

（1）切削加工困难的原因　不锈钢韧性大，加工硬化严重；铬的含量高，易产生黏结；热导率低，约为45钢的1/3，切削温度高。

（2）应采取的措施

1）对马氏体不锈钢进行调质，对奥氏体不锈钢在850～950℃退火。

2）在刀具方面，采用YG类硬质合金刀具材料，以减少黏结；采用大前角（25°～30°），以减少加工硬化；采用较小主偏角κ_r，以增强刀具传热能力。

3）在切削用量方面，为减少黏结现象，可采用较高或较低的切削速度v_c。

第二节　合理选择切削液

合理选用切削液，可以改善切削时摩擦面间的摩擦状况，降低切削温度，减少刀具磨损，抑制积屑瘤和鳞刺的产生，提高已加工表面质量。它是提高金属切削效益既经济又简便的一种方法。

一、切削液的作用

1. 润滑作用

切削液的润滑作用是指切削液具有减少前刀面与切屑、后刀面与工件间摩擦的能力。

运动着的金属表面间，被连续的润滑油膜完全隔开，称为流体润滑。如由于载荷增大，油膜局部被破坏，发生两金属表面间局部接触时，称为边界润滑，如图4-1所示。

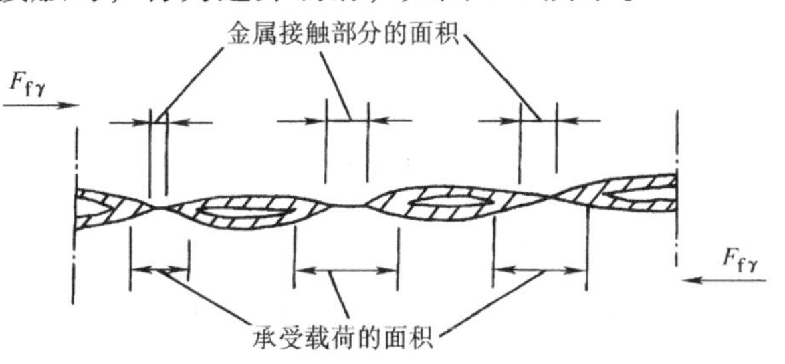

图4-1　金属间边界润滑摩擦
$F_{f\gamma}$—摩擦力

切削时，由外部供给的切削液，要达到切屑与前刀面的接触区十分困难。如图4-2所示，逆着切屑流出方向，由A到达前刀面几乎不可能，而后刀面由于压力、温度均比前刀面低，在低速时，由B方向进入是可能的。切削时，主要依靠切屑与前刀面间存在的微小间隙，形成的毛细现象和切屑与前刀面相对运动时，因高温而形成的气压差产生的泵吸作用（象油泵吸油一样），使切削液由 D 方向而渗入到前刀面上。因此，切削过程中的润滑大都属于边界润滑。由此可见，切削时，切削液的润滑能力，取决于切削液的渗透性、成膜能力和润滑膜强度。

切削液的渗透性取决于液体的表面张力、黏度和它与金属的化学亲和力。表面张力小、黏度低和与金属亲和力强的切削液渗透性好。而切削液的成膜能力和润滑膜强度则取决于切削液的油性。油性是指液体具有对金属表面有强烈吸附作用的性能。润滑膜有物理吸附和化学吸附两种方式。物理吸附主要靠油性添加剂，使极性分子（DOOH）吸附在金属表面形成物理吸附膜。化学吸附主要靠极压添加剂（硫、氯、磷）在高温作用下与金属表面发生化学反应形成化学吸附膜。化学吸附膜能耐高温与高压。

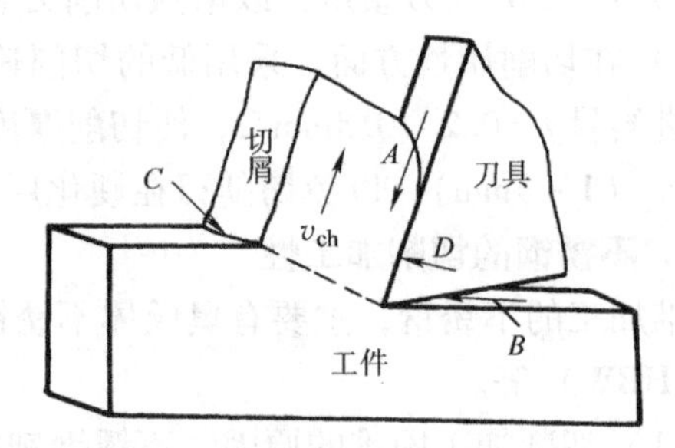

图 4-2 切削液渗入的途径

例如，用高速钢刀具在极低切削速度条件下（$v_c=0.0375\text{m/min}$），切削45钢，以98%的1号锭子油加入2%硬脂酸（油性剂）作为切削液，其摩擦因数 $\mu=0.265$。如 $v_c=4.7\text{m/min}$，则摩擦因数 $\mu=0.950$，这是因为温度升高，而硬脂酸的熔点低，使润滑效果降低。但若采用渗透性好、化学活性强的 CCl_4。由于形成的吸附膜牢固并耐高温，在上述情况下，当速度提高后，摩擦因数则增加很少。

2. 冷却作用

切削温度的高低，取决于产生热量与传导热量之差。切削液正是从这两个方面起到冷却作用的。一方面减少切屑、刀具、工件间的摩擦，减少切削热的产生；另一方面将已产生的热量从切削区带走，使切削温度降低。

冷却性能的好坏取决于切削液的热导率、比热容、汽化热、流量与流速等。冷却液的上述物理性能的值越大，冷却性能就越好。水与油的主要物理指标见表4-3。可见水比油的冷却性能好。

表4-3 水、油性能比较表

切削液类别	热导率/[W/(m·℃)]	比热容/[J/(kg·℃)]	汽化热/(J/g)
水	0.628(0.0015)	4190(1)	2261(540)
油	0.126~0.210(0.0003~0.0005)	1670~2090(0.4~0.5)	167~314(40~75)

3. 清洗与防锈作用

切削液的清洗作用是要将粘附在机床、夹具、刀具上的细碎切屑和磨料细粉清除，以减小刀具磨损，防止划伤已加工表面和机床导轨。清洗性能的好坏，取决于切削液的油性、流动性和使用压力。

切削液的防锈作用，是为保护工件、机床、刀具不受周围介质（空气、水分、手汗等）

的影响而腐蚀。防锈作用的强弱，取决于切削液本身的成分与添加剂的作用。例如，油比水的防锈能力强；加入防锈添加剂，可提高防锈能力。

二、切削液中的添加剂

为了改善切削液的性能，而加入的化学物质称为添加剂。常用的有油性剂、极压添加剂、乳化剂（表面活性剂）、防锈剂等。

1. 油性剂

油性剂是指含有极性分子（COOH）的动物油（猪油）、植物油（豆油、菜籽油等）、脂肪酸、醇类等。它可降低油与金属的表面张力，使切削油能很快地渗透到切削区，并形成物理吸附膜，减少切屑、刀具、工件间的摩擦。由于油性剂的熔点低，温度高容易挥发，因而，润滑膜只能在低温条件下起润滑作用。

2. 极压添加剂

极压添加剂是指含有硫、磷、氯等的有机化合物。这些化合物能在高温时与金属表面起化学反应，而生成硫化铁、氯化铁、磷化铁等化学吸附膜，它比物理吸附膜耐高温与高压，可在边界润滑状态下，防止金属界面的完全直接接触，保持润滑，减少摩擦。

3. 乳化剂（表面活性剂）

乳化剂是使矿物油与水乳化，形成稳定乳化液的添加剂。它是一种有机化合物，其分子由极性基团和非极性基团两部分组成。前者亲水可溶于水；后者亲油可溶于油。加入乳化剂后，表面活性剂能定向地排列在两界面上，一端向水，一端向油，把水和油连接起来，降低油与水的界面张力，形成以水包油的乳化液。同时，乳化剂在乳化液中，除起乳化作用外，还能吸附在金属表面起油性剂的润滑作用。

4. 防锈剂

防锈剂有水溶性类，如碳酸钠、三乙醇胺等；油溶性类，如石油磺酸钠、石油磺酸钡等，这些有机化合物与金属有很强的附着力，形成金属表面的保护层，达到防锈作用。

三、切削液的种类与选用

金属切削时使用的切削液可分为水溶液、乳化液和切削油三大类。

1. 水溶液

水溶液主要成分是水，加入防锈剂即可。主要用于磨削。

2. 乳化液

乳化液是乳化油加水稀释而成。乳化油是由矿物油与乳化剂配制而成。乳化液具有良好的冷却作用；如再加入一定比例的油性剂和防锈剂，则可成为既能润滑又可防锈的乳化液。

3. 切削油

切削油的主要成分是矿物油。矿物油的油性差，不能形成牢固的吸附膜，润滑能力差。在低速时，可加入油性剂，在高速或重切削时可再加入极压添加剂。

常用切削液的种类和选用见表4-4。

表4-4　常用切削液的种类和选用

序号	名称	组　成	主要用途
1	水溶液	硝酸钠、磷酸钠等溶于水的溶液，用100～200倍的水稀释而成	磨削
2	乳化液	(1) 矿物油很少，主要为作为表面活性剂的乳化油，用40～80倍的水稀释而成，冷却和清洗性能好	车削、钻孔
		(2) 以矿物油为主，少量作为表面活性剂的乳化油，用10～20倍的水稀释而成，冷却和润滑性能好	车削、攻螺纹
		(3) 在乳化液中加入极压添加剂	高速车削，钻削
3	切削油	(1) 矿物油（L-AN15或L-AN32全损耗系统用油）单独使用	滚齿、插齿
		(2) 矿物油加植物油或动物油形成混合油，润滑性能好	精密螺纹车削
		(3) 矿物油或混合油中加入极压添加剂形成极压油	高速滚齿、插齿、车螺纹等
4	其他	液态的CO_2	主要用于冷却
		二硫化钼+硬脂酸+石蜡——做成蜡笔，涂于刀具表面	攻螺纹

第三节　刀具合理几何参数的选择

刀具几何参数除刀具的几何角度外，还包括前刀面形式和切削刃形状等。合理的几何参数是指在保证加工质量和刀具寿命的前提下，能满足提高生产率和降低成本的刀具几何参数。

一、前角及前刀面型式的选择

1. 前角

由第三章已知，从切削力、切削温度、刀具寿命等来看，刀具的前角不应太小，也不宜过大，有一个合理值。这个合理值主要根据以下几方面选取：

(1) 工件材料　加工塑性材料时，为减少切削变形，降低切削力和切削温度，应选大的前角；加工脆性材料的，塑性变形小，由于多形成崩碎状切屑，前角的作用不显著，应选用较小的前角，如图4-3所示。

工件材料的强度小、硬度低时，应选较大的前角；反之，应选取小的前角。

(2) 刀具材料　抗弯强度和冲击韧性大的刀具材料，如高速钢，选较大的前角；反之，如硬质合金，选较小的前角值。因此高速钢刀具的前角可比硬质合金刀具的前角大一些（大5°～10°），如图4-4所示。

(3) 加工性质　粗加工时，a_p、f大，切削力大，切削热量多，应选用较小前角；精加工时，a_p、f小，切削力小，切削热少，为提高表面质量，应采用较大前角。

综合以上三方面，硬质合金车刀合理前角的参考值见表4-5。

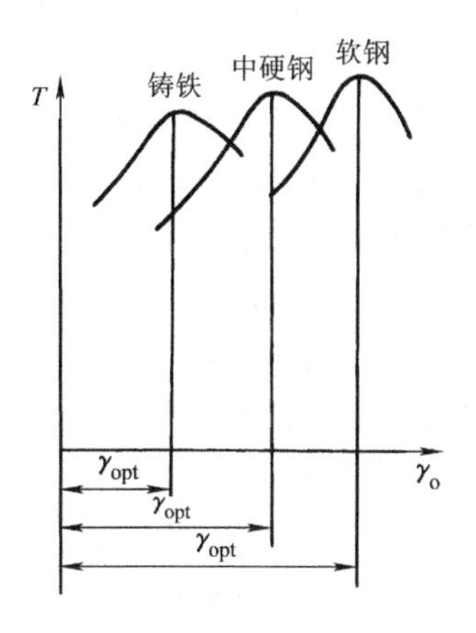

图 4-3　加工材料不同时前角的合理数值

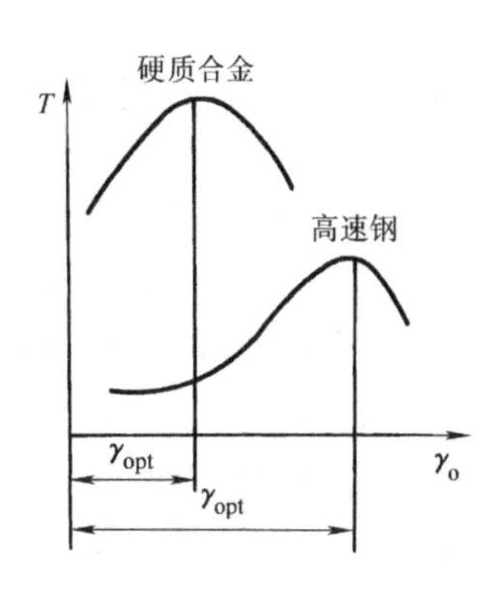

图 4-4　刀具材料不同时前角的合理数值

表 4-5　硬质合金车刀合理前角参考值

工件材料	合理前角		工件材料	合理前角	
	粗车	精车		粗车	精车
低碳钢	20°～25°	25°～30°	灰铸铁	10°～15°	5°～10°
中碳钢	10°～15°	15°～20°	铜及铜合金	10°～15°	5°～10°
合金钢	10°～15°	15°～20°	铝及铝合金	30°～35°	35°～40°
淬火钢	−15°～−5°		钛合金 $R_m \leqslant 1.177\text{GPa}$	5°～10°	
不锈钢（奥氏体）	15°～20°	20°～25°			

注：1. 粗加工用的硬质合金车刀，通常都磨出负倒棱和负刃倾角。
2. 高速钢车刀的前角，一般可比表中数值大 5°～10°。

2. 前刀面形式

常用的前刀面形式如图 4-5 所示。

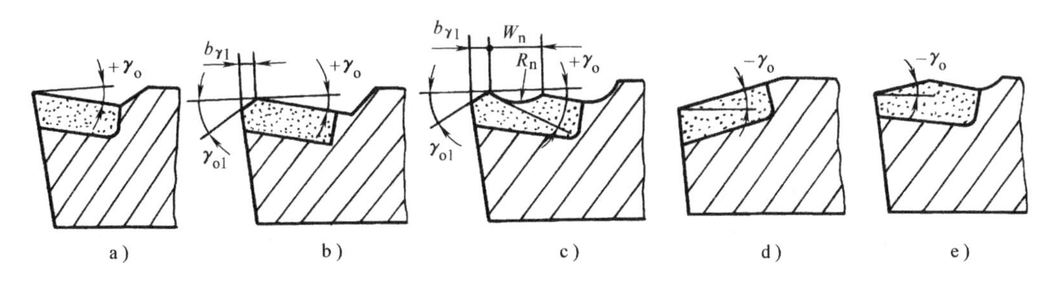

图 4-5　常用的前刀面形式

（1）正前角平面型（图4-5a） 这种形式的特点是结构简单、切削刃锐利（r_β 小），但强度低、传热能力差。多用于切削脆性材料用刀具、精加工用刀具、成形刀具和多刃刀具（如铣刀）。

（2）正前角平在带倒棱型（图4-5b） 这种形式是沿切削刃磨出很窄的棱边，称为负倒棱。它可提高切削刃的强度和增大传热能力。对脆性大的硬质合金刀具来说，这时就能采用较大的前角，改善刀具的切削性能。但倒棱的宽度，一定要使切屑沿前刀面而不是沿负倒棱流出，否则就是负前角了（图4-5e）。因此，倒棱参数在切削塑性材料时，应按 $b_{\gamma1}=(0.5\sim1.0)f$，$\gamma_{o1}=-5°\sim-10°$选取。这种形式多用于粗加工铸锻件或断续切削。

（3）正前角曲面带倒棱型（图4-5c） 这种形式，是在平面带倒棱的基础上，前刀面上又磨出一个曲面，称为卷屑槽或月牙槽。它可增大前角，并能起到卷屑的作用。其参数为：$W_n=(6\sim8)f$，$R_n=(0.7\sim1)W_n$（式中的 f 为进给量）。在粗加工和半精加工时采用较多。

（4）负前角单面型（图4-5d）和负前角双面型（图4-5e） 切削高强度、高硬度材料时，为使脆性较大的硬质合金刀片承受压应力，而采用负前角。当刀具磨损主要产生于后刀面时，可采用负前角单面型；当刀具前刀面有磨损时，刃磨前刀面会使刀具材料损失过大，应采用负前角双面型。这时负前角的棱面应具有足够的宽度，以确保切屑沿该面流出。

3. 卷屑槽与切屑控制

前刀面磨出卷屑槽可以使切屑卷曲，这是生产中经常采用的方法。经卷曲的切屑就不易缠绕在工件和刀具上。并可控制切屑按一定规律向外排出或折断，这种措施称为切屑控制。

（1）切屑的卷曲 为使切屑卷曲，需在前刀面磨出卷屑槽，其型式有三种：全圆弧型、直线圆弧型和直线型，如图4-6所示。

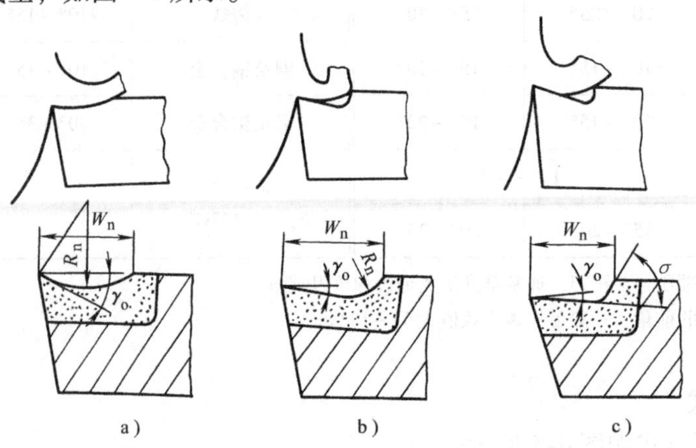

图4-6 卷屑槽形式

a）全圆弧型 b）直线圆弧型 c）直线型

全圆弧型卷屑槽主要用于切削高塑性材料，采用较大前角（$\gamma_o=25°\sim30°$）的刀具。其主要参数间的关系为 $\sin\gamma_o=\dfrac{W_n}{2R_n}$；在切削碳钢及合金钢时，多采用直线圆弧型和直线型卷屑槽，它的主要参数 $R_n=(0.4\sim0.7)W_n$。其中，槽宽 W_n 根据切削厚度 h_D 或进给量 f 确定，切削碳钢 $W_n=(10\sim13)h_D$ 或 $W_n=10f$；切削合金钢 $W_n=7f$，$\tau=60°\sim70°$。

卷屑槽与切削刃的倾角 τ 有三种形式，如图4-7所示。

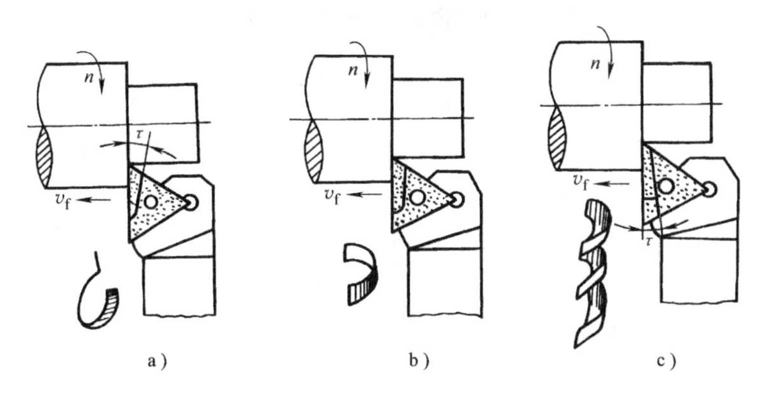

图 4-7　卷屑槽和切削刃的倾斜角

a）外斜式　b）平行式　c）内斜式

外斜式（图 4-7a），这种卷屑槽前宽后窄，前深后浅，用于中等背吃刀量 a_p。断屑范围较宽，断屑效果稳定可靠。τ 的大小主要根据工件材料选取：切削中碳钢时 $\tau = 8° \sim 10°$；切削合金钢时，$\tau = 10° \sim 15°$。

平行式（图 4-7b），这种卷屑槽在切削碳钢时与外斜式效果相似。当背吃刀量 a_p 变化范围较大时，宜采用这种形式。

内斜式（图 4-7c），这种卷屑槽断屑范围较窄，主要用于精车或半精车，其 $\tau = 8° \sim 10°$。

生产中实际采用的卷屑槽参数通常都要根据具体情况进行试验，才能得到最佳参数。

（2）切屑的折断　卷曲的切屑流出时，碰在后刀面或工件上，切屑因受阻而应变增加，当某断面应力超过其强度极限时，切屑就折断，呈短片状，其过程如图 4-8 所示。切屑流出时碰不到后刀面或工件时，切屑将以各种螺旋形卷屑流出，到一定长度后，靠自重甩断。如卷屑槽尺寸不合适时，切屑就成连绵不断的带状切屑。

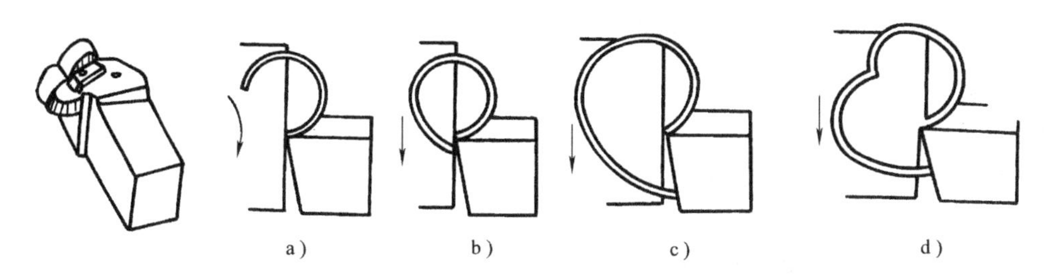

图 4-8　切屑的折断

a）开始卷曲　b）再卷曲　c）碰在后刀面　d）折断

二、后角的选择

主、副后角的大小，会影响后刀面与工件间的摩擦、切削刃的锐利程度（γ_β 的大小）等。但过大会使切削刃强度和传热能力减小。通常主要根据切削厚度 h_D 选取。精加工时，f 小，h_D 小，后角取大值；粗加工时，f 大，h_D 大，后角取小值。后角的数值，一般在 $6° \sim 10°$之间；其推荐值见表 4-6。

表 4-6 硬质合金车刀合理后角参考值

工件材料	合理后角		工件材料	合理后角	
	粗车	精车		粗车	精车
低碳钢	8°~10°	10°~12°	灰铸铁	4°~6°	6°~8°
中碳钢	5°~7°	6°~8°	铜及铜合金(脆)	6°~8°	6°~8°
合金钢	5°~7°	6°~8°	铝及铝合金	8°~10°	10°~12°
淬火钢	8°~10°		钛合金 $R_m \leqslant 1.177$GPa	10°~15°	
不锈钢(奥氏体)	6°~8°	8°~10°			

在一些特殊情况下，如铰刀、拉刀等定尺寸刀具，为了能保持刀具直径，常采用后角 $\alpha_{o1}=0$，$b_{\alpha 1}=0.2\sim0.8$mm 的刃带（图 4-9a）；在切削刚性差的工件时，采用宽度 $b_{\alpha 1}=0.1\sim0.3$mm，$\alpha_{o1}=-5°\sim-20°$的消振棱（图 4-9b），以增加阻尼，防止或减少振动。

副后角 α_o'通常等于后角的数值，但对某些特殊情况如切断刀，为了保证刀具强度和重磨后的精度，$\alpha_o'=1°\sim2°$。

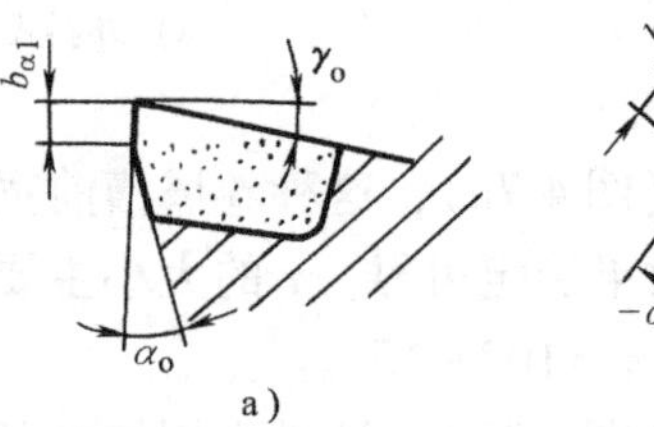

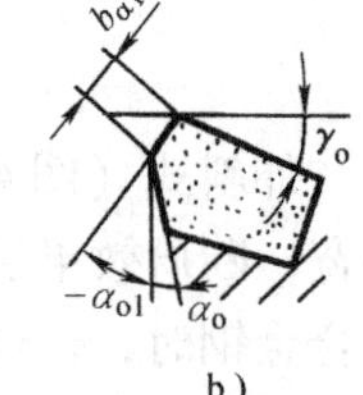

图 4-9 后刀面形式

三、主、副偏角及过渡刃的选择

1. 主偏角

由第三章可知，为减小切削力，主偏角应选大值；为降低切削温度，提高刀具寿命，主偏角应选用小值。在生产实践中，主要按工艺系统的刚性选取，见表 4-7。

表 4-7 主偏角的参考值

工作条件	主偏角 κ_r
系统刚性高，背吃刀量较小，进给量较大，工件材料硬度高	10°~30°
系统刚性较好$\left(\frac{1}{d_w}<6\right)$，加工盘类零件	30°~45°
系统刚性较差$\left(\frac{1}{d_w}=6\sim12\right)$，切深较大或有冲击时	60°~75°
系统刚性差$\left(\frac{1}{d_w}>12\right)$，车台阶轴、切槽及切断	90°~95°

2. 副偏角

主要根据加工性质选取，粗车时取 10°~15°；精车时取 5°~10°；切断时取 1°~3°。

3. 过渡刃

采用大的主偏角，对减小切削力有利，但会降低刀具寿命并使表面粗糙度值变大，为了补偿这些缺陷，可在靠近刀尖处（图 4-10a）磨出一个过渡刃（图 4-10b）。这样就能增加刀尖强度和散热能力、减少刀具磨损、提高刀具寿命。

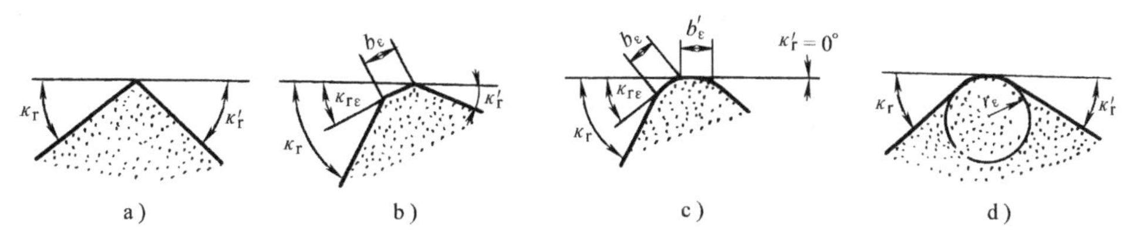

图4-10　过渡刃的形式

过渡刃有两种形式:

(1) 直线过渡刃(图4-10b)和水平修光刃(图4~10c)　过渡刃的偏角 $\kappa_{r\varepsilon} \approx \frac{\kappa_r}{2}$，长度 $b_\varepsilon \approx \left(\frac{1}{4} \sim \frac{1}{5}\right)a_p$。这种过渡刃多用于粗加工或强力切削的车刀上。

水平修光刃就是在刀尖部分平行于进给运动方向磨出一个切削刃(图4-10c)，以改善在大进给量情况下的表面粗糙度。其长度 $b_\varepsilon' \approx (1.2 \sim 1.5)f$($f$ 为进给量)。

(2) 圆弧过渡刃与刀尖圆弧半径(图4-10d)　过渡刃也可磨成圆弧形的，它的参数就是刀尖圆弧半径 r_ε。增大 r_ε，使刀尖半径处的主偏角变小，起到直线过渡刃和水平修光刃相同的作用。通常对高速钢车刀 $r_\varepsilon = 0.5 \sim 5$mm；对硬质合金车刀 $r_\varepsilon = 0.5 \sim 2$mm。

不论是水平修光刃还是刀尖圆弧半径，均不宜过大，否则则会使背向力 F_p 增大，容易引起振动，反而使表面粗糙度值变大。它们应该按工艺系统的刚度来选择，同时还需仔细刃磨刀具。

四、斜角切削与刃倾角的选择

1. 斜角切削

如前所述，当切削刃与切削速度方向不垂直时，称为斜角切削，这时切削刃的刃倾角 $\lambda_s \neq 0°$。

(1) 切屑流出方向与流出角　斜角切削时，由于切削速度 v_c 不垂直于切削刃，使切屑流出方向 v_{ch} 在前刀面上与法剖面间形成一个夹角 ψ_λ，这个角称为切屑流出角，如图4-11所示。

通过大量实验证明，在通常情况下，$\psi_\lambda \approx \lambda_s$。

(2) 有效前角 γ_{oe}　斜角切削时，切屑流出速度 v_{ch} 在前刀面上与法剖面间的夹角为 ψ_λ。切屑是在切削速度 v_c 和 v_{ch} 所组成的平面 p_{oe} 内产生的。刀具实际起作用的前角应在这个平面内度量(图4-11)。把在 p_{oe} 平面内度量的前角称为有效前角或切削前角 γ_{oe}。

如已知刀具的法前角 γ_n，且 $\psi_\lambda \approx \lambda_s$，通过证明可得:

$$\sin\gamma_{oe} = \frac{a_c b + bb_c}{mb_c} = \frac{ab_n\cos\lambda_s + b_n b_c \sin\lambda_s}{mb_c} = \frac{ab_n}{mb_c}\cos\lambda_s + \frac{b_n b_c}{mb_c}\sin\lambda_s$$

$$= \cos\varphi_\lambda \sin\gamma_n \cos\lambda_s + \sin\varphi_\lambda \sin\lambda_s = \sin\gamma_n \cos^2\lambda_s + \sin^2\lambda_s \tag{4-2}$$

由式(4-2)可知，若法前角 γ_n 一定，当刃倾角 $|\lambda_s|$ 增加时，有效前角 γ_{oe} 显著增大，因而改善了切削条件。表4-8给出当 $\gamma_n = 10°$ 时，刃倾角 λ_s 对 γ_{oe} 的影响。

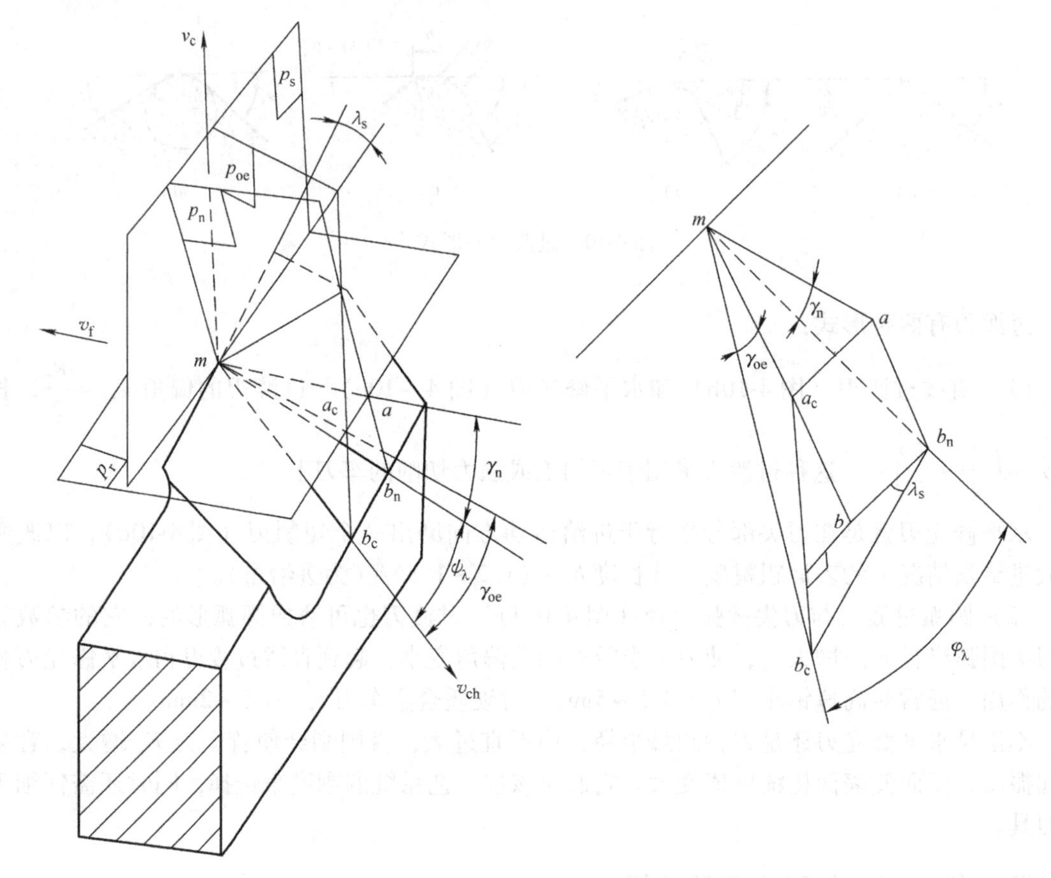

图 4-11　斜角切削、切屑流出角 φ_λ、有效前角 γ_{oe}

表 4-8　刃倾角 λ_s 对有效前角 γ_{oe} 的影响

λ_s	0°	15°	30°	45°	60°	75°
γ_{oe}	10°	13°11′	22°22′	35°57′	52°31′	70°

（3）有效刃口钝圆半径 r_{ne}　由前章已知，已加工表面的变质层主要是由于刃口钝圆半径 r_β 所引起的。为了提高已加工表面质量，如何减小刃口钝圆半径 r_β 就成为十分重要的问题。这个问题一方面要靠仔细地刃磨和研磨刀具，另一方面则可借助于增大刃倾角 λ_s 来解决。如图 4-12 所示，如把切削刃看成一个圆柱实体，在法剖面内，刃口钝圆半径为 r_n，而在切屑流出剖面内，切削刃则是一个椭圆。这时椭圆长轴处的曲率半径即为有效刃口钝圆半径 r_{ne}。其关系式可用下式表示

$$r_{ne}=r_n\cos\lambda_s \tag{4-3}$$

当 r_n 一定时，λ_s 增加，r_{ne} 减小。例如 $r_n=10\mu m$ 时，当 $|\lambda_s|=75°$时，则 $r_{ne}=\frac{r_n}{3.86}$。可见刃倾角 λ_s 增大时，可减小刃口钝圆半径。

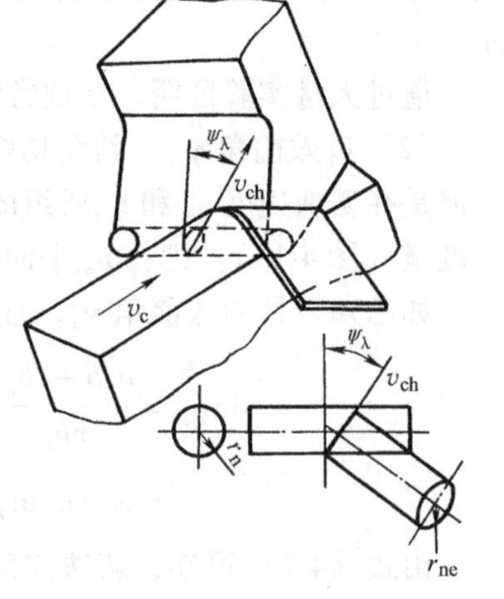

图 4-12　切屑流出方向钝圆半径

2. 刃倾角 λ_s

刃倾角 λ_s 起以下主要作用：

（1）控制切屑流向（图4-13）　如前所述，刃倾角 λ_s 影响切屑的流出角 ψ_λ。当 $\lambda_s=0°$（图4-13a）时，切屑垂直于切削刃流出；λ_s 为负时，切屑向已加工表面流出（图4-13b）；λ_s 为正时，切屑向待加工表面流出（图4-13c）。为避免切屑划伤已加工表面，精加工时，应采用正的刃倾角。

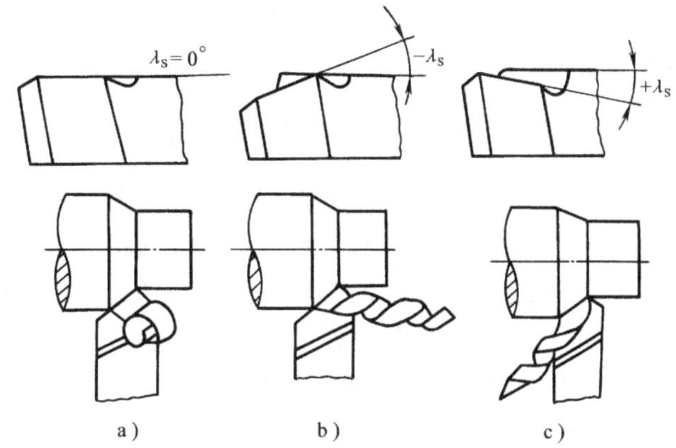

图4-13　刃倾角对切屑流向的影响

（2）控制切削刃切入时，首先与工件接触的位置（图4-14）　断续切削时，如刃倾角为负，刀尖为切削刃上最低点，首先与工件接触的是切削刃上离刀尖较远的点，这样就可使切削刃能承受冲击载荷，起到保护刀尖的作用；若刃倾角为正，则刀尖首先与工件接触，可能引起刀尖崩刃或打刀；当 $\lambda_s=0°$时，整个切削刃与工件同时接触，冲击力大。因而在断续或有冲击切削时，通常都采用负的刃倾角 λ_s。

（3）控制切削刃在切入和切出时的平稳性（图4-14）　断续切削时，当 $\lambda_s=0°$，在切削刃上各点切入时同时与工件接触（加载），而切出时则同时离开工件（卸荷），这样突然使切削力增大，突然使切削力减小的结果，就会引起振动；若具有刃倾角 λ_s，则切入时，切削刃上各点依次和工件接触，而切出时，切削刃上各点又依次按顺序离开工件。由于切削力逐渐增加和逐渐减小，故切削过程平稳。

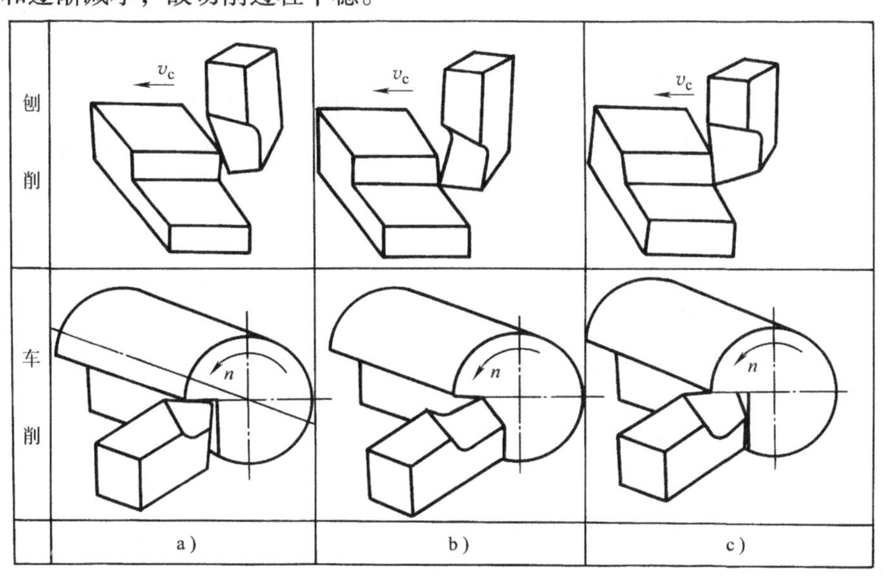

图4-14　刃倾角对切削刃接触工件的影响

a）$-\lambda_s$　b）$+\lambda_s$　c）$\lambda_s=0°$

刃倾角 λ_s 的合理数值与正、负，主要根据加工性质选取。精车：$\lambda_s = 0° \sim +5°$；粗车：$\lambda_s = 0° \sim -5°$；断续车削：$\lambda_s = -30 \sim -45°$；大刃倾角精刨刀：$\lambda_s = 75° \sim 80°$。刃倾角 λ_s 的作用，已日益被生产实践所证明，目前大刃倾角外圆精车刀（$\lambda_s = 75°$），大刃倾角精刨刀，大螺旋角圆柱铣刀（大螺旋角立铣刀），大螺旋角螺纹丝锥（螺旋角 = 刃倾角）等，已广泛应用于生产中。

五、典型车刀合理几何参数的综合分析

正确地选择刀具合理几何参数是要综合分析各几何参数间的相互关系，灵活地运用上述选择刀具合理几何参数原则与数据，才能获得满意的经济效果。

下面以几个典型车刀的合理几何参数的选择为例说明之，以期对此问题有所理解。

1. 75°强力车刀（图4-15）

在粗加工和半精加工时，为了提高生产率，通常是根据加工余量，首先选用最大的背吃刀量 a_p，较大的进给量 f，然后选取适当的切削速度 v_c。由于切削面积 A_D 较大，切削力大，故称强力切削。

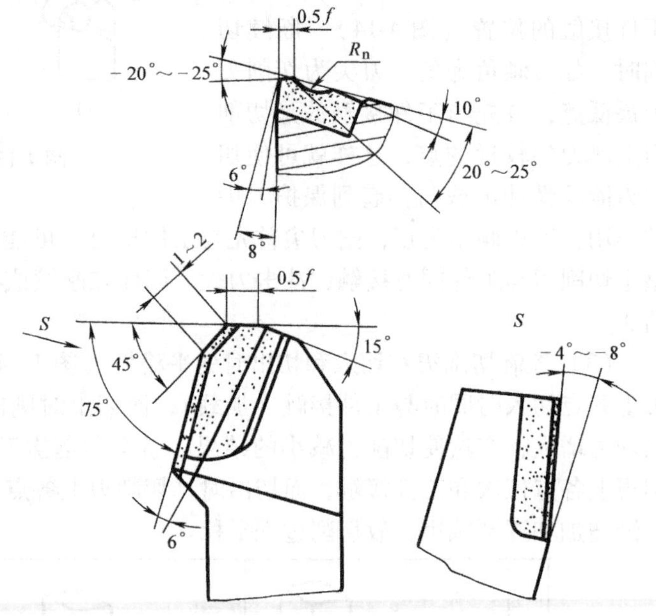

图4-15　75°强力车刀

（1）工件材料与加工性质　粗、半精加工中碳钢铸件及锻件，其单边余量在10～15mm以上，选择的切削用量为：$a_p = 10 \sim 15$mm；$f \approx 1$mm/r；$v_c \approx 50$m/min。

（2）刀具材料　YT5或YT15。

（3）刀具几何参数

1）为降低切削力，减少切削热的产生以降低切削温度，选取大前角 γ_o。根据表4-5，对低碳钢可取20°～25°，对中碳钢可取10°～15°。现取18°～20°。如有可能争取再增大一些。由于采用了大的前角 γ_o，切削刃口强度变弱，散热性能也变低，为此采用以下措施：

①采用负倒棱。倒棱宽度 $b_{\gamma 1} = (0.5 \sim 1)f$，由于 $f = 1$mm，选取 $b_{\gamma 1} = 0.5f$，倒棱前角 $\gamma_{o1} = -20° \sim -25°$。这样，切削刃的强度和散热能得到改善，为此可使前角增大到20°～25°。

②采用负刃倾角。$\lambda_s = -4° \sim -8°$。这样，由于毛坯表面的不均匀性引起的冲击力作用于远离切削刃的刀面上，从而起到保护刀尖的作用。

③采用较小的后角 $\alpha_o = 6°$（刀杆部分为8°）。

2）为降低切削力，采用较大的主偏角 $\kappa_r = 75°$。主偏角大可减少背向力 F_p，使在较大的背吃刀量情况下，不致引起振动。但随着 κ_r 的增大，刀尖角 ε_r 变小，刀尖强度与散热能力下降，从而使刀具寿命降低，为此采取下列措施：

①磨出过渡刃，其参数为 $\kappa_{r\varepsilon} = 45°$、$b_\varepsilon = 1 \sim 2$mm。

②为实现大进给量切削而不致于表面粗糙度值变大，并使该车刀能用于半精加工。采用

水平修光刃，其参数为 $b_\varepsilon' = (1.2 \sim 1.5)f$，现取 $b_\varepsilon' = 1.5f$。

由图可见，刀尖强度和散热能力得到显著加强。

3）选择副偏角 $\kappa_r' = 15°$。

4）为保证卷屑而采用外斜式直线圆弧卷屑槽。其参数为：槽宽 $W_n = 4 \sim 6\text{mm}$、$R_n = 1\text{mm}$、倾角 $\tau = 6°$。

该刀具所采用的切削用量：$a_p = 15 \sim 20\text{mm}$，$f = 0.25 \sim 0.4\text{mm/r}$，$v_c = 50 \sim 60\text{m/min}$。

2. 细长轴银白屑车刀（图 4-16）

细长轴是长径比在 20 以上的轴，如车床的光杠、丝杠等。其特点是切削时工件很容易因背向力 F_p 的作用而弯曲并引起振动。同时切削温度升高，引起工件伸长，而使工件弯曲。所谓银白屑车刀是指利用切削刃的负倒棱，在切削过程中能连续稳定地形成积屑瘤，利用积屑瘤增大实际工作前角，保护切削刃，使切削力和切削温度降低，切屑呈银白色，故称银白屑车刀。其特点如下：

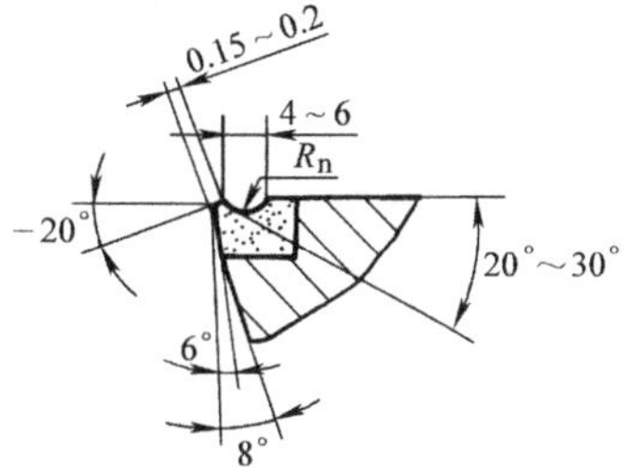

1）刀具材料为 YT15。

2）采用较大的前角。$\gamma_o = 20° \sim 30°$，可减小切削力和切削热的产生。

3）为稳定地形成积屑瘤和增强切削刃，磨出负倒棱，其参数为 $b_{\gamma1} = 0.15 \sim 0.2\text{mm}$、$\gamma_{o1} = -20°$。

4）采用大的主偏角。$\kappa_r = 90°$，以减小背向力 F_p 使工件不易弯曲，避免产生振动。副偏角 $\kappa_r' = 6° \sim 10°$，并磨出 $\gamma_\varepsilon = 0.15 \sim 0.2\text{mm}$ 的刀尖圆弧半径。

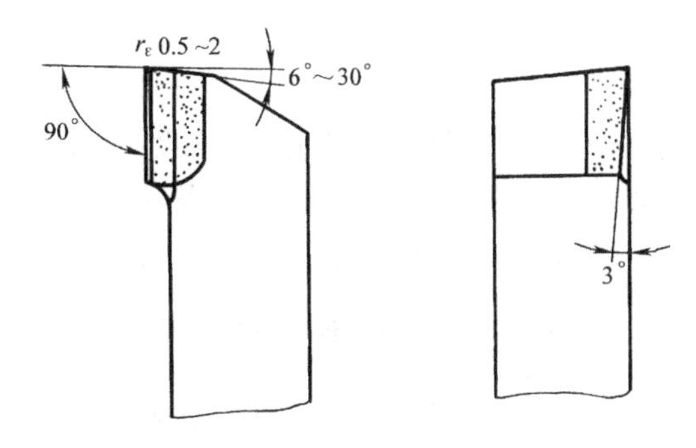

图 4-16　银白屑车刀

5）采用正的刃倾角。$\lambda_s = +3°$，以减少背向力 F_p，并使切屑沿待加工表面排出，不致损伤已加工表面。

6）为便于卷屑，前刀面磨出 $W_n = 4 \sim 6\text{mm}$、$R_n = 1.5 \sim 2.5\text{mm}$、平行于切削刃的卷屑槽。

用这种车刀车削细长轴时，排出的主切屑由于温度低呈银白色，并以螺旋状顺利排除。与此同时，积屑瘤则呈蓝色以副切屑的形式，位于主切屑的中央排出，由它带走大部分热量。加工后的表面粗糙度值为 $Ra3.2 \sim 1.6\mu\text{m}$。

该刀具所采用的切削用量，粗车：$a_p = 1.5 \sim 2\text{mm}$，$f = 0.3 \sim 0.6\text{mm/r}$，$v_c = 100 \sim 130\text{m/min}$；精车：$a_p = 0.5 \sim 1\text{mm}$，$f = 0.15 \sim 0.2\text{mm/r}$，$v_c = 100 \sim 150\text{m/min}$。

3. 车淬火钢车刀（图 4-17）

淬火钢车刀用于车削淬火钢。刀具几何角度及形状如图 4-17 所示。刀具材料为 YG6A。

特点：具有小的主偏角、副偏角，且前角只有 5°，切削刃强度好。大的负刃倾角，切削刃可承受大的冲击力。

该刀具所采用的切削用量：$a_p = 0.5 \sim 1.5\text{mm}$，$f = 0.15 \sim 0.5\text{mm/r}$，$v_c = 20 \sim 40\text{m/min}$。

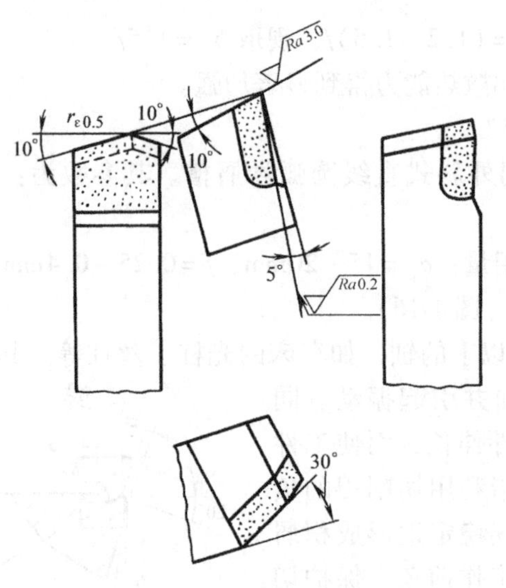

图 4-17　淬火钢车刀

第四节　切削用量的合理选择

切削用量（即背吃刀量、进给量、切削速度）对金属切削过程中主要物理现象的影响如前章所述。切削用量又是生产实践中最活跃的参数。在工件材料、刀具材料和刀具几何参数确定的条件下，切削用量选择得合理与否，会直接影响加工质量、生产率和生产成本。因而合理地选择切削用量是提高金属切削效率十分重要的一环。

一、合理的刀具寿命确定原则

在生产中使用刀具时，首先是确定一个合理的刀具寿命 T 值，然后根据该 T 值选择切削速度，并计算效率和核算生产成本。通常确定合理的刀具寿命有两种方法：最高生产率寿命和最低生产成本寿命。

1. 最高生产率刀具寿命

T_p 是根据切削一个零件所花时间最少或在广义时间内加工出的零件数量最多来确定。

切削用量 v_c、f 和 a_p 是影响刀具寿命的主要因素，又是影响生产率高低的决定性因素。提高切削用量，可缩短切削机运动时间 t_m，因而提高了生产效率。反之，提高切削用量又容易使刀具磨损，降低刀具寿命，增加换刀、磨刀和装刀等辅助时间，又会使生产率降低，因此，图 4-18 所示的生产率变化曲线上 P 点所处的刀具寿命 T_p 可定为最高生产率刀具寿命。

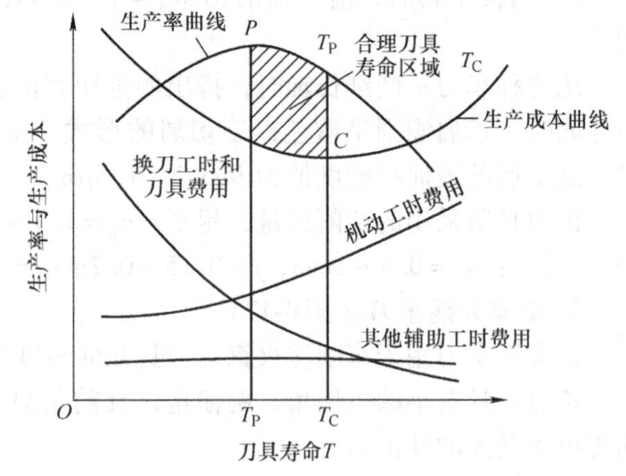

图 4-18　生产率、生产成本与刀具寿命关系曲线

2. 最低生产成本刀具寿命 T_C

T_C 是根据加工零件的一道工序最低成

本来确定的。

在图4-18中可看出，若选用较小切削用量或高性能刀具，因刀具寿命变长，因此刀具磨刀、换刀等费用少，从而生产成本有所降低。但是，由于机动时间长，又导致机床折旧费、消耗能量费增多，因此，工序费用也是一条由降低到增加的变化曲线，曲线上 C 点所处的刀具寿命 T_C 即为最低生产成本寿命。在上述 T_P 与 T_C 之间的刀具寿命值是较合理的刀具寿命范围。

由于最低生产成本寿命 T_C 高于最高生产率寿命 T_P，故目前生产中在普通机床上加工多数采用最低生产成本寿命 T_C，只有当生产特殊需要才采用最高生产率寿命 T_P。

各种刀具寿命，一般根据上述原则来制订，例如：

1）简单刀具的制造成本低，故它的寿命较复杂刀具的低。

2）可转位刀具的切削刃转位迅速、更换刀片简便，刀具寿命低。

3）自动线、数控刀具能自动换刀，在线重磨，刀具寿命更低些。

4）精加工刀具的寿命较高。

表4-9列举了部分刀具的寿命值，供选用参考。

表4-9　刀具寿命参考值　（单位：min）

刀具类型	寿　命	刀具类型	寿　命
车、刨、镗刀	60	仿形车刀具	120~180
硬质合金可转位车刀	30~45	组合钻床刀具	200~300
钻头	80~120	多轴铣床刀具	400~800
硬质合金面铣刀	90~180	组合机床、自动机、自动线刀具	240~480
切齿刀具	200~300		

二、切削用量的选择

在通常情况下，切削用量均根据切削用量手册所提供的数值，以及已给定的刀具的材料、类型、几何参数及寿命，按下面的方法与步骤进行选取：

1. 粗加工切削用量选择

粗加工切削用量，一般以提高生产率为主，兼顾加工成本。

（1）背吃刀量 a_p　在保留半精加工余量的前提下，尽量将粗加工余量一次切削完。当余量 A 过大或工艺系统刚性过差时，可分两次切除余量。

第一次进给的 a_{p1}　$$a_{p1}=\left(\frac{2}{3}\sim\frac{3}{4}\right)A$$

第二次进给的 a_{p2}　$$a_{p2}=\left(\frac{1}{3}\sim\frac{1}{4}\right)A$$

式中　a_{p1}——第一次进给时的背吃刀量，单位为mm；

a_{p2}——第二次进给时的背吃刀量，单位为mm；

A——单边余量，单位为mm。

（2）进给量 f　当背吃刀量 a_p 已确定，粗车时的进给量 f 主要根据工件材料、刀杆尺寸、工件直径和背吃刀量 a_p 选取。其大小见表4-10所列。由表选取后，再按机床说明书选用近似较小的实际进给量 f。

表 4-10　硬质合金及高速钢车刀粗车外圆和端面时的进给量

加工材料	车刀刀杆尺寸 $B \times H$/mm×mm	工件直径/mm	背吃刀量 a_{p}/mm				
			≤3	>3~5	>5~8	>8~12	12 以上
			进给量 $f/(\mathrm{mm} \cdot \mathrm{r}^{-1})$				
碳素结构钢和合金结构钢	16×25	20	0.3~0.4	—	—	—	—
		40	0.4~0.5	0.3~0.4	—	—	—
		60	0.5~0.7	0.4~0.6	0.3~0.5	—	—
		100	0.6~0.9	0.5~0.7	0.5~0.6	0.4~0.5	—
		400	0.8~1.2	0.7~1.0	0.6~0.8	0.5~0.6	—
	20×30 25×25	20	0.3~0.4	—	—	—	—
		40	0.4~0.5	0.3~0.4	—	—	—
		60	0.6~0.7	0.5~0.7	0.4~0.6	—	—
		100	0.8~1.0	0.7~0.9	0.5~0.7	0.4~0.7	—
		600	1.2~1.4	1.0~1.2	0.8~1.0	0.6~0.9	0.4~0.6
铸铁及铜合金	16×25	40	0.4~0.5	—	—	—	—
		60	0.6~0.8	0.5~0.8	0.4~0.6	—	—
		100	0.8~1.2	0.7~1.0	0.6~0.8	0.5~0.7	—
		400	1.0~1.4	1.0~1.2	0.8~1.0	0.6~0.8	—
	20×30 25×25	40	0.4~0.5	—	—	—	—
		60	0.6~0.9	0.5~0.8	0.4~0.7	—	—
		100	0.9~1.3	0.8~1.2	0.7~1.0	0.5~0.8	—
		600	1.2~1.8	1.2~1.6	1.0~1.3	0.9~1.1	0.7~0.9

注：1. 加工断续表面及有冲击的加工时，表内的进给量应乘系数 $k=0.75 \sim 0.85$。

2. 加工耐热钢及其合金时，不采用大于 1.0mm/r 的进给量。

3. 加工淬硬钢时，表内进给量应乘系数 $k=0.8$（当材料硬度为 44~56HRC 时）或 $k=0.5$（当硬度为 57~62HRC 时）。

（3）确定刀具寿命允许的切削速度 v_{T} 和机床主轴转速 n　背吃刀量 a_{p} 和进给量 f 确定后，按已知的刀具寿命 T，用式（4-4）求出刀具寿命允许的切削速度 v_{T}（单位为 m/min）。

$$v_{\mathrm{T}}=\frac{C_{\mathrm{v}}}{T^{m} a_{\mathrm{p}}^{x_{\mathrm{v}}} f^{y_{\mathrm{v}}}} K_{v_{\mathrm{T}}} \tag{4-4}$$

式中　x_{v}、y_{v}——达到刀具寿命 T 时 a_{p} 与 f 对 v_{T} 的影响指数；

$K_{v_{\mathrm{T}}}$——达到刀具寿命 T 时其他因素对 v_{T} 的影响系数。

m、x_{v}、y_{v}、C_{v} 及各 $K_{v_{\mathrm{T}}}$ 在表 4-11、表 4-12 中查得。

再根据 $n=\dfrac{1000 v_{\mathrm{T}}}{\pi d_{\mathrm{w}}}$（单位为 r/min）计算工件转速 n。然后根据机床说明书选取近似较低的机床转速 n_{s}，最后再算出实际切削速度 v_{c}。

表 4-11 计算公式中的系数、指数值

加工材料	加工形式	刀具材料	进给量/(r/mm)	系数及指数 C_v	x_v	y_v	m
碳钢 R_m =650MPa 不锈钢 1Cr18Ni9Ti 141HBW	外圆纵车	YT15	f≤0.30	291	0.15	0.20	0.20
			f≤0.70	242		0.35	
			f>0.70	235		0.45	
		YG8		110	0.2	0.45	0.15
				31		0.55	
灰铸铁 190HBW	外圆纵车	YG6	f≤0.4	189.8	0.15	0.2	0.2
			f>0.4	158		0.4	

表 4-12 各主要因素对切削速度 v_T 的修正系数 K_{v_T}

加工材料	硬度 HBW	抗拉强度 R_m/MPa	加工材料修正系数 K_{M_v}
碳钢、合金钢 (铬钢、铬镍钢) 铸钢	143~174	>500~600	1.18
	>174~207	>600~700	1.0
	>207~229	>700~800	0.87
灰铸铁	>160~180	—	1.15
	>180~200		1.0
	>200~220		0.89

主偏角修正系数 $K_{k_{rv}}$	加工材料	主偏角 κ_r 30°	45°	60°	75°	90°
	碳钢、可锻铸铁	1.13	1.0	0.92	0.86	0.81
	灰铸铁、铜合金	1.2	1.0	0.88	0.83	0.73

刀具材料修正系数 K_{rv}	加工材料	刀具材料				
	碳钢、铸钢	YT5	YT14	YT15	YT30	YG8
		0.65	0.8	1.0	1.4	0.4
	灰铸铁、可锻铸铁	YG8	YG6	YG3		
		0.83	1.0	1.15		

(4) 校验机床功率 P_E 切削功率 P_c:

$$P_c = \frac{F_c v_c 10^{-3}}{60} \leqslant P_E \eta_m \tag{4-5}$$

式中 P_c——切削功率，单位为 kW;

F_c——切削力，单位为 N;

v_c——切削速度，单位为 m/min;

P_E——机床功率，单位为 kW;

η_m——机床传动效率，一般 η_m =0.75~0.85。

(5) 计算机动时间 t_m

$$t_m = \frac{l_w + y + \Delta}{nf} \tag{4-6}$$

式中　t_m——加工时间，单位为 min；

l_w——工件加工部位长度，单位为 mm；

Δ、y——切入、切出长度（图 4-19）（可由切削用量手册查得），单位为 mm；

f——进给量，单位为 mm/min；

n——工件转速，单位为 r/min。

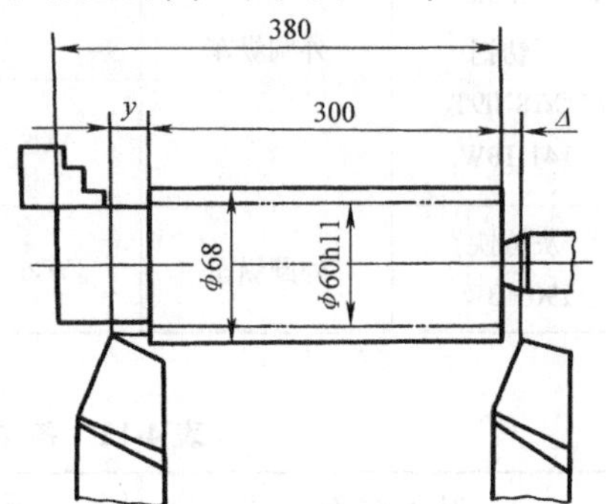

图 4-19　工件加工长度和 y、Δ

2. 半精、精加工切削用量的选择

半精、精加工切削用量，在首先保证加工质量的前提下，考虑经济性。

（1）背吃刀量 a_p　半精、精加工的切削余量较小，其背吃刀量 a_p 通常都是一次进给切除全部余量。

（2）进给量 f　为保证加工质量，主要是表现粗糙度的限制，使进给量 f 不能过大。通常主要根据切削速度 v_c（预选），刀尖半径 r_ε。其值可由表 4-13 选取。选出的值要对照机床说明书，取近似较小的值。

表 4-13　硬质合金外圆车刀半精车时的进给量

工件材料	表面粗糙度 Ra/μm	切削速度 /(m/min)	刀尖圆弧半径 r_ε/mm 0.5	1.0	2.0
			进给量 f/(mm/r)		
铸铁、青铜和铝合金	0.2	不限	0.25～0.40	0.40～0.50	0.50～0.60
	3.2		0.12～0.25	0.25～0.40	0.40～0.60
	1.6		0.10～0.15	0.15～0.20	0.20～0.35
碳素结构钢和合金结构钢	6.3	≤50	0.30～0.50	0.45～0.60	0.55～0.70
		>8	0.40～0.55	0.55～0.65	0.65～0.70
	3.2	≤50	0.20～0.25	0.25～0.30	0.30～0.40
		>80	0.25～0.30	0.30～0.35	0.35～0.40
	1.6	≤50	0.10～0.11	0.11～0.15	0.15～0.20
		>80	0.10～0.20	0.16～0.25	0.25～0.35

注：1. 加工耐热钢及其合金、钛合金，切削速度大于 0.8m/s 时，表中进给量应乘系数 0.7～0.8。
2. 带修光刃的大进给切削法，在进给量 1.0～1.5mm/r 时可获 Ra3.2～1.6μm 的表面粗糙度；宽刃精车刀的进给量还可更大些。

（3）切削速度 v_c　按已选定的 a_p、f 和已知的 T，可利用式（4-4）算出切削速度。再算出工件转速 n，用机床说明书选取近拟小的机床主轴转速 n_s，再算出实际切削速度 v_c。

由于半精、精加工时，a_p、f 均较小，一般可不校验机床功率。

3. 举例：选择刀具几何参数和切削用量

（1）已知条件　工件材料毛坯为 45 钢，锻件，R_m=0.63GPa；尺寸如图 4-19 所示车削外圆，要求精度为 h11，表面粗糙度值 Ra3.2μm，精车直径余量为 1.5mm。

使用机床：CA6140 卧式车床。

（2）选择刀具几何参数

1）刀具类型与材料。为减少换刀次数，采用粗、半精车两用车刀；刀具材料为 YT15。刀具寿命 $T=60\text{min}$。

2）刀杆尺寸为 $25\text{mm}\times25\text{mm}$。

3）刀具几何参数。前刀面形式选用正前角曲面带倒棱：$\gamma_o=10°$，$b_{\gamma1}=0.9f=0.9\times0.3\text{mm}=0.27\text{mm}$，$\gamma_{o1}=-5°$，$W_n=10f=10\times0.3\text{mm}=3.0\text{mm}$，$R_n=W_n=3.0\text{mm}$；$\alpha_o=8°$；$\kappa_r=75°\left(\frac{L}{d_w}=\frac{370}{60}=6.2\right)$；$\kappa_r'=15°$；$\lambda_s=0$；$r_\varepsilon=1.0\text{mm}$。

（3）选择粗车时的切削用量

1）确定背吃刀量 a_p。单边粗车余量 $A=\frac{68\text{mm}-61.5\text{mm}}{2}=3.25\text{mm}$。

2）确定进给量 f。由表 4-10 直接查得 $f=0.4\sim0.6\text{mm/r}$，根据机床说明书，选为 0.46mm/r。

3）确定切削速度 v_T 与机床主轴转速 n。根据式（4-4），并由表 3-6、表 4-11 和表 4-12 查得。

切削速度 v_T

$$v_T=\frac{C_v K_{v_T}}{T^m a_p^{x_v} f^{y_v}}=\frac{242K_{v_T}}{60^{0.2}\times3.25^{0.15}\times0.46^{0.35}}\text{m/min}=116.6\text{m/min}$$

工件转速 n

$$n=\frac{1000\times116.6}{\pi\times61.5}\text{r/min}=603.8\text{r/min}$$

根据机床说明书选定机床主轴转速 n_s $\quad n_s=560\text{r/min}$

实际切削速度 $\quad v_c=\frac{3.14\times61.5\times560}{1000}\text{m/min}=108.14\text{m/min}$

（注：修正系数 K_{v_T} 在详细计算时，再按切削用量手册资料选取。）

4）校验机床功率 P_E

①计算切削力 F_c。由表 3-1，$F_c=C_{F_c}a_p^{x_{F_c}}f^{y_{F_c}}v_c^{n_{F_c}}=2795\times3.25\times0.46^{0.75}\times108.14^{-0.15}=2515.85\text{N}$（注：详细计算应根据表 3-2 查出修正系数 K_{F_c}，乘入计算公式）。

②计算切削功率 $P_c=\frac{F_c\times v_c\times10^{-3}}{60}\text{kW}=\frac{2515.85\times108.14\times10^{-3}}{60}\text{kW}=4.53\text{kW}$

由机床说明书查得机床电动机功率为 7.5kW，则 $\frac{P_c}{\eta}=\frac{4.53}{0.8}=5.66\text{kW}<7.5\text{kW}$

5）计算加工（切削）时间 t_m。由切削用量手册查得 $\Delta+y=3.1\text{mm}$，则

$$t_m=\frac{300+3.1}{560\times0.46}\text{min}=1.177\text{min}$$

（4）选择半精车时的切削用量

1）确定背吃刀量 a_p $\quad a_p=\frac{1.5}{2}\text{mm}=0.75\text{mm}$

2）确定进给量f。按表4-13，预估计$v_c > 80\text{m/min}$，查得$f = 0.3 \sim 0.35\text{mm/r}$；由机床说明书选$f = 0.3\text{mm/r}$。

3）确定切削速度v_T和机床主轴转速n_s。按式（4-4）、表3-6及寿命$T = 60\text{min}$；概略计算切削速度v_T：

$$v_T = \frac{C_{v_c}}{T^m a_p^{x_{v_c}} f^{y_{v_c}}} = \frac{291}{60^{0.2} \times 0.75 \times 0.3^{0.2}}\text{m/min} = 216.36\text{m/min}$$

工件转速n

$$n = \frac{1000 \times 216.36}{\pi \times 60}\text{r/min} = 1148.4\text{r/min}$$

由机床说明书选定机床主轴转速$n_s = 1120\text{r/min}$，实际切削速度

$$v_c = \frac{\pi \times 60 \times 1120}{1000}\text{m/min} = 211\text{m/min}$$

4）校验机床功率P_E。计算切削力F_c

由表3-1，$F_c = 2795 \times 0.75 \times 0.3^{0.75} \times 211^{-0.15}\text{N} = 361\text{N}$。

5）计算切削功率P_c $P_c = \dfrac{361 \times 211 \times 10^{-3}}{60} = 1.27\text{kW}$

机床电动机功率P_E为7.5kW，$P_E > P_c$，允许。

6）加工时间t_m

$$t_m = \frac{300 + 3.1}{1120 \times 0.3}\text{min} = 0.93\text{min}$$

思考与习题

4.1 什么是工件材料的切削加工性？试根据自己的知识和生产实践，衡量下列材料的切削加工性：45钢；铸铁HT200；调质20Cr13。

4.2 试说明，极压乳化液、极压切削油的润滑效果好的原因。

4.3 用你自己的生产经验或到现场观察切削液使用情况，举例说明在什么情况下，使用何种切削液？为什么？

4.4 你能理解“不论从切削力角度或从刀具寿命角度看，刀具的前角都是不可过小，也不宜过大，应有一个合理值”这种说明吗？试说明你自己的看法。这个合理值应根据什么选择？

4.5 增大主偏角κ_r，可减小切削力，而刀具寿命下降为什么？在通常情况下$\kappa_r = 45° \sim 75°$，有时为90°，为什么？采用这么大的主偏角，防止刀具寿命下降的措施是什么？

4.6 什么叫斜角切削，试说明其特征与优点？

4.7 如按刀具寿命所允许的切削速度计算出的功率大于机床功率时，应如何解决？

4.8 已知金属切除率和切削速度分别为：

$$Q_w = K_o v_c f a_p\text{；}\quad v_T = \frac{C_v}{T a_p^{x_v} f^{y_v}} K_{v\text{T}}$$

式中 $x_v = 1/3$、$y_v = 2/3$、刀具寿命T = 常数。试问：

（1）若将a_p增大两倍时，v_c将降低多少？生产率（金属切除率）将增加多少？

（2）若f增大两倍，v_c将降低多少？生产率（金属切除率）将增加多少？

（3）分析上述情况。当刀具寿命不变，从提高生产率的观点出发，应首先增大a_p，还是增大f？为什么？

4.9 工件如习图 4-1，工件材料为灰铸铁，有硬皮，硬度为 230HBW。加工工序为粗车及半精车，毛坯 $\phi(100\pm0.1)$mm，成品为 $\phi100^{-0.13}_{0}$mm，表面粗糙度值 $Ra3.2\mu m$。使用机床 CA6140。试选择粗或半精车的刀具几何参数和切削用量（半精车直径余量为 2.5mm）。

4.10 工件如习图 4-2，工件材料为 45 钢、锻件 $R_m=0.637GPa$；加工工序，粗车或半精车；毛坯尺寸 $\phi28$mm，成品尺寸 $\phi25^{\ 0}_{-0.03}$mm，表面粗糙度值 $Ra1.6\mu m$，使用机床 CA6140。试选用半精车用的刀具几何参数和切削用量。半精车直径余量为 1.5mm。

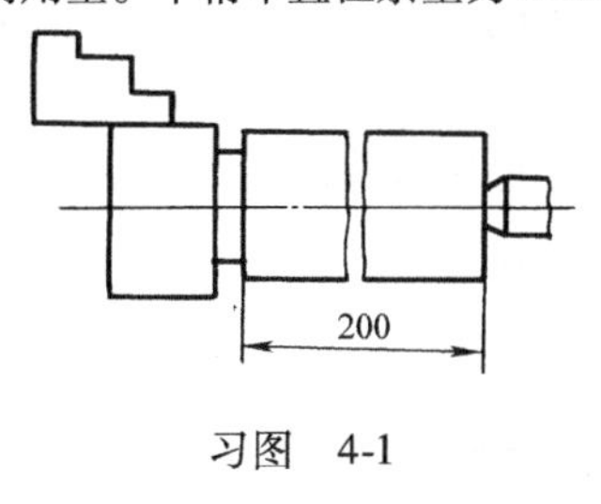

习图 4-1

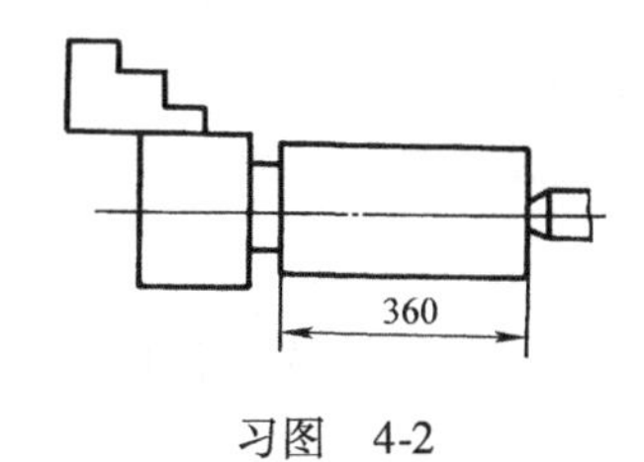

习图 4-2

第五章　车　　刀

车刀是用于卧式车床、转塔车床、自动车床和数控车床的刀具。它是生产中应用最为广泛的一种刀具。

车刀按用途可分为：外圆车刀、端面车刀、切断刀等，如图 5-1 所示。

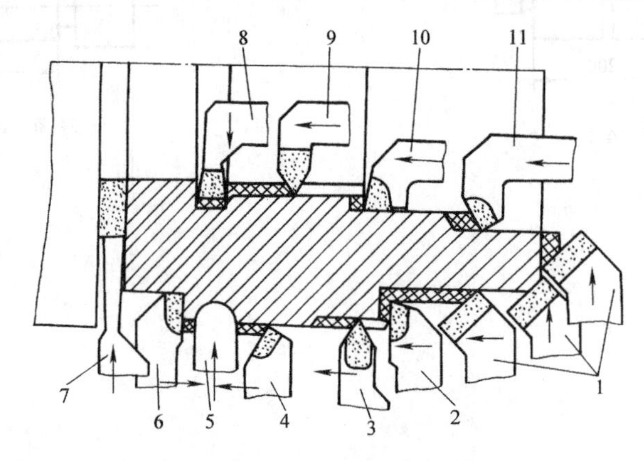

图 5-1　车刀的类型与用途

1—45°弯头车刀　2—90°外圆车刀　3—外螺纹车刀　4—75°外圆车刀　5—成形车刀
6—90°左外圆车刀　7—车槽刀　8—内孔车槽刀　9—内螺纹车刀　10—闭孔镗刀　11—通孔镗刀

车刀按结构可分为：整体、焊接、机夹重磨、可转位和成形车刀等，如图 5-2 所示。

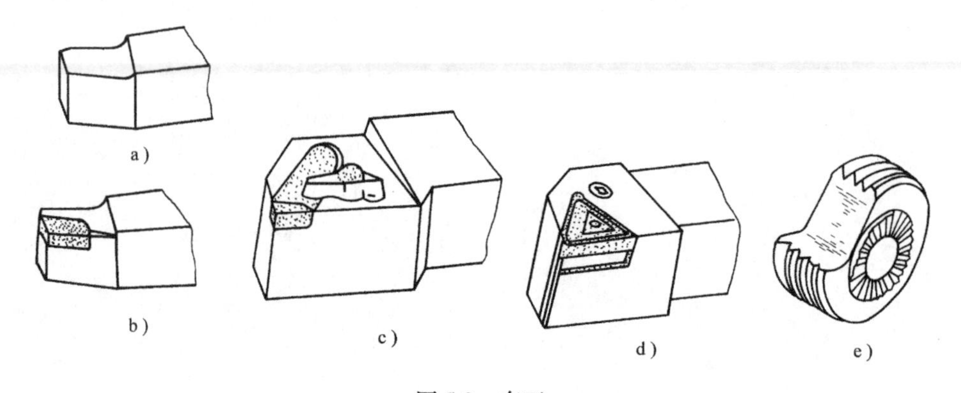

图 5-2　车刀

a）整体车刀　b）焊接车刀　c）机夹车刀　d）可转位车刀　e）成形车刀

第一节　焊 接 车 刀

焊接车刀是将具有一定形状的硬质合金刀片，用纯铜或其他钎料钎焊在普通结构钢刀杆上而成。焊接车刀由于结构紧凑、制造方便，目前在我国仍被广泛应用。

一、硬质合金刀片型号及其选用

常用硬质合金刀片类型如图5-3所示。

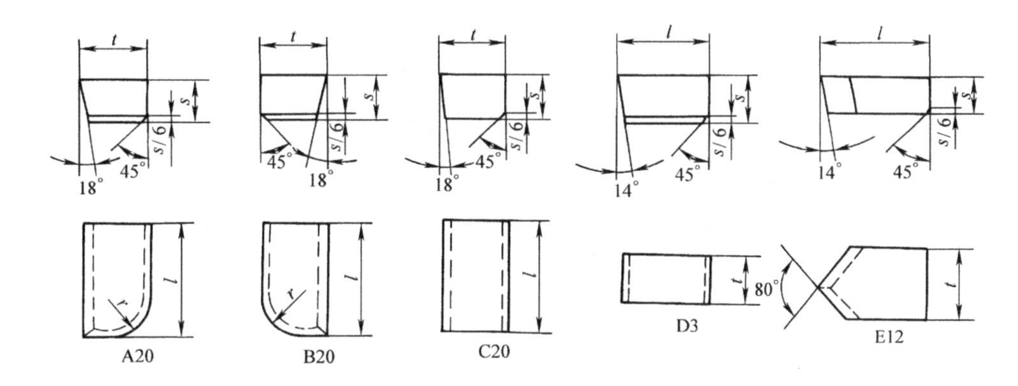

图5-3　常用硬质合金刀片的型号

各型刀片的主要用途为：A型用于90°外圆车刀、端面车刀等；B型用于直头外圆车刀、端面车刀、镗孔刀等；C型用于直头、弯头外圆车刀、宽刃刀等；D型用于切断、车槽刀等；E型用于螺纹车刀。

刀片型号及尺寸要根据车刀类型，主、副偏角大小来选取，其中刀片长度 l 应使切削刃参与切削的宽度 b_D 不超过 l 的60%～70%；对切断刀、车槽刀用的刀片宽度 t，应根据槽宽或切断刀宽度来选取；切断刀宽度也可按 $t=0.6d_w^{0.5}$ 来估算（d_w 为工件直径）。刀片厚度 s 与切削横截面积 A_D 有关，A_D 值大则 s 值大；反之则 s 值小。

二、刀槽形式及参数的确定

1. 刀槽形式

在刀杆上加工出的刀杆槽，应能使刀片焊接牢固，车刀刃磨量小。常用刀杆槽形式有下列几种（图5-4）：

（1）开口槽（Ⅰ型）　形状简单、加工容易，组焊接面积小。适于C型刀片。

（2）半封闭槽（Ⅱ型）　只能用铣刀加工，制造困难，但焊接刀片牢固。适于A、B型刀片。

（3）封闭槽（Ⅲ型）　夹持刀片牢固，焊接可靠，用于螺纹刀具。适于E型刀片。

（4）切口槽（Ⅳ型）　用于切槽、切断刀。适于D型刀片。

2. 刀槽参数（图5-5）

若已知刀杆高度 H，宽度 B，和刀片厚度 s、宽度 t、长度 l，刀槽主要参数为：刀槽底面的长 l_c、宽 b_c 和槽底至刀杆底面的距离 h_c。

$$\gamma_{oc}=\gamma_o+5°$$

$$h_c=H+(1\sim2)-a=H+(1\sim2)-\frac{s\cos\alpha_o}{\cos(\alpha_o+\gamma_{oc})} \tag{5-1}$$

$$b_c = t - b = t - s\tan(\alpha_o + \gamma_{oc}) \tag{5-2}$$

$$l_c = l - a\tan\alpha_o' = l - \frac{s\cos\alpha_o}{\cos(\alpha_o + \gamma_{oc})}\tan\alpha_o' \tag{5-3}$$

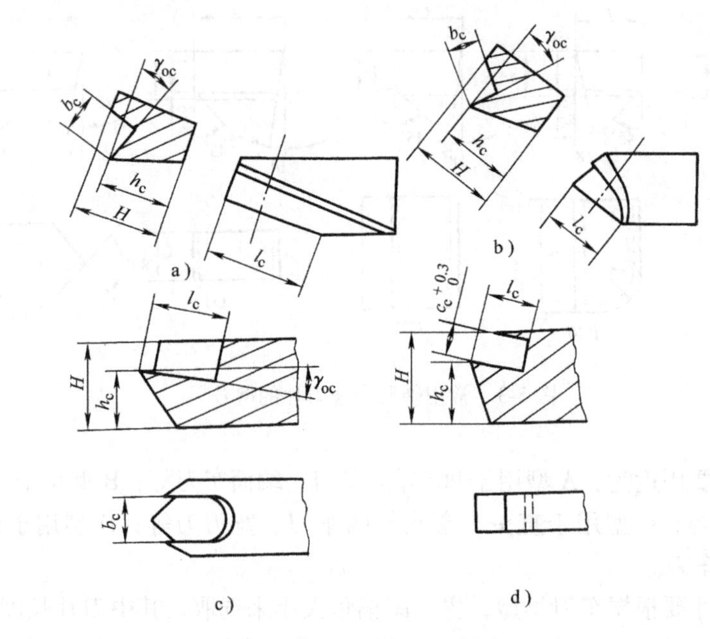

图 5-4　刀槽型式及参数

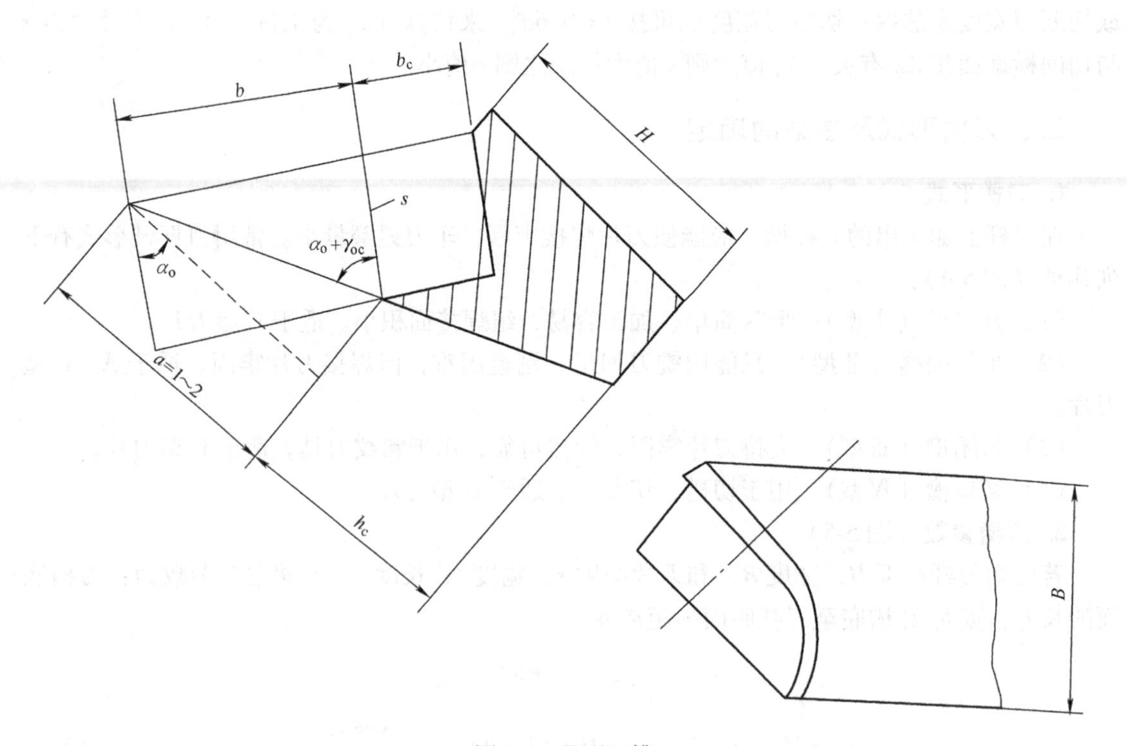

图 5-5　Ⅱ型刀槽

第二节　机 夹 车 刀

为了避免焊接车刀因焊接可能使硬质合金产生裂纹，降低刀具寿命、使用时出现脱焊和刀杆只能使用一次等缺点，采用将刀片用机械夹持的方法固定在刀杆上，刀片用钝后可换上经刃磨的刀片的一种车刀。

机夹车刀没有标准化，结构形式很多。常用的有以下几种：

（1）上压式　采用螺钉和压板从上面夹紧刀片，用调整螺钉调节刀片位置，如图5-6所示。上压式的特点是结构简单、夹固牢靠、使用方便，它是应用最多的机夹结构。在这种结构中，刀片平装，用钝后重磨后面。

（2）侧压式　侧压式结构一般多利用刀片本身的斜面，由楔块和螺钉从刀片侧面夹紧刀片，如图5-7所示。在这种结构中，刀片竖装，用钝后重磨前刀面。

（3）切削力夹固式　图5-8所示是切削力自锁式车刀。该车刀在车削时，利用切削合力将刀片夹紧在1∶30的斜槽中。这种结构简单、使用方便，但要求刀槽与刀片配合精度高，切削时无冲击振动。

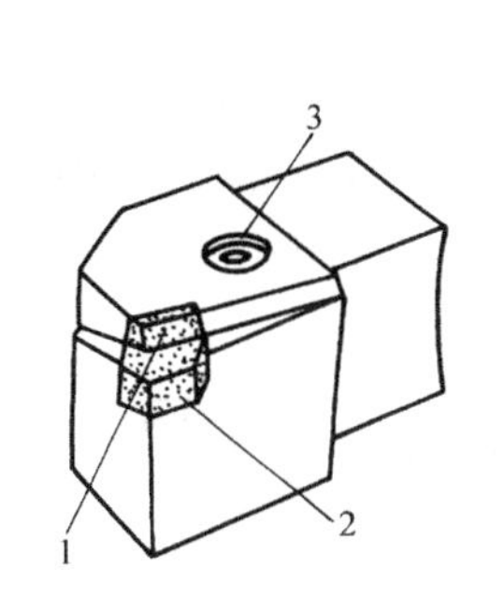

图5-6　上压式
1—压板　2—刀片　3—螺钉

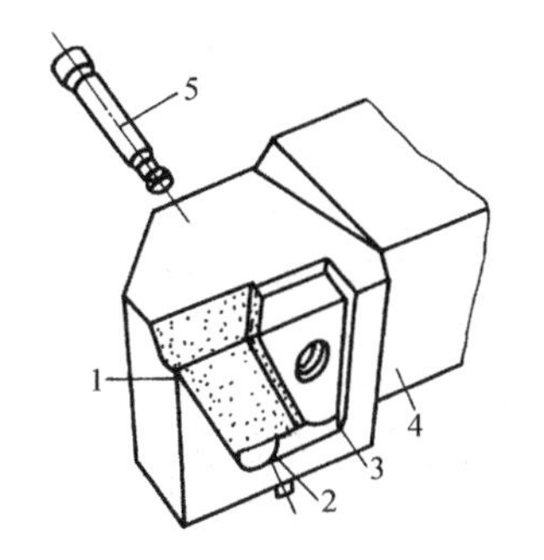

图5-7　侧压式竖放刀片车刀
1—刀片　2—调节螺钉　3—楔块
4—刀杆　5—压紧螺钉

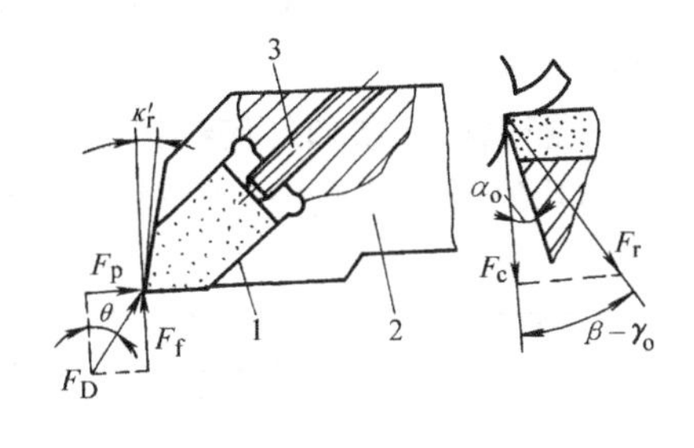

图5-8　切削力夹固式车刀
1—刀片　2—刀杆　3—调节螺钉

第三节　可转位（刀片）车刀

可转位车刀（图5-9）是将可转位硬质合金刀片，用机械方法夹持在刀杆上形成的车刀。可转位刀片和焊接用刀片不同，它是由硬质合金厂模压成形，使刀片具有供切削时选用的几何参数（不需刃磨），同时刀片具有3个以上供转位用的切削刃，当一个切削刃磨损后，松开夹紧机构，将刀片转位到另一切削刃再夹紧，即可进行切削。当所有切削刃磨损后取下，再换上新的同类型刀片。

可转位车刀是近年来发展起来的一种先进刀具。由于它不需重磨，可降低刀具的刃磨费用。这种车刀具有可采用涂层刀片、可转位和换刀片方便等优点，对数控车床特别有利，为世界各国广泛采用，也是我国机械工业重点推广项目之一。

一、可转位刀片

1. 形状与结构

可转位刀片外形有：正三角形、正方形、五边形、棱形和圆形等。常用的刀片为三角形和正方形，如图 5-10 所示。

刀片又分带孔无后角（图 5-11b）和不带孔有后角（图 5-11a）两种。刀片中孔是为夹持刀片用。若刀片有后角，刀片在装入切槽时，就不需安装出后角。若刀片无后角，则在刀片装入刀槽时，就需将刀片安装出一定后角。

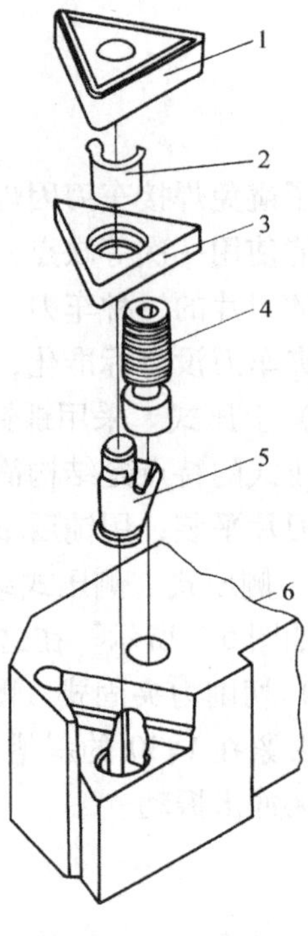

图 5-9　可转位车刀的组成

1—可转位刀片　2—弹簧套　3—刀垫　4—压紧螺钉　5—杠杆　6—刀杆

2. 精度等级

为了保证刀片安装在刀槽中的精确性和刀片转位后的定位精度（刀尖的位置精度）。可转位刀片的内切圆直径 d、刀尖位置 m 和刀片厚度 S（图 5-11）为刀片的基本参数。车削用刀片的精度等级可分精密级（G）、中等级（M）和普通级（U）三种，各基本参数的公差值见表 5-1。

3. 断屑槽形状和几何参数

刀片的前刀面做出的断屑槽形状和几何角度，见表 5-2。

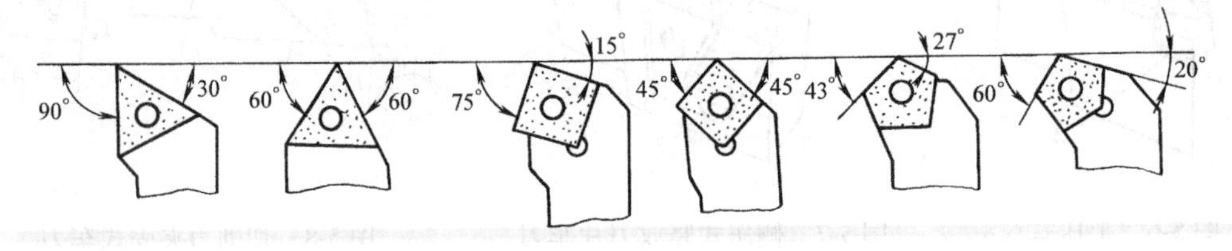

图 5-10　刀片形状

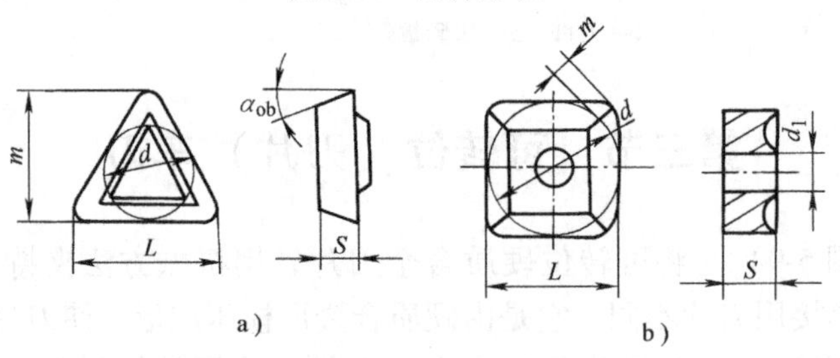

图 5-11　刀片的基本参数

表 5-1　刀 片 精 度

精度等级	公差/mm		
	m	d	S
精密级	±0.025	±0.13	±0.025
中等级	±0.08 ~ ±0.018	±0.13	±0.05 ~ ±0.13
普通级	±0.013 ~ ±0.38	±0.13	±0.08 ~ ±0.25

表 5-2 刀片断屑槽形状及几何角度

名 称	代 号	图 示	几何角度		
			α_{nb}	γ_{nb}	λ_{sb}
直槽	A	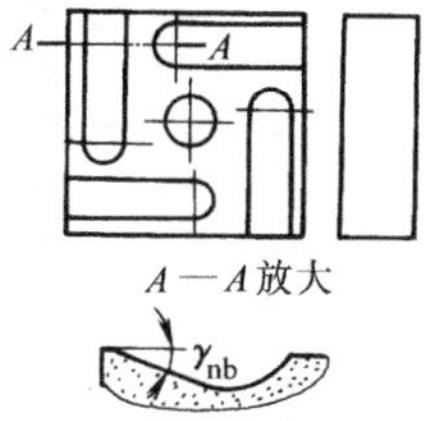A A—A 放大 γnb	0°	20°	0°
外斜槽	Y	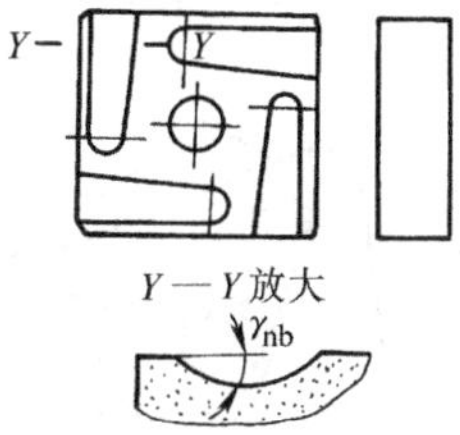Y Y—Y 放大 γnb	0°	20°	0°
内斜槽	K	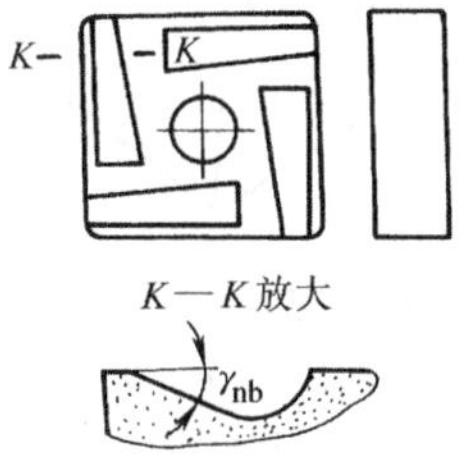K K—K 放大 γnb	0°	20°	0°
直通槽	H	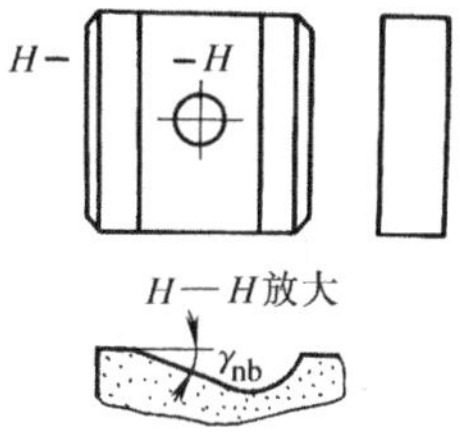H H—H 放大 γnb	0°	20°	0°
正刃倾角	C	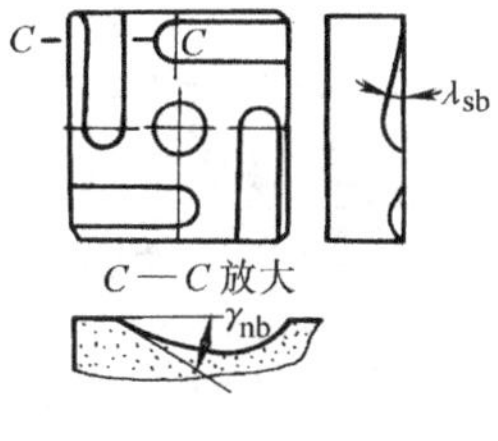C λsb C—C 放大 γnb	0°	20°	6°

二、可转位车刀几种典型的夹紧结构

1. 偏心式

偏心式夹紧结构（图 5-12）是利用螺钉上端部的一个偏心心轴，将刀片夹紧在刀杆上，该结构夹紧靠偏心，自锁靠螺钉。

偏心式夹紧结构简单、操作方便，但不能双边定位。当偏心量过小时，要求刀片制造的精度高，若偏心量过大，则在切削力冲击的影响下容易使刀片松动。因此，偏心式夹紧结构适用于连续平稳切削的场合。

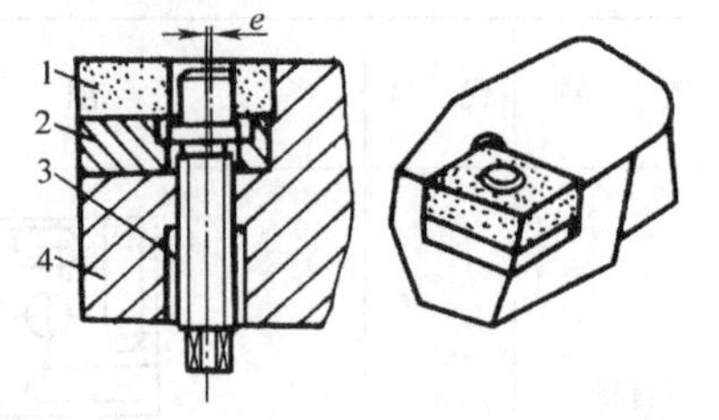

图 5-12 偏心式夹紧结构
1—刀片 2—刀垫 3—偏心轴 4—刀杆

2. 杠杆式

杠杆式是应用杠杆原理对刀片进行夹紧的结构，如图5-13所示。当旋动压紧螺钉8时，通过杠杆4产生夹紧力，从而将刀片1定位夹紧在刀槽侧面上。旋出压紧螺钉8时刀片松开，半圆筒形弹簧套3可保持刀垫位置不动。该结构的特点是，定位精度高、夹固牢靠、受力合理、使用方便，但工艺性较差。适于专业工具厂大批量生产。

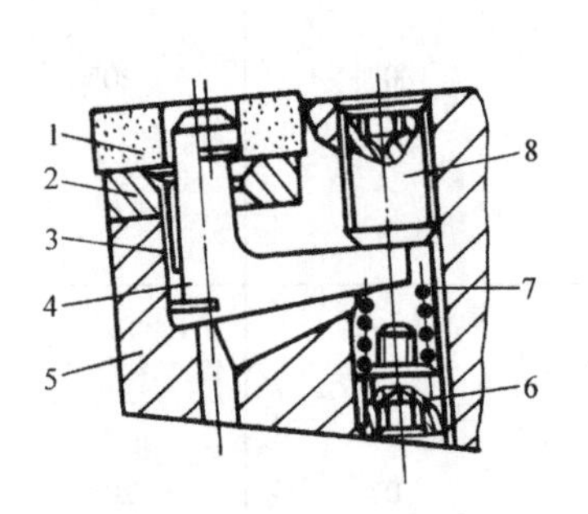

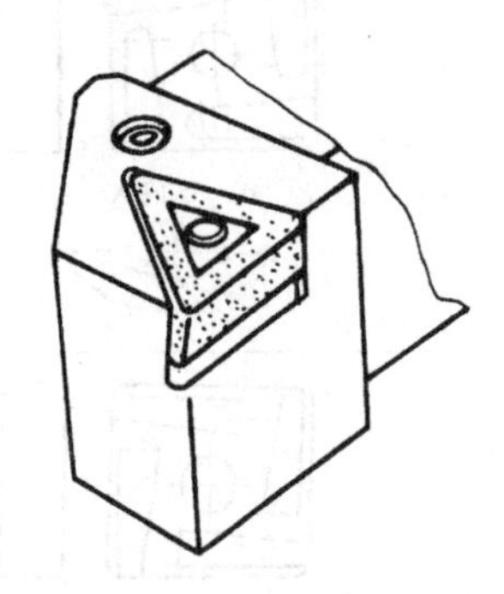
图 5-13 杠杆式夹紧结构
1—刀片 2—刀垫 3—弹簧套 4—杠杆 5—刀杆
6—调节螺钉 7—弹簧 8—压紧螺钉

3. 楔块式

楔块式夹紧结构如图5-14所示，刀片2内孔定位在刀杆刀片槽的圆住销3上，带有斜面的楔块1由压紧螺钉6下压时，楔块一面靠紧刀杆上的凸台，另一面将刀片推往刀片中间孔的圆柱销上，将刀片压紧。该结构的特点是结构简单、操作方便，但定位精度较低，且夹紧力与切削力相反。

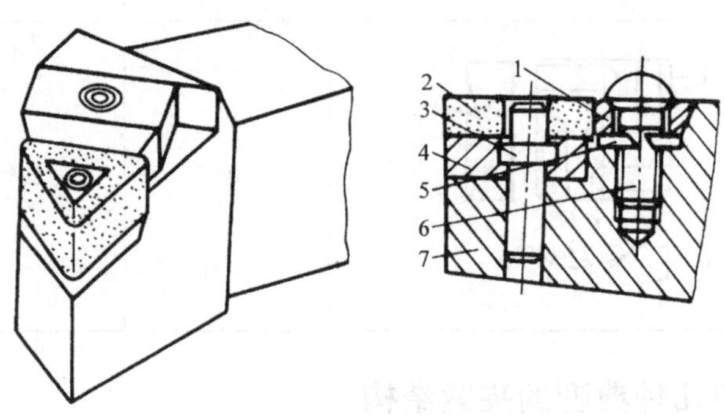

图 5-14 楔块式夹紧结构
1—楔块 2—刀片 3—圆柱销 4—刀垫 5—弹簧垫圈
6—压紧螺钉 7—刀杆

第四节 成形车刀

成形车刀用于卧式车床、转塔车床、自动车床加工回转体零件的内、外成形表面。它的刃形是根据零件的廓形设计的，是一种高生产率的专用刀具。由于大多数成形车刀均按径向进给设计，故又称径向成形车刀。

成形车刀按其结构和形状可分为三种，如图 5-15 所示。

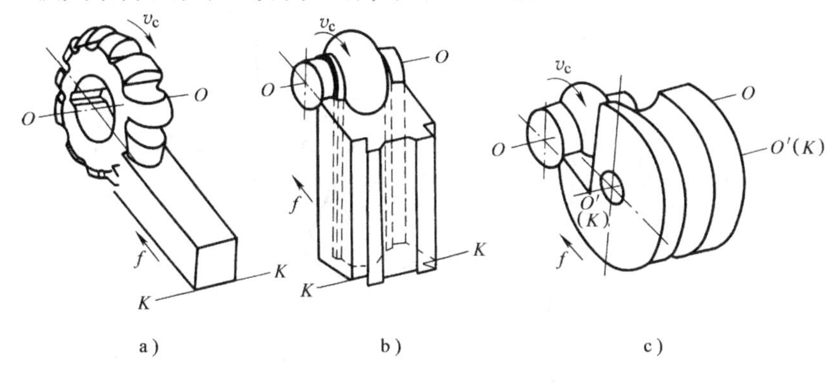

图 5-15 成形车刀

a）平体 b）棱体 c）圆体

（1）平体成形车刀 它的外形呈平条状，前角为零，除具有一定廓形的刃形外，结构上与普通车刀相同。重磨次数不多，使用寿命较短。

（2）棱体成形车刀 其外形呈棱柱体，只能用来加工外成形表面，重磨次数比平体成形车刀多，刚性较好。

（3）圆体成形车刀 其外形呈回转体，与以上两种成形车刀相比，重磨次数最多。它可以加工内、外成形表面。由于是回转体，因此，制造圆体成形车刀比棱体成形车刀简单，所以应用广泛。

一、成形车刀的前角和后角

根据径向成形车刀工作时相对于工件的安装位置（图 5-16），其前、后角应在假定工作（进给）平面内度量。由于切削刃上 1′点位于工件中心高上，因而在切削刃上 1 处的假定工作平面中的侧前角 γ_f、侧后角 α_f，便是成形车刀的标注角度，通常称成形车刀的名义角度。

1. 成形车刀前、后角的形成及其选择

（1）棱体成形车刀（图 5-16a） 棱体成形车刀的后刀面是成形棱形柱面，前刀面是平面。制造时，后刀面与燕尾基面 $K—K$ 平行，而前刀面则与 $K—K$ 呈倾角（$\gamma_f+\alpha_f$）。切削时，将后刀面安装出 α_f 角。这样，就形成了前角 γ_f 和后角 α_f。当制造和重磨成形刀前刀面时，就需用 $\beta_f=90°-(\alpha_f-\gamma_f)$ 来控制。γ_f 和 α_f 值可分别按表 5-3 及表 5-4 选取。

（2）圆体成形车刀（图 5-16b） 将圆体成形车刀的前刀面刃磨出 γ_f，后刀面是成形回转表面。后角也是由成形车刀安装于正确位置上而得到的。切削时，将 1′（基准点）安装在与工件中心等高处，从而使成形车刀的中心高于工件中心 H，这样就获得所需要的

后角 α_f:

$$H=R\sin\alpha_f \tag{5-4}$$

当 γ_f、α_f 确定后，刀具中心 O'与前刀面间的距离 h_c:

$$h_c=R\sin(\alpha_f+\gamma_f) \tag{5-5}$$

以 O'为中心，以 h_c 为半径所作的圆称为刃磨圆。在制造和重磨圆体成形刀时，使前刀面与此圆相切。

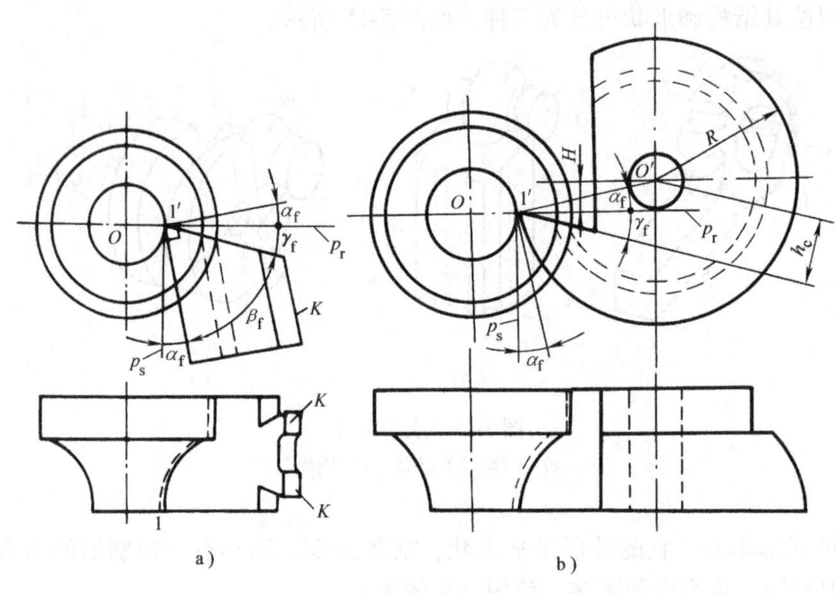

图 5-16　成形车刀的前角和后角

a）棱形刀　b）圆形刀

γ_f 和 α_f 值的选择分别见表 5-3、表 5-4。

表 5-3　成形车刀的前角 γ_f

车刀类型	加工材料	材料的力学性能		前角 γ_f
		R_m	硬度	
棱体及圆体成形车刀	钢	0.49GPa	—	20°~25°
		0.49~0.78GPa		15°~20°
		0.78~0.98GPa		10°~15°
		0.98~1.18GPa		5°~10°
	铸铁	—	<150HBW	10°~15°
			150~200HBW	5°~10°
			200~250HBW	0°~5°
	铜（铅、铝）青铜	—		0°~5°
	紫铜、铝	—		25°~30°
平体成形车刀	—			0°~10°

注：表中所列 γ_f 角适用于高速钢成形车刀。若为硬质合金成形车刀，在加工钢料时，可将表列数值减小 5°。

表 5-4　成形车刀的后角 α_f

刀具类型		后角 α_f
棱体成形车刀		10°~17°
固体成形车刀		8°~16°
平体的	普通成形车刀	12°~15°
	铲齿车刀	25°~30°

2. 成形车刀的工作前、后角（图 5-17）

成形车刀工作时，由于安装，除 1′点位于工件中心高上外，其余各切削刃上选定点 2′、3′、…均低于工作中心，由于这些点的实际主运动方向都不相同，其对应的工作基面 p_{re} 和工作切削平面 p_{se} 都不相同。因而其各点的工作前、后角也不相同。由图 5-17 可见，距工件中心越远的工作侧（进给）前角越小，即 $\gamma_f > \gamma_{fe2} > \gamma_{fe3} > \cdots$；而工作侧（进给）后角越大，即 $\alpha_f < \alpha_{fe2} < \alpha_{fe3} \cdots$。

对棱体成形车刀，因 β_f 为常数，因而 $\gamma_f + \alpha_f = \gamma_{fe2} + \alpha_{fe2} = \gamma_{fe3} + \alpha_{fe3} = \cdots = \varepsilon$

对圆体成形车刀，其 $\gamma_f + \alpha_f \neq \gamma_{fe2} + \alpha_{fe2}$。

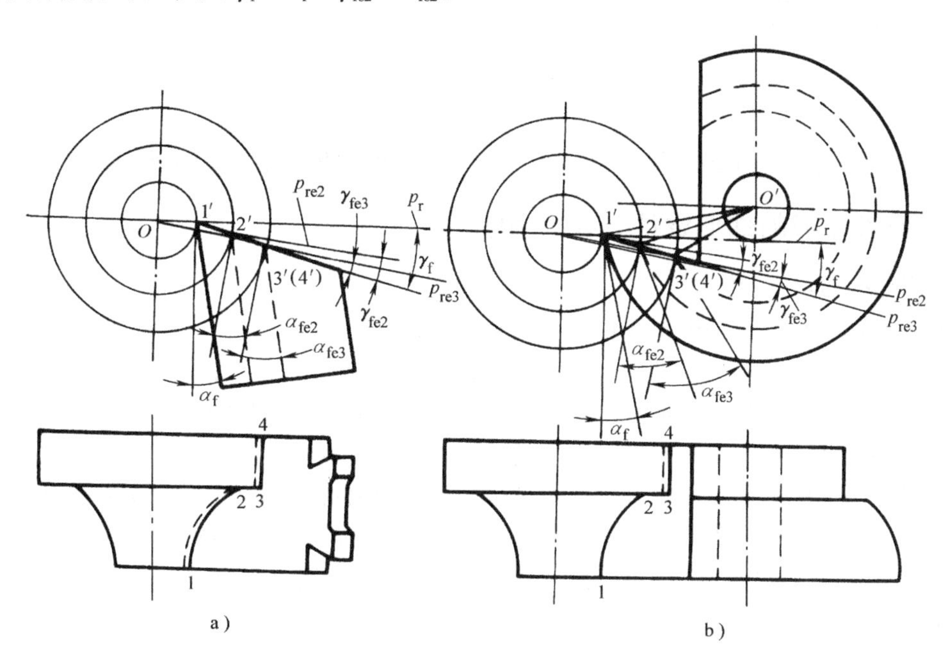

图 5-17　切削刃上各点的前角和后角

a）棱形刀　b）圆形刀

3. 成形车刀的正交平面后角 α_o（图 5-18）

在选择了成形车刀的进给后角 α_f 之后，还要校验切削刃任意点的主后角 α_o，其值应不小于 2°，以免后刀面与工件发生摩擦，使刀具磨损加剧。由式（1-4）知，当 $\lambda_s = 0$ 时

$$\cot\alpha_f = \cot\alpha_o \sin\kappa_r$$

于是

$$\tan\alpha_{ox} = \tan\alpha_{fx} \sin\kappa_{rx} \tag{5-6}$$

式中　α_{ox}——切削刃上任意点的主后角；

α_{fx}——切削刃上任意点的进给后角；

κ_{rx}——切削刃上任意点的主偏角。

κ_{rx}越小，则 α_{ox}越小。当 $\kappa_{rx}=0°$时，$\alpha_{ox}=0°$。为此应采取下列改善措施（图 5-19）：

图 5-19a 是在不影响工件使用性能的条件下，改变工件的廓形。

图 5-19b 是在 $\kappa_r=0°$的切削刃处磨出凹槽以减少摩擦。

图 5-19c 是在 $\kappa_r=0°$的切削刃处磨出 κ'_{rx}，$\kappa'_{rx}=2°\sim3°$。

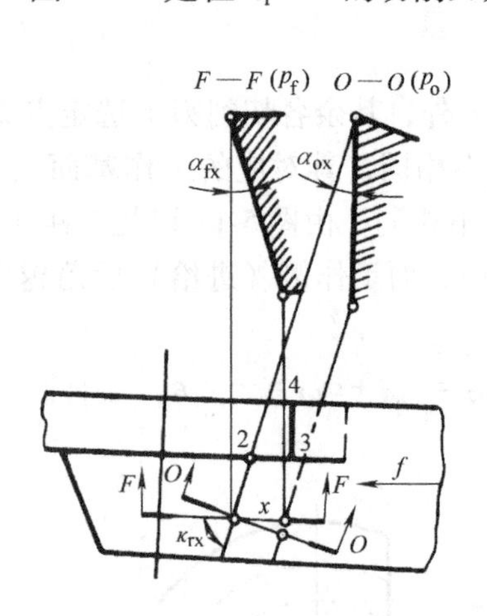

图 5-18　后角与侧后角的关系

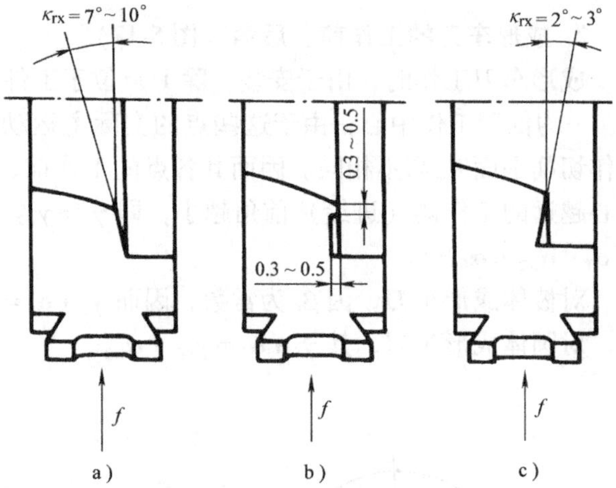

图 5-19　$\alpha_{ox}=0°$的改善措施

二、成形车刀的截形设计（图 5-20）

1. 截形设计的必要性

成形车刀的截形设计是根据工件的廓形来确定刀具的截形。

工件的廓形是指通过工件轴向剖面的廓形，而此廓形上任一点的位置均由其径向深度 t 和轴向的宽度所决定。为了制造和测量方便，成形车刀的截形是规定在垂直于后刀面的截形来表示。对棱体成形车刀，其截形上一点的位置，用沿垂直于后刀面的截形深度（T）和平行于工件轴线方向的截形宽度来确定；对圆体成形车刀来说，垂直于后刀面的截形即圆成形车刀的轴向剖面。其截形深度（T）在圆成形刀的径向，而宽度应在平行于工件轴线方向度量，如图 5-20 所示。显然成形车刀的截形宽度与工件廓形的相应宽度相等。

现对成形刀截形深度 T 与工件相应廓形深度 t 的关系讨论如下。

（1）当 $\gamma_f=0°$、$\alpha_f=0°$（图 5-20a）　刀具截形深度 T 等于工件廓形深度 t。由于刀具没有后角是不能工作的，这种情况实际上不存在。

（2）当 $\gamma_f=0°$、$\alpha_f>0°$（图 5-20b）　这时工件的廓形深度 $t=r_2-r_1$；由图可见，棱体成形车刀的截形深度 $T<t$，圆体成形车刀的截形深度 $T=R_1-R_2$，$T<t$。

（3）当 $\gamma_f>0°$、$\alpha_f>0°$（图 5-20c）　同理，$T<t$ 由此可见，由于成形车刀具有 γ_f 和 α_f，使刀具在垂直于后刀面内的截形深度 T 和工件在轴向剖面内的相应廓形深度 t 不相等。γ_f 与 α_f 越大，两者的相差就越大。因此，成形车刀截形设计就是根据工件轴向廓形深度（t）来求出刀具的截形深度（T）。

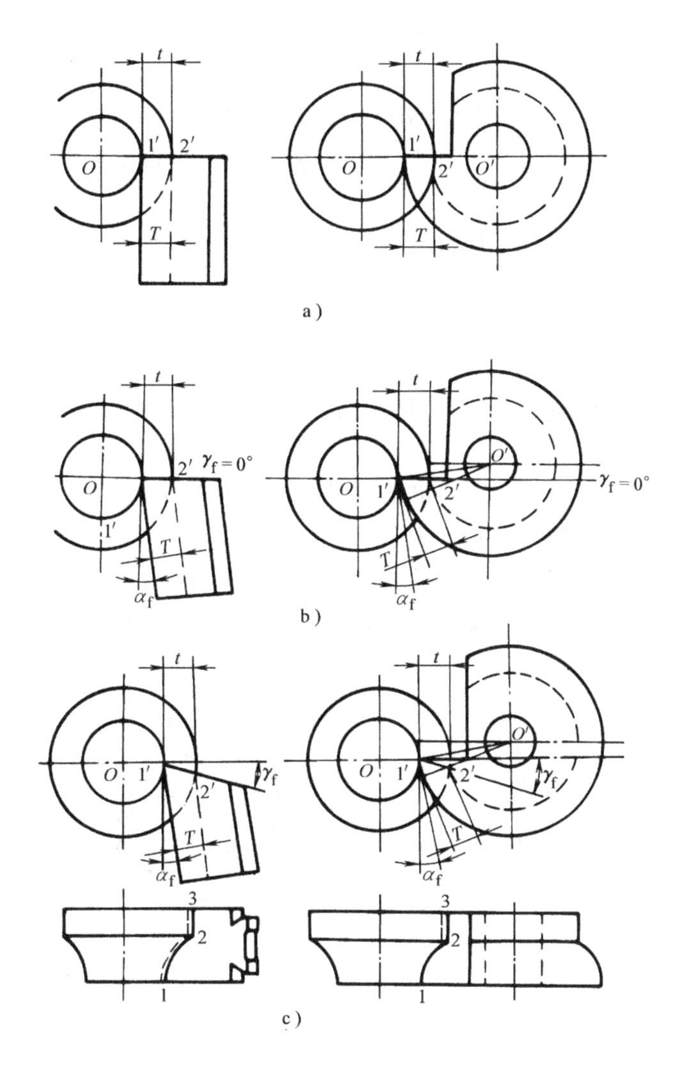

图 5-20　成形车刀截形与工件廓形的关系

a) $\gamma_f=0°$，$\alpha_f=0°$　b) $\gamma_f=0°$，$\alpha_f>0°$　c) $\gamma_f>0°$，$\alpha_f>0°$

2. 截形设计方法

成形车刀截形设计方法主要有作图法和计算法两种。

(1) 截形设计的准备工作

1) 分析被加工工件的廓形和加工要求，选取工件形状与尺寸变化的各转折点为计算点，并编号。通常以工件廓形中半径最小处的一点标为 1（基准点），其他各点的代号以此点为基准来标注。

2) 以各计算点的平均尺寸作为基本尺寸。例如计算点的直径为 $\phi20^{+0.1}_{0}$mm，则该点的基本尺寸 d_{av} 为

$$d_{av}=\frac{20+20.1}{2}\text{mm}=20.05\text{mm}$$

3) 根据工件材料和刀具类型选择 γ_f 和 α_f。

4）若为圆体成形车刀则须先定出刀具外径 d_o。

（2）作图法简介

1）图 5-21 所示为棱体成形车刀作图法，其步骤如下：

①按比例放大，用平均尺寸画出工件的主、俯视图。在俯视图中标出各计算点的代号 1、2、3、…。

②自 1′点作进给前角 γ_f 的前刀面投影线和进给后角为 α_f 的后刀面投影线。

③自前刀面各交点 2′、3′、…作后刀面的投影线。

④作垂直于刀具后刀面的剖视图，并量取 $B_2=L_2$、$B_3=L_3$、…。连接各相应点即得刀具截形，并标出 T_2、T_3、…。

2）图 5-22 所示为圆体成形车刀作图法，其步骤如下：

①与棱体成形车刀相同。

②根据 α_f 及成形车刀外圆半径 R_1 定出成形车刀的中心 O'。

③自 1′作侧（进给）前角 γ_f 的前刀面投影线，并得 2′、3′、…各点。

④以 O'为中心，分别以 $O'1'$、$O'2'$、$O'3'$、…为半径作圆。

⑤用投影法作圆体成形车刀截形图，可得 T_2、T_3 等，其中 $T_2=R_1-R_2$、$T_3=R_1-R_3$。

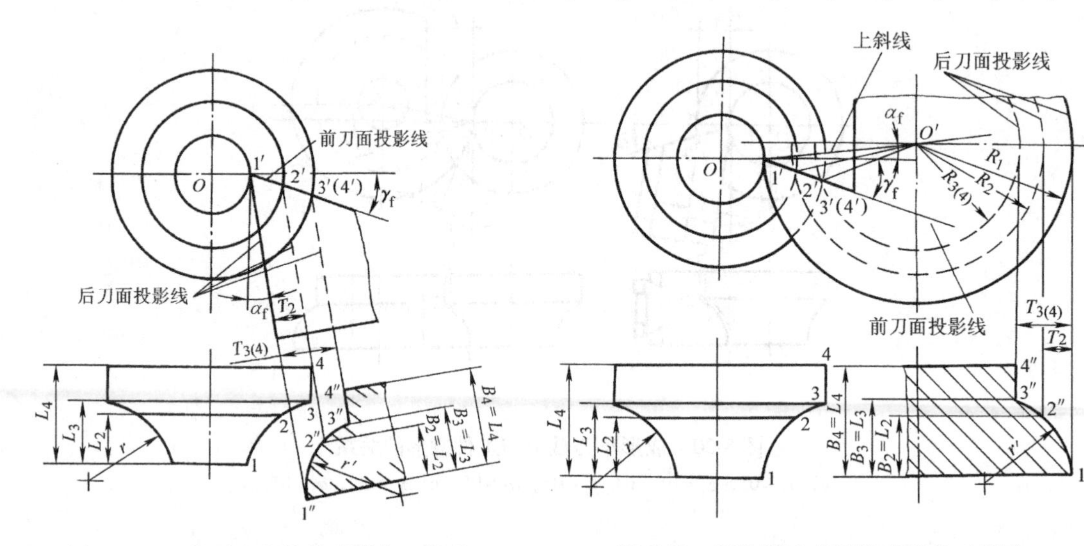

图 5-21　用作图法求棱体成形车刀截形　　　图 5-22　用作图法求圆体成形车刀截形

（3）用计算法求成形车刀截形　用计算法求成形车刀截形，如图 5-23 所示。其计算公式见表 5-5。

设计成形车刀圆弧截形时，若工件的圆弧精度要求不高，加工圆弧刀具的截形曲线通常可近似用圆弧代替。

三、成形车刀的样板（图 5-24）

在制造成形车刀时，一般都采用样板来控制精度。成形车刀所用样板，分工作样板和校对样板。工作样板用于检验成形车刀截形，而校对样板是用于检验工作样板的制造精度和使用后的磨损程度。工作样板和校对样板应成对制造。

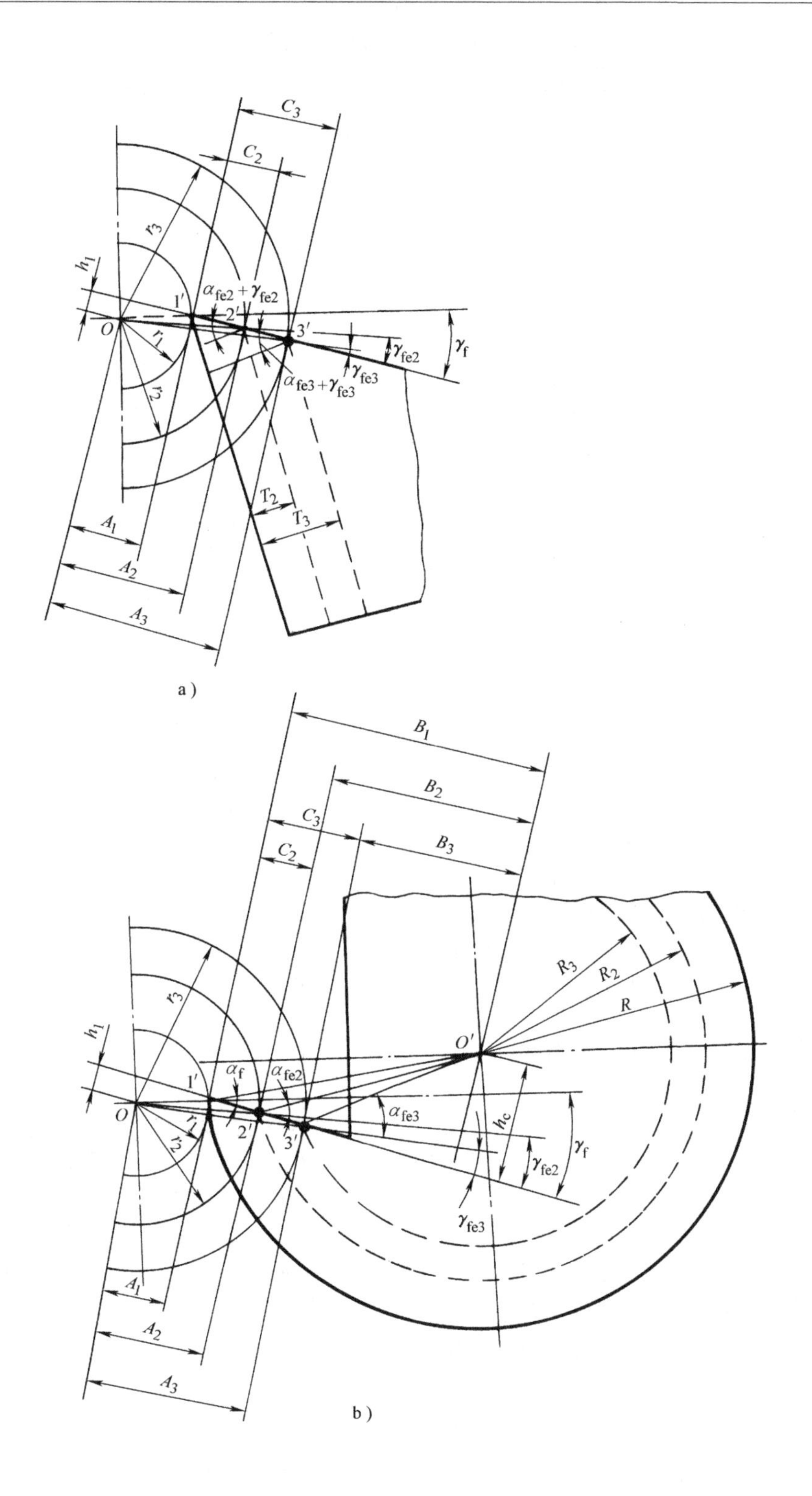

图 5-23 成形车刀截形计算分析图

a）棱体刀 b）圆体刀

表5-5　成形车刀截形设计计算公式

顺序	棱体刀截形计算公式	圆体刀截形计算公式
1	$h_1 = r_1 \sin\gamma_f$	
2	$A_1 = r_1 \cos\gamma_f$	
3	$\sin\gamma_{fe2} = h_1/r_2$	
4	$A_2 = r_2 \cos\gamma_{fe2}$	
5	$C_2 = A_2 - A_1$	
6	$\boxed{T_2} = C_2\cos(\alpha_{fe2}+\gamma_{fe2}) = C_2\cos(\alpha_f+\gamma_f)$	$h_c = R\sin(\alpha_f+\gamma_f)$
7	$\sin\gamma_{fe2} = h_1/r_3$	$B_1 = R\cos(\alpha_f+\gamma_f)$
8	$A_3 = r_3\cos\gamma_{fe3}$	$B_2 = B_1 - C_2$
9	$C_3 = A_3 - A_1$	$\tan(\alpha_{fe2}+\gamma_{fe2}) = h_c/B_2$
10	$\boxed{T_3} = C_3\cos(\alpha_{fe3}+\gamma_{fe3}) = C_3\cos(\alpha_f+\gamma_f)$	$\boxed{R_2} = h_c/\sin(\alpha_{fe2}+\gamma_{fe2})$
11		$\sin\gamma_{fe3} = h_1/r_3$
12		$A_3 = r_3\cos\gamma_{fe3}$
13		$C_3 = A_3 - A_1$
14		$B_3 = B_1 - C_3$
15		$\tan(\alpha_{fe3}+\gamma_{fe3}) = h_c/B_3$
16		$\boxed{R_3} = h_c/\sin(\alpha_{fe3}+\gamma_{fe3})$

成形车刀样板的工作面形状应与成形车刀的截形相吻合。样板各部分的基本尺寸与成形车刀的各相应基本尺寸相等。

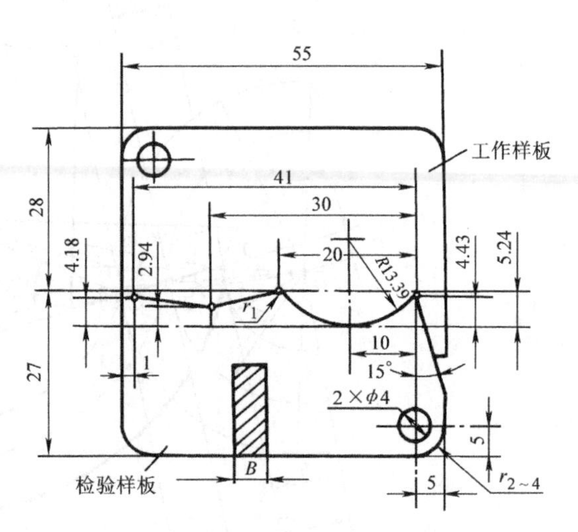

图5-24　成形车刀工作样板和检验样板

四、成形车刀的装夹与刃磨

1. 成形车刀的装夹

1）棱体成形车刀是以燕尾作为定位基准，配装在刀夹的燕尾槽内。刀具燕尾的后平面是夹固基准。安装时，刀体竖立并倾斜 α_f 角，刀夹下端的螺钉可将计算基准点的位置调整与工件中心等高后用螺栓夹紧。同时下端螺钉可以承受部分切削力，以增强刀具的刚性，如图5-25所示。

2）圆体成形车刀以圆柱孔作为定位基准面，套装在刀夹的螺杆上。成形车刀借助于销子与端面齿块相连，端面齿块与扇形齿块的端面齿相啮合，以防止成形车刀工作时受力而转动，同时可以粗调圆体成形车刀基准点的高低位置。用扇形齿块与蜗杆来微调基准点的高度。调整好后，旋紧螺母，即可将成形车刀夹固在刀夹中，如图5-26所示。

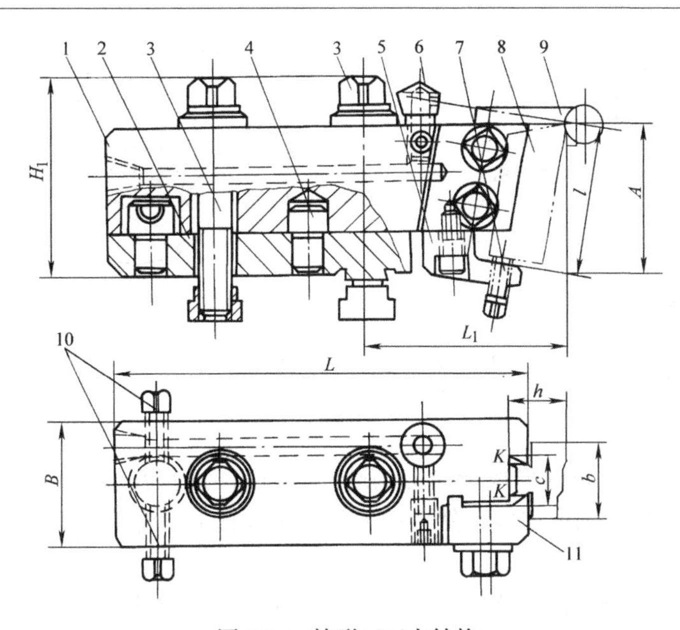

图 5-25　棱形刀刀夹结构

1—刀夹　2—刀垫　3—T 形键螺栓　4—定位销　5—托架　6—冷却喷嘴　7—调节螺钉　8—棱形刀　9—样板　10—调节螺钉　11—燕尾压块

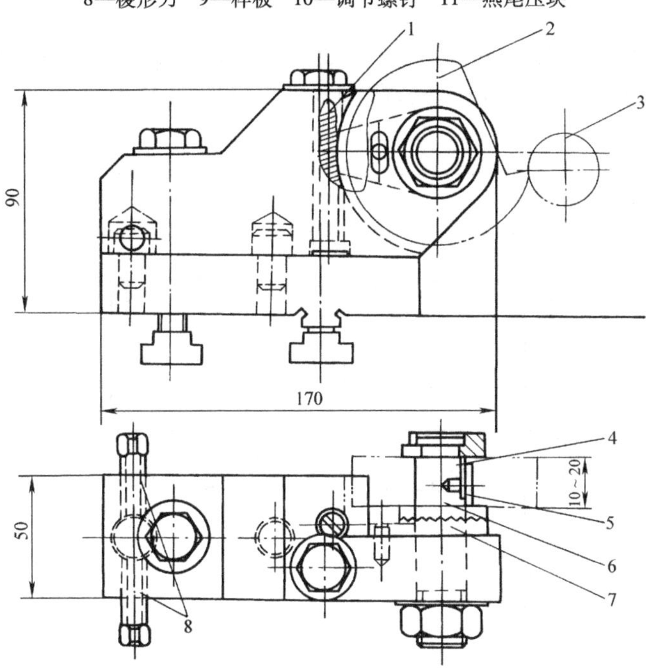

图 5-26　圆形刀刀夹结构

1—蜗杆　2—成形刀　3—工件　4—心轴　5—定位键　6—齿盘　7—扇形板　8—调节螺钉

2. 成形车刀的刃磨

(1) 棱体成形车刀　其刃磨比较简单，刃磨时，只要在工具磨床上使用一简单的双向万能刃磨夹具，将刀具后刀面与砂轮表面的垂线装置成（$\alpha_f+\gamma_f$）的角度即可刃磨，如图 5-27a 所示。

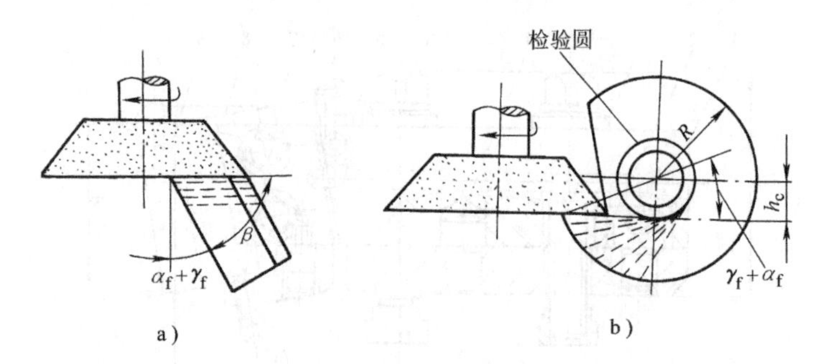

图5-27 成形车刀刃磨示意图

a）刃磨棱形刀 b）刃磨圆形刀

（2）圆体成形车刀 当圆形成形车刀的端面刻有磨刀检验圆时，在端面上涂一层红粉油料，用划针划一条检验圆的切线，然后把刀具装在心轴上，将检验圆的切线调整至与砂轮的工作表面重合即可刃磨。

若圆体成形车刀无磨刀检验圆，则刃磨时须用特殊夹具，以保证前刀面与刀具中心间垂直距离 h_c，如图5-27b所示。在刃磨过程中可用卡尺、千分尺等量具检验刃磨的尺寸。

思考与习题

5.1 试按习图5-1所示的工件形状，选择加工 ϕ55H7 外圆及端面；车 ϕ40mm×4mm 槽；车 45°×3mm 倒角的车刀形状、相应的硬质合金牌号及焊接刀片型号（工件材料为45钢）。

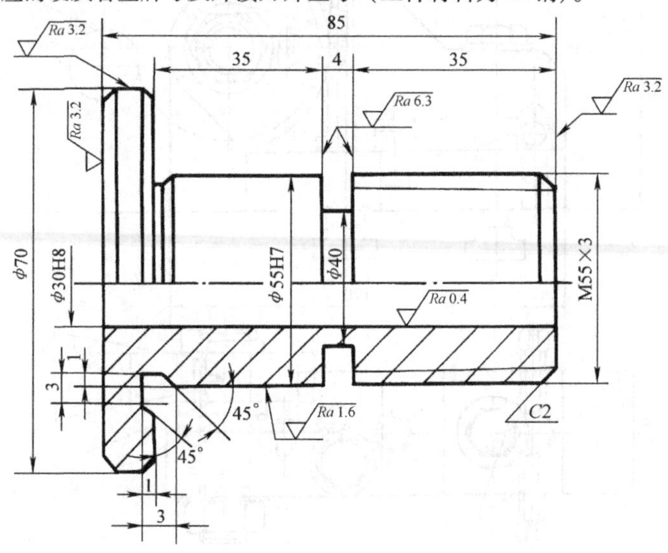

习图 5-1

5.2 试比较焊接车刀、机夹车刀及可转位车刀的结构与使用性能方面有何不同点。

5.3 到机械制造工厂（或本校工厂）调查并搜集常用车刀的类型及结构，总结使用中的经验和存在的问题，并提出改进意见。

5.4 画出加工习图5-2所示工件的棱体、圆体成形车刀，标出其成形车刀的前、后角。

5.5 设计棱体、圆体成形车刀时，其截形规定在何处？为什么？

5.6　试按习图 5-2 所示的工件形状，用作图法（或计算法），求出 $\gamma_f=25°$、$\alpha_f=15°$的棱体（或圆体）成形车刀截形。说明截形设计的必要性。

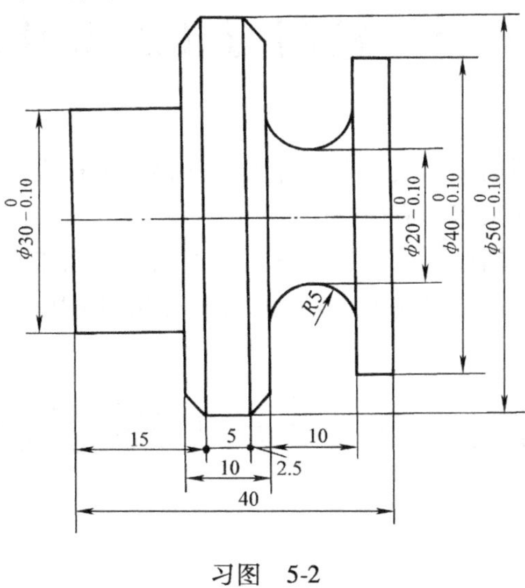

习图　5-2

5.7　装夹和刃磨成形车刀时有何要求？为什么？安装成形车刀时，若将计算基准点高于或低于工件中心时会产生什么后果？

第六章　钻削与孔加工刀具

钻削是常用的一种切削加工方法。在工件实体材料上钻孔或扩大已有孔的刀具统称为孔加工刀具，机械加工中孔加工刀具应用非常广泛。

由于孔的形状、规格、精度要求和加工方法各不相同，孔加工刀具种类很多。按其用途可分为在实体材料上加工孔用刀具（图 6-1）和对已有孔加工用刀具（图 6-2）。

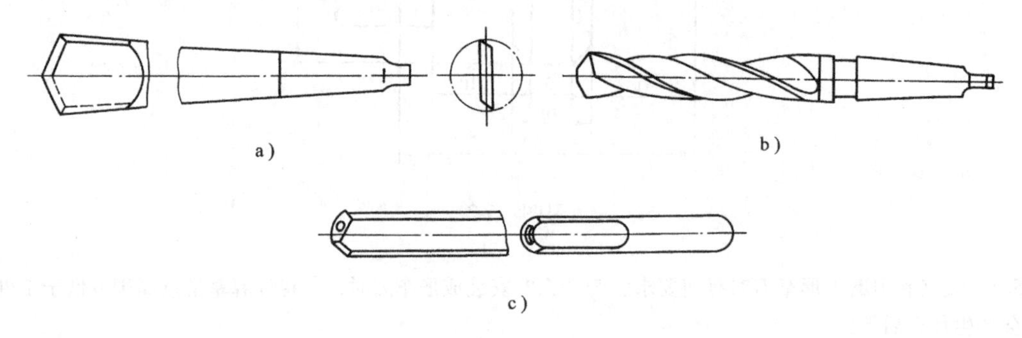

图 6-1　在实体材料上加工孔用刀具

a）扁钻　b）麻花钻　c）深孔钻

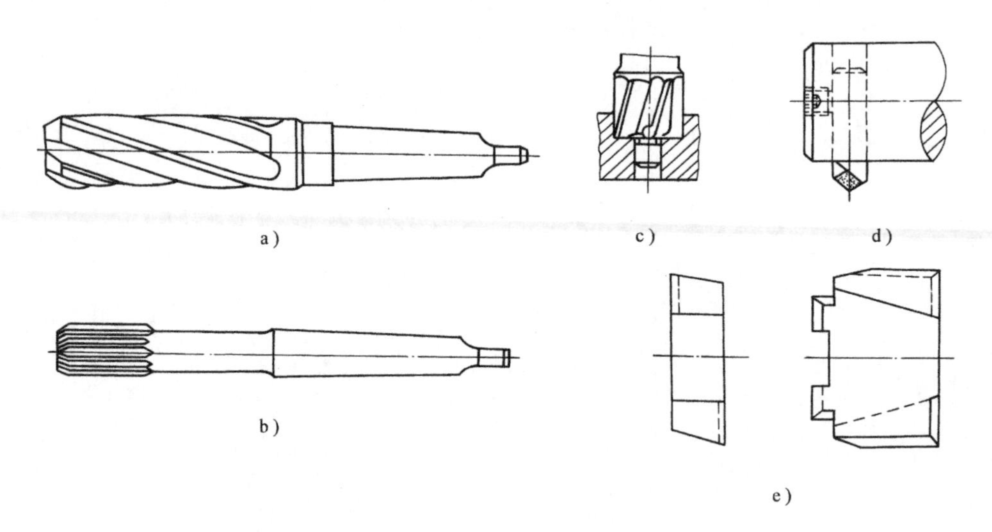

图 6-2　对已有孔加工用刀具

a）扩孔钻　b）铰刀　c）锪钻　d）单刃镗刀　e）双刃镗刀

第一节　钻削与麻花钻

钻削是使用钻头在实体材料上加工精度为 IT11 ~ IT12、表面粗糙度值为 $Rz100 \sim 50\mu m$ 的孔，或作为攻螺纹、扩孔、铰孔和镗孔的预备加工。

一、钻削运动

钻削时的切削运动和车削一样，由主运动 v_c（钻头或工件的旋转运动）和进给运动 v_f（钻头的轴向运动）所组成，其合成运动为 v_e，如图 6-3 所示。

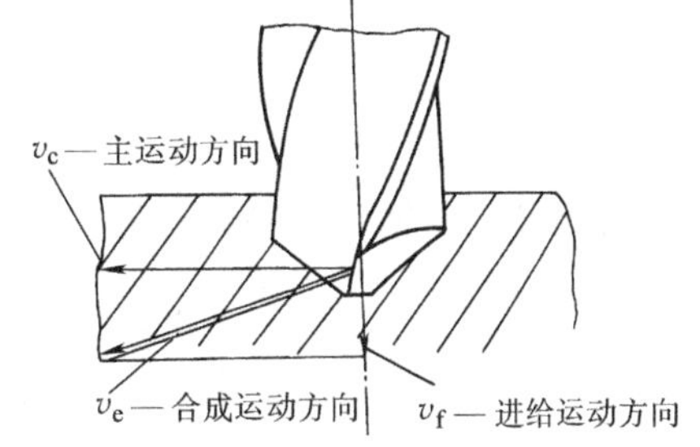

图 6-3 钻削运动

二、麻花钻的组成（图 6-4）

麻花钻由柄部、颈部和工作部分组成。

柄部用以装夹钻头和传递轴向力和转矩。钻头直径小于 13mm 时，通常采用直柄（圆柱柄）；钻头直径在 12mm 以上时，采用圆锥柄。锥柄部分的扁尾是供斜铁将钻柄从钻套中取出之用。颈部是钻柄和工作部分的连接部分，并作为磨外径时砂轮退刀和打印标记处。

工作部分由导向部分和切削部分组成。

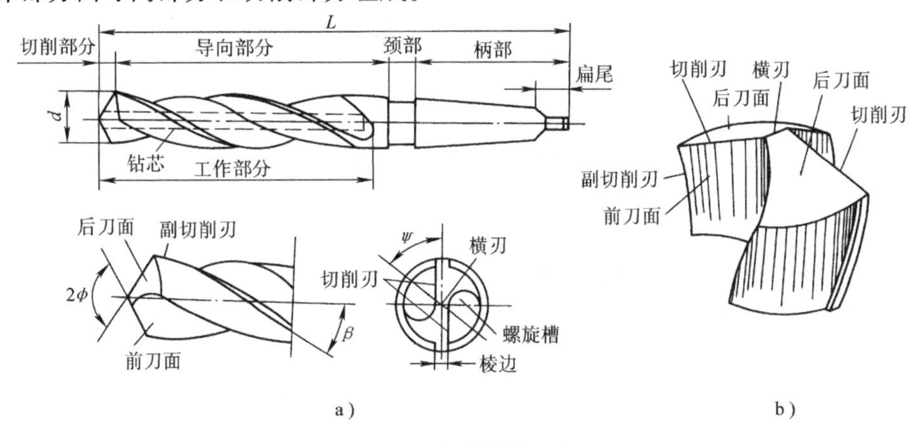

图 6-4 麻花钻的组成

1. 导向部分

钻头导向部分由两条螺旋沟所形成的两螺旋形刃瓣组成。两刃瓣由钻芯连接，为减小两螺旋刃瓣与已加工表面的摩擦，在两刃瓣上作出了两条螺旋棱边称为刃带，用以引导钻头并形成副切削刃；螺旋沟用以排屑和导入切削液并形成前刀面。导向部分有以下几个基本参数。

（1）直径（d）、倒锥和钻芯直径 d_c 钻头直径按标准系列为 0.2 ~95mm，使用时根据需要选取。直径向锥柄方向做成倒锥，其倒锥量为（0.05 ~0.12）/100mm，它起着相当于副偏角的作用，以减小摩擦。为使容屑槽有足够的容屑空间和钻头具有足够的强度，钻芯直径 d_c 取直径 d 的 0.125 ~0.15 倍，并向钻柄方向做成正锥。

（2）螺旋角 β 螺旋角是钻头螺旋沟最外缘的螺旋线展成直线后与钻头轴线间的夹角（图 6-5），其值为

$$\tan\beta = \frac{\pi d}{P} = \frac{2\pi R}{P}$$

式中 d——钻头的外径，单位为 mm；

P——螺旋线的导程，单位为mm。

切削刃上一点 m 的螺旋角 β_m，它位于 d_m 的圆柱上，其值为

$$\tan\beta_m = \frac{\pi d_m}{P} = \frac{2\pi r_m}{P}$$

于是

$$\tan\beta_m = \frac{d_m}{d}\tan\beta = \frac{r_m}{R}\tan\beta \tag{6-1}$$

由此可见，钻头不同直径处的螺旋角不相等，外径处大，一般为25°~30°；内径处小。

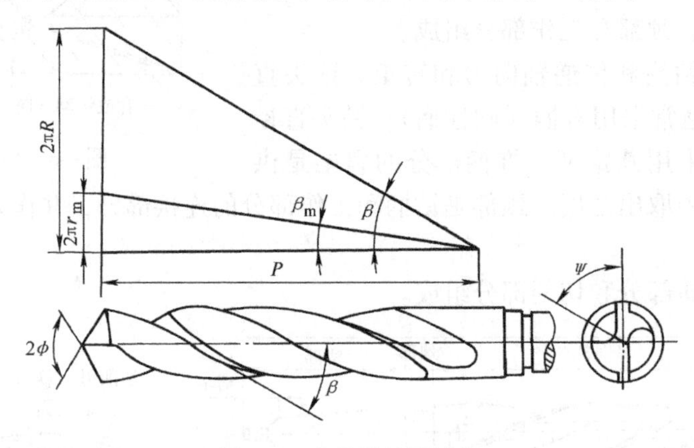

图6-5　麻花钻的螺旋角

2. 切削部分

麻花钻的切削部分由以下几个部分组成：

（1）切削刃　由两个螺旋沟所形成的两个前刀面与两个由刃磨得到的后刀面相交所形成两个切削刃。

（2）副切削刃　由两个螺旋形前刀面与两个圆柱棱带（螺旋形）相交形成的两个副切削刃。

（3）横刃　由两个切削刃后刀面（由刃磨得到）相交形成的横刃。

三、麻花钻的几何角度

麻花钻从结构上看比车刀复杂，但从切削刃来看，麻花钻只是有两个对称的切削刃，两个对称的副切削刃和一个横刃。因此，讨论麻花钻的几何角度，同样可按确定车刀几何角度的方法，以切削刃为单元，一个切削刃一个切削刃地分别定出切削刃选定点；判别出假定主运动方向和假定进给运动方向；作出基面 p_r，切削平面 p_s；给定测量平面，从而确定其相应的几何角度。各切削刃几何角度的名称、定义与车刀完全相同。

1. 切削刃（图6-6）

（1）基准参考平面　钻头的基面 p_r 是过 m 点包括钻头轴线在内的平面。切削平面 p_s 垂直于基面 p_r。

（2）切削刃的几何角度

1）主偏角 κ_r。钻头切削刃选定点 m 的主偏角是切削刃在基面 p_r 上的投影与进给运动方向间的夹角。

2）刃倾角 λ_s。钻头切削刃选定点 m 的刃倾角 λ_{sm} 是在该点的切削平面 p_s 内，切削刃与基面 p_r 之间的夹角，如图6-6的 S 向投影图所示。由于钻头切削刃的刀尖（钻头外径处的转折点）是切削刃上最低点，因而钻头切削刃的刃倾角为负值。

3）前角 γ_o。钻头切削刃选定点 m 的前角 γ_o 是正交平面内前刀面（过 m 点的切线）与基面 p_r 间的夹角。由图可见（F-F 剖面），切削刃选定点 m 的螺旋角 β 实际上就是该点的进给前角 γ_f。已知

$$\tan\gamma_f = \tan\gamma_o \sin\kappa_r - \tan\lambda_s \cos\kappa_r$$

由于

$$\gamma_f = \beta$$

$$\tan\gamma_o = \frac{\tan\beta}{\sin\kappa_r} + \tan\lambda_s \frac{\cos\kappa_r}{\sin\kappa_r}$$

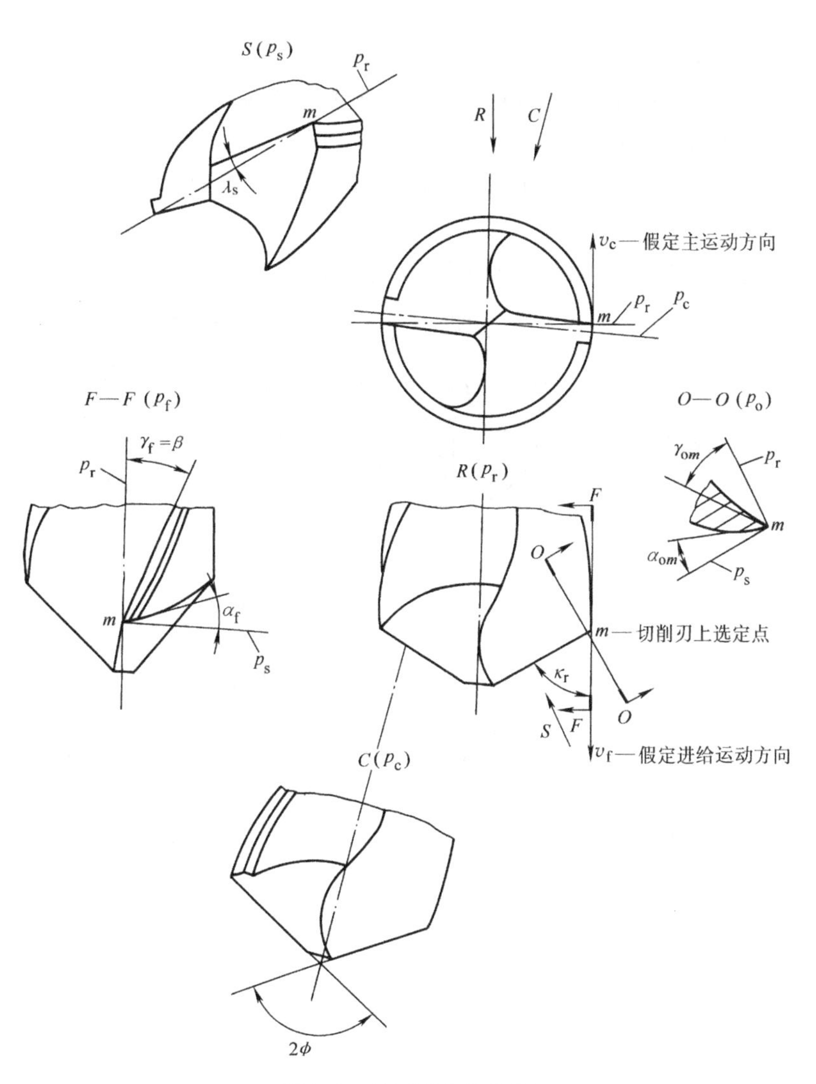

图6-6　切削刃几何角度

根据钻头切削刃的刃倾角为负，代入“－”号则

$$\tan\gamma_o = \frac{\tan\beta}{\sin\kappa_r} - \tan\lambda_s \frac{\cos\kappa_r}{\sin\kappa_r} \tag{6-2}$$

由式（6-2）可知，由于当钻头切削刃上任一点 m，由外径向钻芯移动时，β_m 逐渐减小，这时若 κ_r 一定，则切削刃前角 γ_o 也由外径向钻芯逐渐减小。

主偏角 κ_r 对前角的影响，根据按式（6-2）的计算与实测表明，切削刃的主偏角 κ_r 增大时，前角也随之增大，如图 6-7 所示。

标准麻花钻切削刃上各点的前角变化很大。从外径到钻芯处，由 +30°减小到 -30°。

麻花钻切削刃的前角不是直接刃磨得到的，因而在钻头的工作图上不标注前角。

4）后角 α_o。钻头切削刃上选定点 m 的后角 α_o，是正交剖面内后刀面与切削平面 p_s 间的夹角。为了测量方便，麻花钻常采用在假定工作平面内的侧后角 α_f。钻头切削刃的后角是刃磨得到的。

2. 副切削刃（图 6-8）

（1）副偏角 κ_r'　钻头副偏角是由钻头导向部分的直径向柄部方向倒锥而形成的，其值很小，为（0.025 ~ 0.6）/100mm。

（2）副后角 α'。钻头副后角是钻头副后面与副切削平面间的夹角，由于刃带为圆柱面，因而，$\alpha_o' = 0°$。

（3）副刃倾角 λ_s'　钻头副切削刃的刃倾角 $\lambda_s' = \beta$。

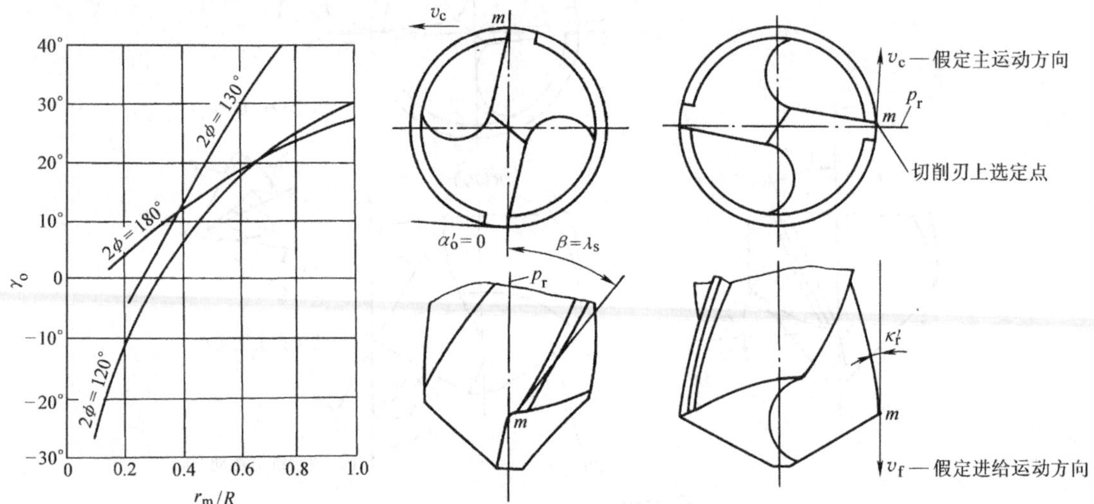

图 6-7　麻花钻切削刃上各点的前角与主偏角的关系（$\kappa_r \approx \phi$）

图 6-8　副切削刃的几何角度

3. 横刃（图 6-9）

（1）主偏角 $\kappa_{r\psi}$　$\kappa_{r\psi} = 90°$

（2）刃倾角 $\lambda_{s\psi}$　$\lambda_{s\psi} = 0°$

（3）前角 $\gamma_{o\psi}$　$\gamma_{o\psi} = -(90° - \alpha_{o\psi})$。

（4）后角 $\alpha_{o\psi}$　横刃后角 $\alpha_{o\psi}$ 是钻头刃磨后得到的，若 $\alpha_{o\psi} = 30° \sim 36°$，于是：$\gamma_{o\psi} = -(90° - \alpha_{o\psi}) = -54° \sim -60°$。

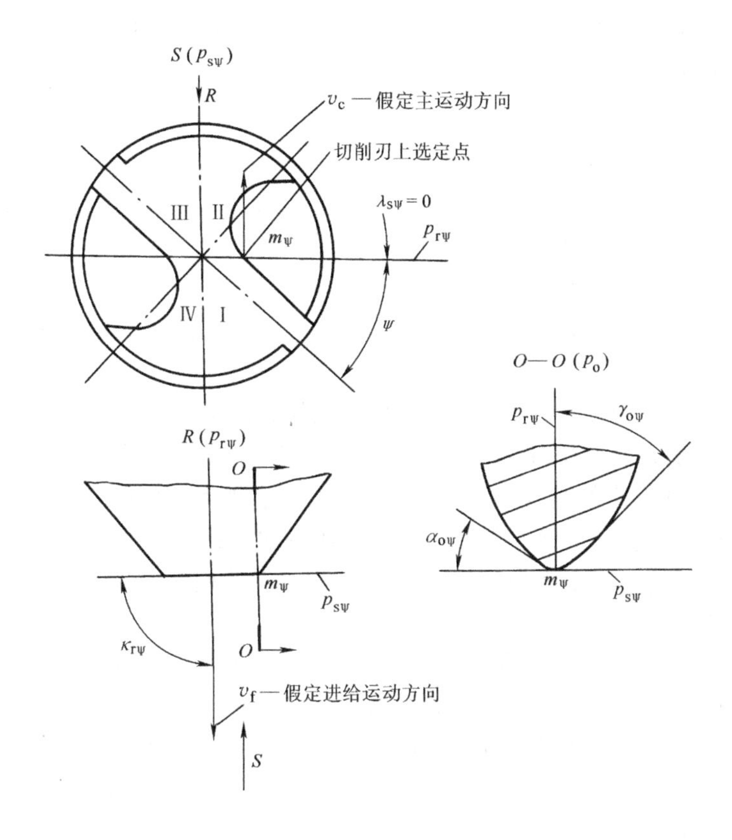

图6-9　横刃的几何角度

Ⅱ、Ⅳ—前刀面　Ⅰ、Ⅲ—后刀面

四、麻花钻的刃磨角度

麻花钻的前角 γ_o、主偏角 κ_r 及横刃的前角 $\gamma_{o\psi}$、后角 $\alpha_{o\psi}$，都不是直接刃磨得到的。麻花钻刃磨时只控制锋角 2ϕ、后角 α_f 和横刃斜角 ψ 三个角度。

1. 锋角 2ϕ

锋角 2ϕ 是钻头两切削刃在中剖面上的夹角（图6-6）。中剖面 p_c 是过钻头轴线并平行于两切削刃的平面。加工钢、铸铁的标准麻花钻的原始锋角（设计钻头时）$2\phi_0=118°$。麻花钻在使用时，根据加工条件所刃磨的锋角称为使用锋角 2ϕ。当标准麻花钻的使用锋角 $2\phi<2\phi_0$ 时，切削刃为凸形；当 $2\phi=2\phi_0$ 时，切削刃为直线；当 $2\phi>2\phi_0$ 时，切削刃为凹形（图6-10）。

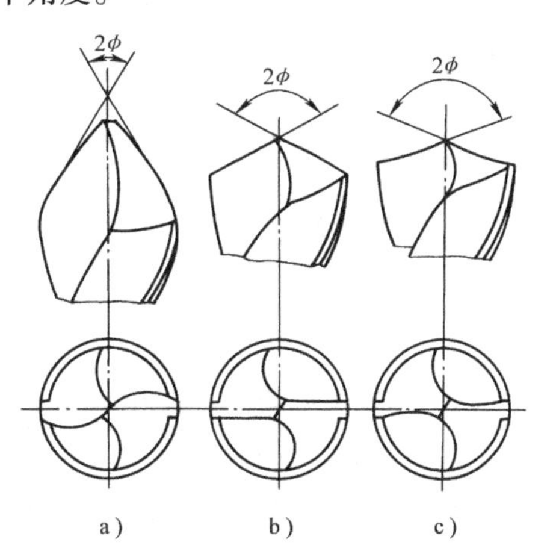

图6-10　使用锋角不同时的切削刃形状

a）$2\phi<2\phi_0$　b）$2\phi=2\phi_0$　c）$2\phi>2\phi_0$

麻花钻在磨出锋角 2ϕ 后，切削刃上各点的主偏角 κ_r 也随之确定，通常可认为 $\kappa_r\approx\phi$。

2. 后角 α_f

刃磨钻头时，必须使 α_f 沿切削刃各点不相等，外径处小而内径处大。其原因是钻头在工作时，由于进给量 f 的影响（图 6-11），切削刃上一点 m 处的工作后角 α_{fem} 为：

$$\alpha_{fem}=\alpha_{fm}-\eta_m$$

而

$$\tan\eta_m=\frac{f}{\pi d_m}$$

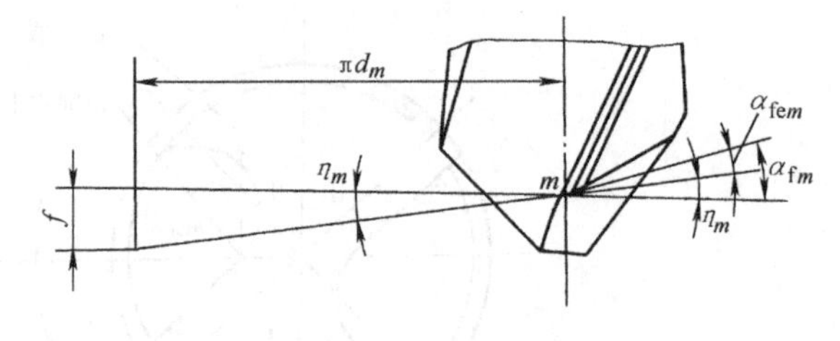

图 6-11　钻头的工作后角

式中　f——钻头进给量，单位为 mm/r；

d_m——m 点的钻头直径，单位为 mm；

α_{fm}——钻头的刃磨后角单位为（°）；

η_m——后角减小值单位为（°）。

由于 d_m 在外径大、内径小，而 f 为一常数，结果，使 η_m 在钻头外径处值小、内径处值大。若后角 α_{fm} 沿切削刃处处相等，则工作后角 α_{fem} 就会沿钻头切削刃不相等。因而在刃磨钻头时，必须使 α_{fm} 随 m 点的直径而变化，越近中心 α_{fm} 越大，以弥补钻头因进给运动使切削刃上每点后角减少（η_m）而产生的影响。这样还可起到：

1）与切削刃前角 γ_{om} 的变化相适应，使切削刃各点的楔角基本相等，有利于切削刃的强度和传热的均匀性。

2）横刃处的后角大，使横刃前角增大，改善了横刃的切削条件。

麻花钻的名义后角 α_f 是指钻头外径处的后角。标准麻花钻的推荐后角 α_f 为

钻头直径 d_0/mm	1 ~ 15	15 ~ 30	30 ~ 80
后角　α_f/(°)	11 ~ 14	9 ~ 12	8 ~ 11

麻花钻接近横刃处的后角 $\alpha_{f\psi}$，为 20° ~ 25°。

3. 横刃斜角 ψ

钻头在端面投影中横刃与中剖面间的夹角称为横刃斜角 ψ，如图 6-9 所示。

横刃斜角是刃磨钻头时形成的，其大小与锋角 2ϕ 和横刃后角 $\alpha_{o\psi}$ 有关。$\alpha_{o\psi}$ 越大，ψ 越小。当 $2\phi=116°\sim118°$，$\alpha_{o\psi}=39°\sim36°$时，$\psi=47°\sim55°$。

五、钻削用量和切削层参数（图 6-12）

1. 钻削用量

$$\left.\begin{aligned}&(1)\ 背吃刀量（切削深度）a_p\quad a_p=\frac{1}{2}d\\&(2)\ 每齿进给量 f_z\quad f_z=\frac{1}{2}f\\&(3)\ 切削速度 v_c=v_c=\frac{\pi dn}{1000}\end{aligned}\right\}\qquad(6\text{-}3)$$

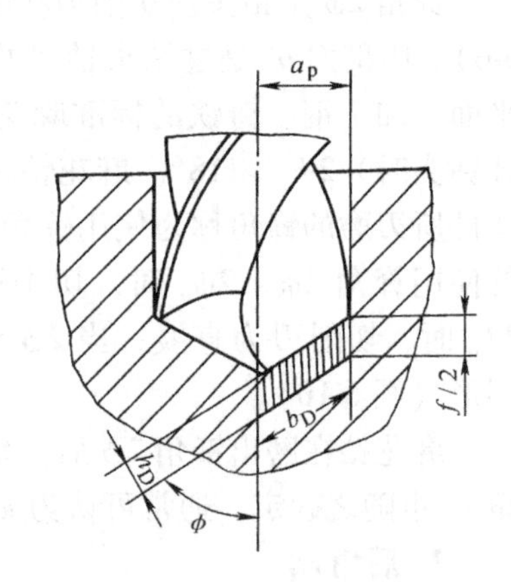

图 6-12　钻削切削层参数

式中　d——钻头的直径，单位为 mm；

f——钻头进给量，单位为 mm/r；

n——工件或钻头的每分钟转数，单位为 r/min；

a_p——背吃刀量，单位为 mm；

f_z——每齿进给量，单位为 mm/z；

v_c——钻削速度，单位为 m/min。

2. 切削层参数

$$\left.\begin{aligned}
&\text{切削宽度 } b_D && b_D=\frac{d}{2\sin\kappa_r}\approx\frac{d}{2\sin\phi}\\
&\text{切削厚度 } h_D && h_D=\frac{f\sin\kappa_r}{2}=\frac{f}{2}\sin\phi\\
&\text{每齿切削层横截面面积 } A_{Dz} && A_{Dz}=a_p f_z=b_D h_D=\frac{fd}{4}
\end{aligned}\right\}\tag{6-4}$$

总切削层横截面面积 A_D　$A_D=\dfrac{fd}{2}$

式中　b_D——切削宽度，单位为 mm；

h_D——切削厚度，单位为 mm；

A_{Dz}——每齿切削层横截面面积，单位为 mm^2；

A_D——总切削层横截面面积，单位为 mm^2。

六、钻削力与功率

1. 钻削力

由实验可知，钻削时产生，转矩 T 和轴向力 F，如图 6-13 所示。

转矩 T 是各切削刃在主运动方向上的切削力 F_c 形成的，它消耗的功率最多。

轴向力 F 是各切削刃在进给运动方向上的进给力 F_f 形成的，它也消耗功率，但所占比例较小。由于钻头系细长刀具，轴向力会使钻头弯曲，会造成钻孔时孔的引偏，因而钻削时应尽可能减小轴向力 F。

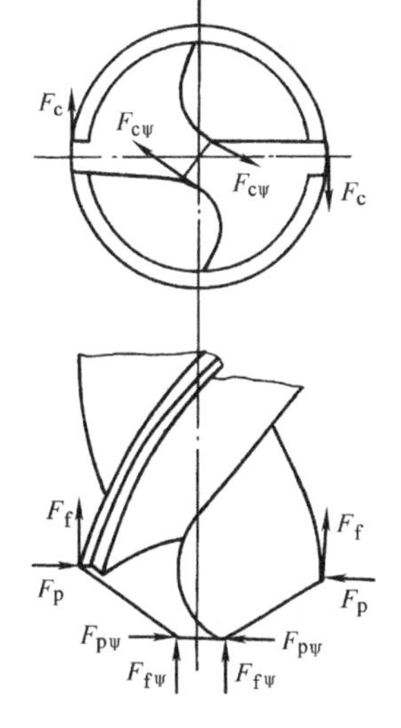

图 6-13　切削分力

钻头如刃磨正确，各切削刃都相互对称，背向力 F_p 因互相平衡而抵消，使径向力为零。

钻削时，切削分力如图 6-13 所示，由于其中副切削刃的切削力很小，可以忽略不计，未在图中表示。

$$\left.\begin{aligned}
&\text{转矩 } T && T=T_c+T_\psi=F_c d+T_{c\psi}b_\psi\\
&\text{轴向力 } F && F=F_c+F_\psi=2F_f+2F_{f\psi}
\end{aligned}\right\}\tag{6-5}$$

实验结果证明：转矩主要由切削刃产生，约占总转矩的 80%，而轴向力主要由横刃产生，约占总轴向力的 57%。各切削刃占钻销力的比例见表 6-1。

表 6-1　各切削刃占钻削力的比例

切　削　力	主切削刃	横　　刃	棱　　边
转矩 T	~80%	~10%	~10%
轴向力 F	~40%	~57%	~3%

2. 计算钻削力的实验公式

轴向力
$$F=C_{F_f}d^{z_{F_f}}f^{y_{F_f}}K_{F_f}\tag{6-6}$$

转矩　　$$T = C_{M_c} d^{z_{M_c}} f^{y_{M_c}} K_{M_c} \tag{6-7}$$

式中　C_{F_f}、C_{M_c}——系数（表6-2）；

z_{F_f}、y_{F_f}；z_{M_c}、y_{M_c}——指数（表6-2）；

K_{F_f}、K_{M_c}——修正系数乘积（表6-2）；

F——轴向力，单位为N；

T——转矩，单位为N · m。

表6-2　钻削时轴向力、扭矩及功率的计算公式

计算公式			
名　　称	轴向力/N	转矩/(N · m)	功率/kW
计算公式	$F = C_{F_f} d^{z_{F_f}} f^{y_{F_f}} K_{F_f}$	$T = C_{M_c} d^{z_{M_c}} f^{y_{M_c}} K_{M_c}$	$p_c = \frac{M_c v_c}{30d}$

公式中的系数和指数							
加工材料	刀具材料	系数和指数					
		进给力			转矩		
		C_{F_f}	z_{F_f}	y_{F_f}	C_{M_c}	z_{M_c}	y_{M_c}
钢，R_m = 650MPa	高速钢	600	1.0	0.7	0.305	2.0	0.8
不锈钢1Cr18Ni9Ti	高速钢	1400	1.0	0.7	0.402	2.0	0.7
灰铸铁，硬度190HBW	高速钢	420	1.0	0.8	0.206	2.0	0.8
	硬质合金	410	1.2	0.75	0.117	2.2	0.8
可锻铸铁，硬度150HBW	高速钢	425	1.0	0.8	0.206	2.0	0.8
	硬质合金	320	1.2	0.75	0.098	2.2	0.8
中等硬度非均质铜合金，硬度100～140HBW	高速钢	310	1.0	0.8	0.117	2.0	0.8

注：用硬质合金钻头钻削未淬硬的结构碳钢、铬钢及镍铬钢时，进给力及扭矩可按下列公式计算：

$$F = 3.48 d^{1.4} f^{0.8} R_m^{0.75} \qquad T = 5.87 d^2 f R_m^{0.7}$$

由式（6-7）计算出转矩后，可用下式计算切削消耗功率（单位kW）p_c

$$p_c = \frac{T v_c}{30d} \tag{6-8}$$

式中　T——转矩；

v_c——切削速度；

d——钻头直径。

七、麻花钻的修磨

1. 标准麻花钻的缺陷

由以上对标准麻花钻的分析可知，标准麻花钻尚存在以下缺陷：

1）切削刃各点前角相差较大（由30°～－30°），切削能力相差悬殊。

2）横刃前角小（负值）、长度大，使钻削时的轴向力大，定心性差。

3）切削刃长，切削宽度宽，切削刃各点的切削速度不相等，切削钢时切屑卷曲困难，不易排屑。

4）切削刃与棱刃（副切削刃）转角处（刀尖）切削速度最高，棱刃的后角为零，因此转角处的磨损最快。

为了克服以上缺点，提高标准麻花钻的切削能力，应对标准麻花钻头的几何角度进行改进，即进行修磨。

2. 常用的修磨方法

（1）修磨出过渡刃或双重刃（图 6-14）　在钻头的转角处磨出过渡刃（$2\phi' = 70° \sim 75°$）。使钻头具有双重刃。由于锋角减少，相当于主偏角 κ_r 减小，使钻削的轴向力减小；同时转角处的刀尖角 ε'增大，改善了散热条件。

（2）修磨横刃（图 6-15）　将原来的横刃长度修磨短，同时修磨出前角，有利于钻头的定心和减小轴向力。

（3）修磨分屑槽（图 6-16）　在钻削塑性材料时，为了便于排屑，可在两切削刃上交错磨出分屑槽，使切屑分割成窄条，便于排屑。

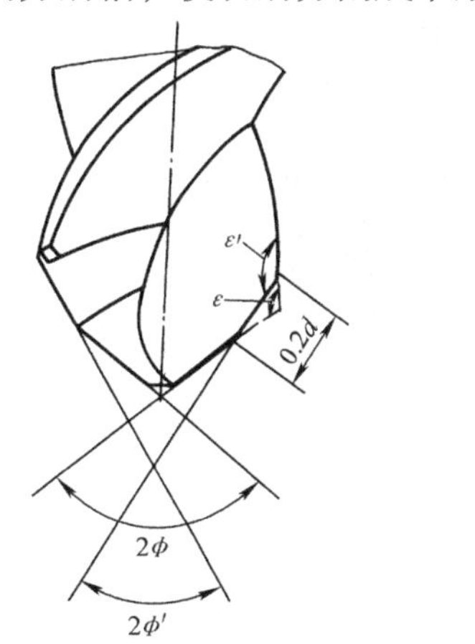

图 6-14　双重刃修磨

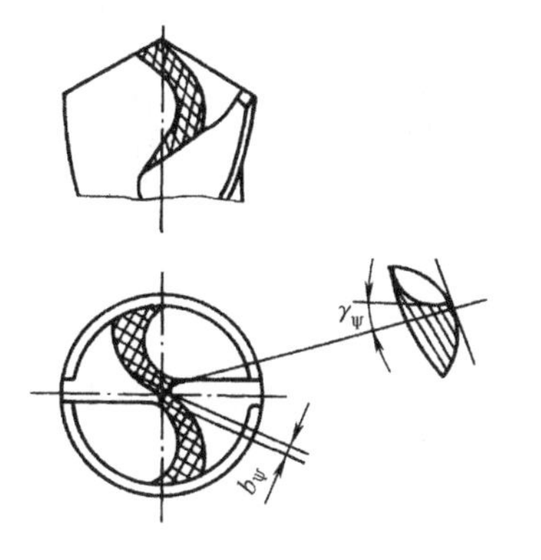

图 6-15　修磨横刃

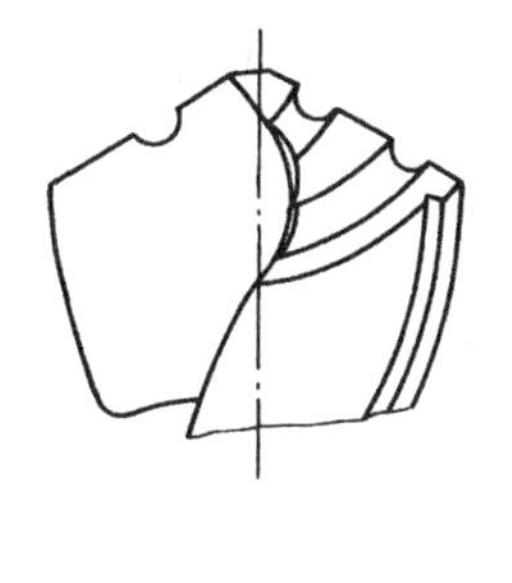
图 6-16　修磨分屑槽

（4）修磨棱边（图 6-17）　加工软材料时，为了减小棱边（后角为零）与加工孔壁的摩擦，对直径大于 12mm 以上的钻头，可如图 6-17 所示对棱边进行修磨。修磨后钻头的寿命可提高一倍以上。

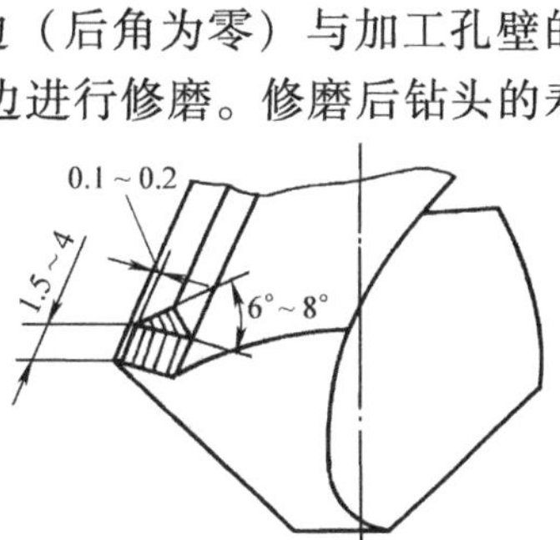

图 6-17　修磨棱边

八、群钻（简介）（图 6-18）

群钻是一种新钻型。

1. 基本群钻的几何角度

（1）切削刃分成三段，并形成三个尖

1）外刃　*AB* 段切削刃是后刀面与螺旋沟的交线，其长度为 l。

2）圆弧刃　*BC* 段切削刃是月牙槽后刀面 2 与螺旋沟的交线，圆弧半径为 R。

3）内刃　*CD* 段切削刃是修磨的内刃前刀面 3 与月牙槽后刀面 2 的交线。

4）三个尖　它们是钻头尖和两边的刀尖。

（2）横刃变短、变尖、变低

1）变短　由于磨出前刀面3，使横刃变窄，为标准麻花钻横刃的1/4～1/6。

2）变尖　由于磨出了月牙槽后刀面2，使横刃变尖。

3）变低　由于月牙槽后刀面2向内凹，使横刃降低，尖高 $h=0.04d$。

（3）磨出分屑槽　在一边外刃上磨出分屑槽，其宽为 l_2、深为 c。

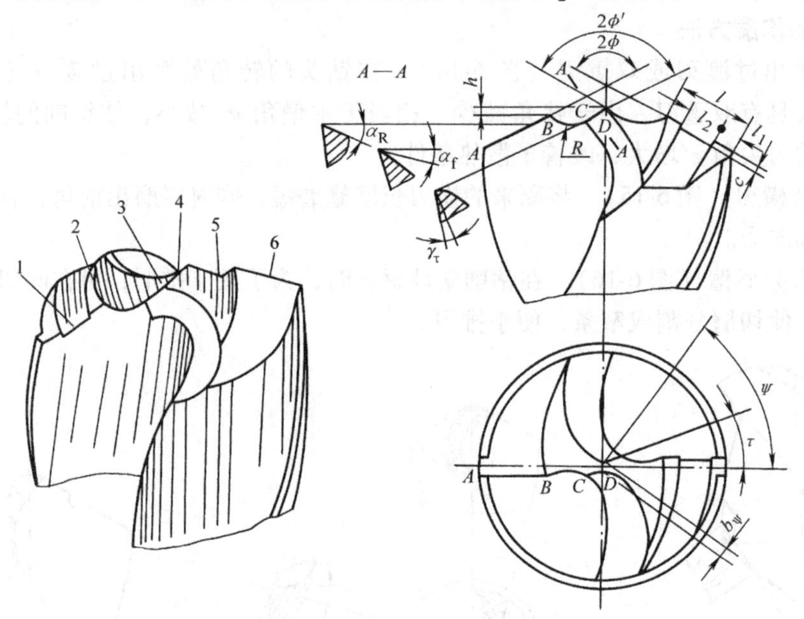

图6-18　基本群钻（$d=15\sim40$mm）

1—分屑槽　2—月牙槽　3—横刃　4—内刃　5—圆弧刃　6—外刃

2. 基本群钻的刃磨参数

基本群钻的刃磨参数见表6-3。

表6-3　基本群钻的刃磨参数

刃磨长度		刃磨角度	
尖高	$h\approx0.04d$	外刃锋角	$2\phi\approx125°$
圆弧半径	$R\approx0.1d$	内刃锋角	$2\phi_\tau\approx135°$
外刃长	$l\approx$ 0.3d($d>15$) 0.2d($d\leqslant15$)	内刃前角	$\gamma_{\tau c}\approx-10°$
槽距	$l_1=l/4\sim l/3$	内刃斜角	$\tau=20°\sim30°$
槽宽	$l_2=l/3\sim l/2$	横刃斜角	$\psi=60°\sim65°$
槽深	$c=1\sim1.5$mm	外刃后角	$\alpha_{fc}=10°\sim15°$(或 $a_c=6°\sim11°$)
横刃长	$b_\psi\approx0.04d$	圆弧后角	$\alpha_{Rc}=12°\sim18°$

3. 基本群钻的结构特点

（1）圆弧刃　由于磨出圆弧刃，加大了这段切削刃的主偏角 κ_r，如图6-19所示，$\kappa_{rB}>90°$。内刃锋角 $2\phi_\tau$ 为135°，其主偏角也增大。κ_r 增大，则钻头前角增大（图6-7）。同标准麻花钻相比，除外刃前角增大不显著外，其余各段切削刃的前角均有显著增加；圆弧刃平均增大 10°；内直刃平均增大 25°；横刃增大 4° ~6°。因而群钻的刃口锋利，切削性能好。同时月牙槽还能起到良好的分屑和定心作用。

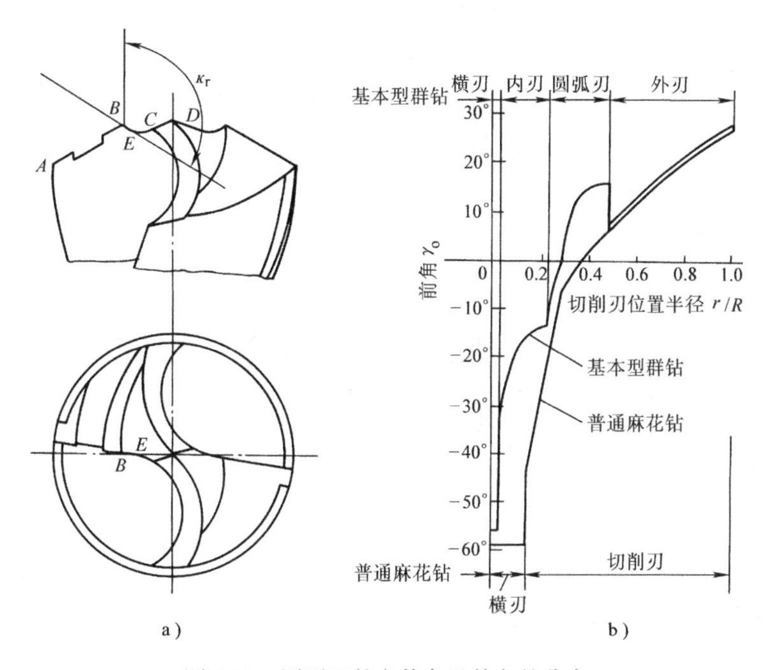

图 6-19　圆弧刃的主偏角及前角的分布

（2）横刃　由于横刃短而尖，又有分屑槽，所以群钻定心好，排屑顺利　使用群钻加工钢料时，其轴向力可比标准麻花钻降低 35% ~50%；转矩减小 10% ~30%；耐用度提高 3 ~5 倍。

九、硬质合金麻花钻（图 6-20）

加工脆性材料如铸铁、绝缘材料、玻璃等，采用硬质合金钻头，可显著提高切削效率。ϕ5mm 以下的硬质合金麻花钻都做成整体的；ϕ6 ~ ϕ12mm 的可做成直柄镶片硬质合金麻花钻，ϕ6 ~ ϕ30mm 可做成锥柄镶片硬质合金麻花钻，如图 6-20 所示。它与高速钢麻花钻相比，钻芯直径较大［d_c = (0.25 ~ 0.3) d，d——钻头直径］，螺旋角 β 较小（β = 20°），工作部分长度较短。刀体常采用 9SiCr 合金钢，并淬火到 50 ~62HRC。这些措施都是为了提高钻头的刚性和强度，以减少钻削时因振动而引起刀片的碎裂现象。

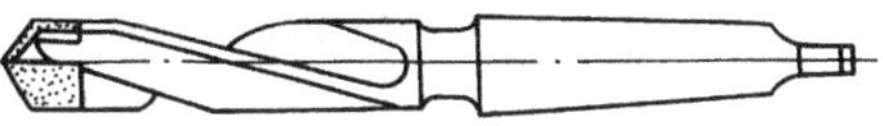

图 6-20　硬质合金麻花钻

用于加工高锰钢的硬质合金钻头，为适应该材料硬化现象严重的特点，使刀片前角小，而采用双螺旋角，如图 6-21 所示，β_1 = 6° ~8°。

目前国内外已出现许多不同结构的硬质合金可转位刀片钻头，如图 6-22 所示。它装有两个凸三边形刀片，用沉头螺钉夹紧在刀体上，一个刀片靠近中心，另一个在外径，切削时可起分屑作用。钻头的几何角度由刀体上的安装角度所决定。

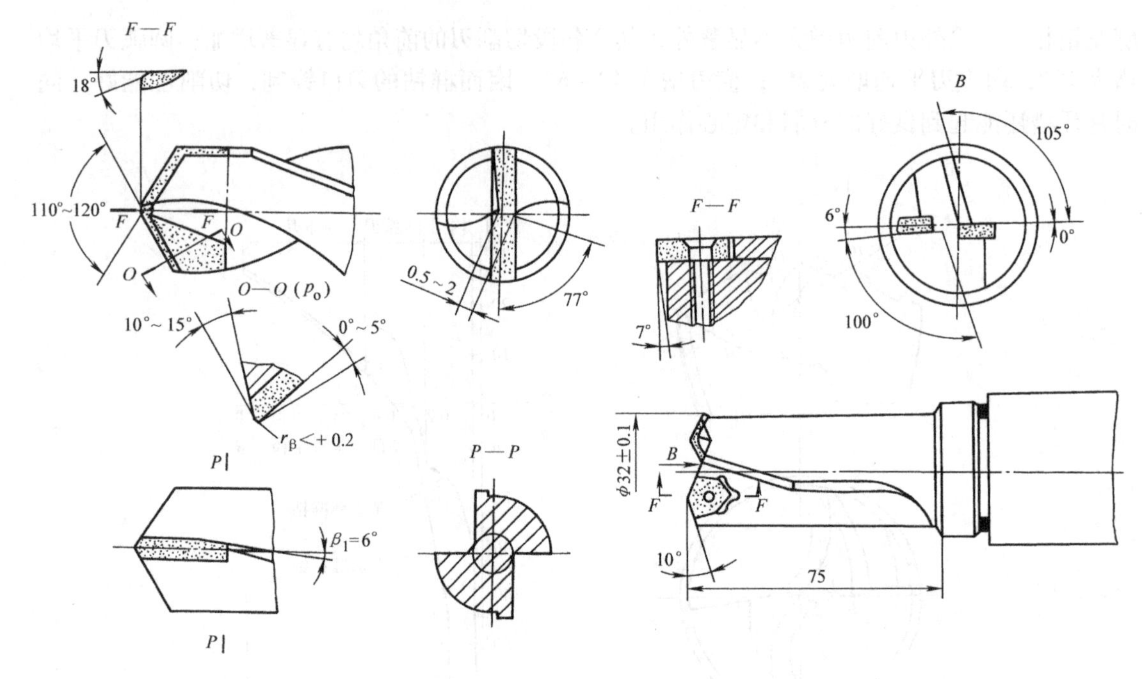

图6-21　硬质合金高锰钢钻头　　　　图6-22　可转位刀片钻头

十、麻花钻后刀面的锥面磨法

1. 麻花钻锥面磨法原理

锥面磨法就是把麻花钻的后刀面作为圆锥体表面的一部分的一种刃磨方法，其原理如图6-23所示。假想锥体的顶角为2θ，轴线为CA，与z轴重合；钻头的锋角为2ϕ，轴线为$D'A'$。刃磨时，将钻头（轴线$D'A'$）安装在与由锥体轴线z（CA）和x轴组成的平面$CAEF$相平行，并在y轴方向相距为s的$C'A'E'F'$平面内（即钻头轴线$D'A'$在y向低于锥体轴线s值），同时，钻头轴线（$D'A'$）与z轴间的夹角为σ（$C'A' /\!/ z$），钻尖距锥顶C的距离为H。

刃磨时，钻头绕假想锥体轴线上下摆动。由于砂轮周边与锥体的母线相一致，因而，使磨削后的钻头后刀面成为假想锥体表面的一部分。

由上述可见，麻花钻的后刀面，经锥面磨法磨削后，其后刀面的形状由θ、σ、H和s等四个参数所决定。由于θ和σ两者中的任一个可自由选定（图6-23b中，$\phi=\sigma+\theta$）。因而，麻花钻锥磨后的后刀面形状，主要由H和s两个参数来确定。

2. H、s值的变化对钻头刃磨后角α_f的影响

（1）H值　H值大（绝对值），所形成的钻头后刀面，远离假想锥体锥尖C，由于锥体直径变大，曲率变小，使后刀面的变化平缓（即α_f变小）；若H值变小，则相反（即后角α_f增大）。

（2）s值　由图6-24可见，如过切削刃上选定点m_1作平行于钻头轴线的F-F（p_f）剖面，所得到的如图6-24b所示，为一假想椭圆，其侧后角为α_{fm_1}（m_1点的基面p_r在钻头的径向）。当$s=0$时，即钻头轴线与锥体轴线处于同一平面内（图6-24c），则$\alpha_f=0°$。可见，s值（绝对值）越大，则后角α_f越大。s值是影响后角大小的主要参数。

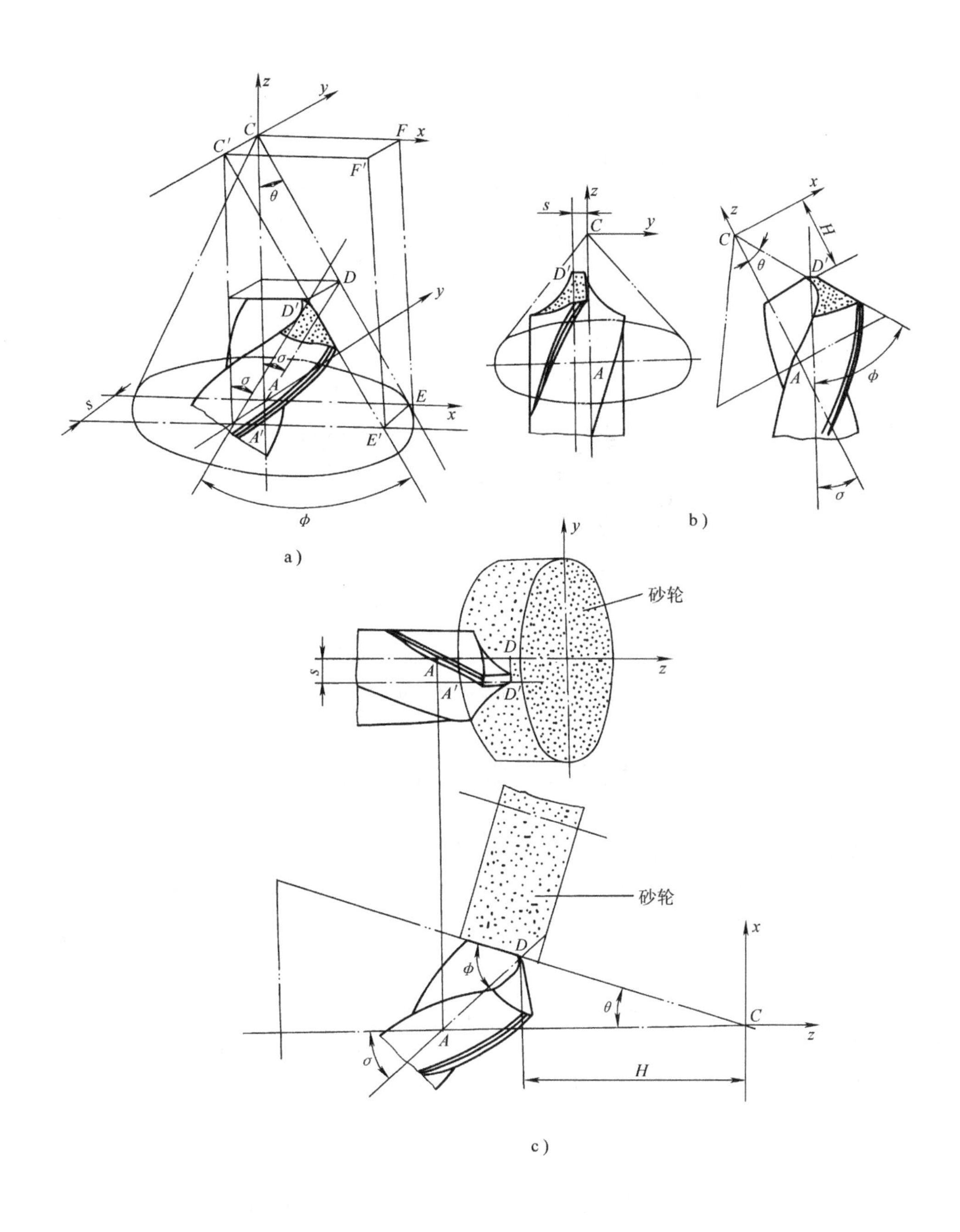

图 6-23　麻花钻锥面磨法原理

（3）后角 α_f 沿切削刃的变化规律　若在距横刃很近的切削刃上取另一点，和图 6-24b 一样，在 *F-F* 剖面内，同样也是一个假想椭圆，不过这个椭圆由于距锥尖 *C* 近，它的长轴和短轴都比前面（距锥尖远些）的小，因而在椭圆周边上各点的曲率就变大，在 *s* 值相同的条件下，其后角 α_f 变大。由此可见，麻花钻用锥面磨法，可获得切削刃的刃磨后角 α_f 由外径向内（钻芯）逐渐增大。

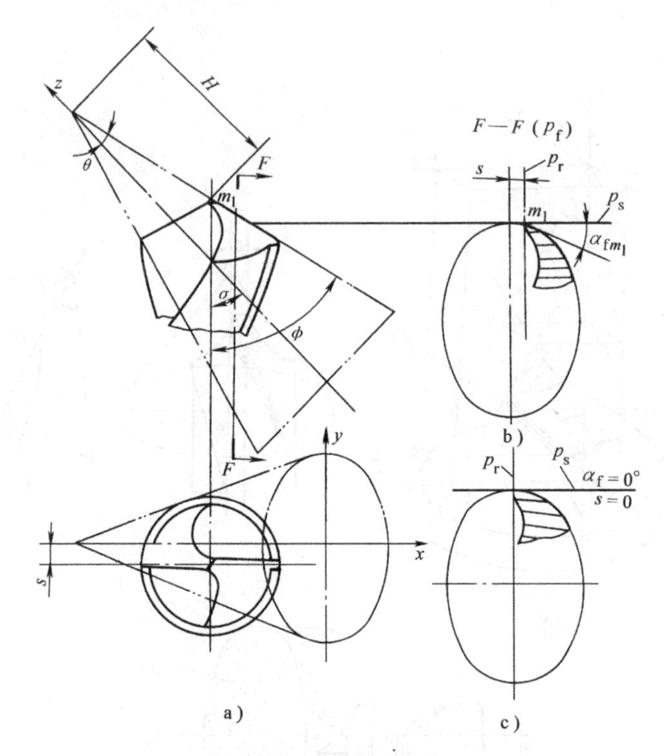

图6-24　*H*、*s* 值对刃磨后角的影响

第二节　深　孔　钻

深孔一般指孔的长径比大于5倍以上的孔。钻深孔时，由于切削液不易到达切削区域；切削热不易传散；排屑困难和因刀具细长，刚性差，钻孔时容易产生引偏和振动。因此为保证深孔加工质量和深孔钻的寿命，深孔钻的结构必须妥善解决断屑与排屑、冷却与润滑和导向三个问题。

常用的深孔钻有：接长麻花钻、扁钻、枪钻（外排屑）、内排屑深孔钻、喷吸钻与套料钻。接长麻花钻和扁钻，由于未能很好地解决上述三个问题，加工效率低，质量差，应用较少，本节不作讨论，其余几种高效深孔钻的结构特点分述如下。

一、枪钻

枪钻原用于枪管钻孔，故称枪孔钻，目前多用于 $\phi3 \sim \phi20$mm 小直径的深孔加工。加工后公差等级可达 IT10 ~ IT8 级，表面粗糙度值可达 $Ra0.2 \sim 0.8\mu m$，孔的直线性较好。

1. 结构与工作原理（图6-25）

如图6-25所示，枪钻由切削部分和钻杆组成。切削部分由高速钢和硬质合金制成，并做出排屑槽；钻杆用无缝钢管制成，在靠近钻头处滚压出排屑槽，钻杆直径比钻头直径小0.5 ~ 1mm，用焊接方法将两者连接在一起，焊接时使排屑槽对齐。

枪钻的工作原理如图6-25b所示，钻孔时工件旋转，钻头进给。用乳化液以3 ~ 10MPa的高压，由钻杆内孔和切削部分的进油孔进入切削区，进行冷却与润滑，同时把切削由排屑槽内冲刷出来。由于切屑是由钻头体外排出的，故称外排屑。

2. 切削部分的几何参数（图6-25a）

切削部分仅在钻头轴线的一侧有切削刃并呈折线形，分外切削刃（D）与内切削刃（E）。钻尖与钻头中心有一偏心 e。由于枪孔钻只有一个切削刃，并为外排屑，也称单刃外排屑深孔钻。

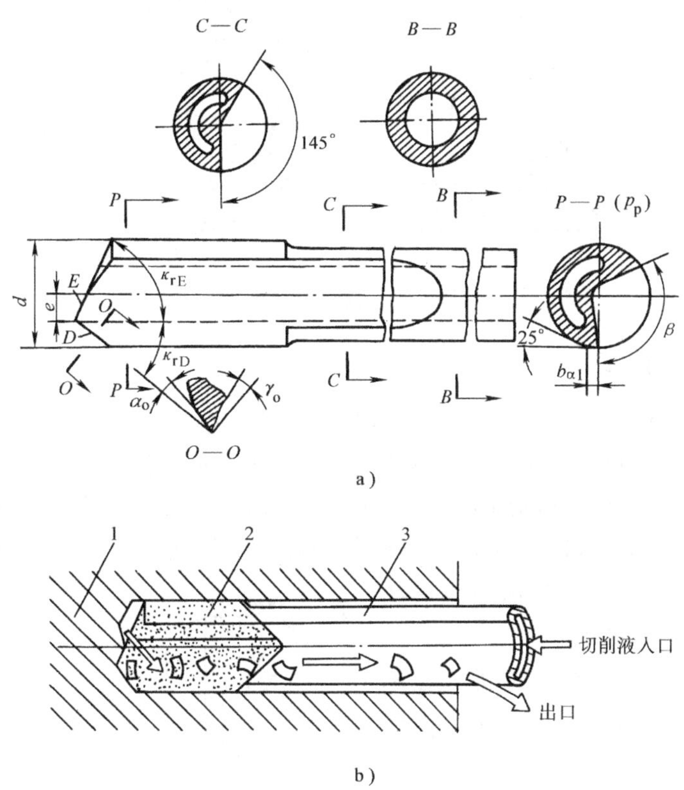

图6-25　枪钻

a）高速钢枪钻　b）枪钻工作原理

1—工件　2—钻头　3—钻杆

内、外刃的主偏角分别为 κ_{rE} 和 κ_{rD}，通常取 $\kappa_{rE}=65°\sim72°$，$\kappa_{rD}=50°\sim65°$。前角 $\gamma_o=0°\sim8°$；外刃后角 $\alpha_{oD}=8°\sim15°$，内刃后角 $\alpha_{oE}=10°\sim20°$，另外，如果切削刃通过或高于钻头轴线，则会使后角过小甚至为负，切削时，挤压现象严重，钻头容易崩刃，为了避免这种现象，应使内刃在中心处低于钻头轴线 h 值，这样在钻孔时，就会在钻心处残留一个未被切除的直径为 $2h$ 的芯柱，如图6-26所示。

3. 特点

1）由于切削液进、出路分开，使切削液在高压下，不受干扰，容易到达切削区，较好地解决了钻深孔时的冷却、润滑问题。

2）由于切削刃分为内、外刃，且刀尖具有偏心 e，切削时可起分屑作用，切屑变窄，切削液便于将切屑冲出，使排屑容易。

3）由于钻孔留有直径为 $2h$ 的芯柱，若采用的 e 值适当$\left(\text{通常 } e\approx\dfrac{d_0}{4}，d_0\text{——钻头直径}\right)$，

同时 $\kappa_{rD} > \kappa_{rE}$，使外、内刃的径向切削力的关系，保持 $F_{pD} > F_{pE}$。这样就能保证产生一个稳定的合力，指向芯柱和钻头支承面（图 6-26），使钻头有可靠的导向，有效地解决了深孔钻导向问题。

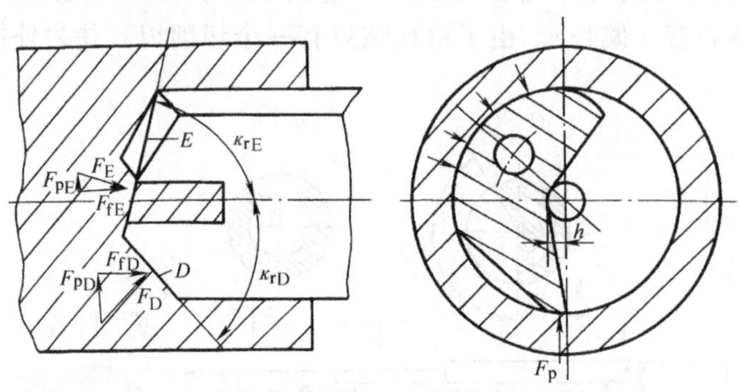

图 6-26　芯柱与导向

二、内排屑深孔钻

当加工直径在 ϕ12 ~ ϕ120mm 之间，长径比在 100 之内的深孔时，可采用内排屑深孔钻。它有单刃和多刃两种。这里只介绍常用的硬质合金多刃内排屑深孔钻，如图 6-27 所示。

钻头由钻体、分布在不同圆周上的三个切削刃（1、2、3）和两个导向块（A、B）组成。工作时，高压切削液（2 ~ 6MPa），从钻杆与孔壁间的间隙处送入到切削区，起冷却润滑作用。同时把切屑由钻头的体内排屑孔（C、D）和钻杆内孔中冲出。

这种深孔钻，由于三个刀齿排列在不同的圆周上并分为内刀齿与外刀齿，因而没有横刃，降低了轴向力（进给抗力 F_f）、不平衡的圆周力（切削抗力 F_c）和径向力（切深抗力 F_p）由圆周上的导向块承受，使深孔钻具有较好的导向性；由于刀齿交错排列，切削时，可起分屑作用，使排屑方便。同时，钻杆为圆形，刚性较好，并且切屑在排出时，不与已加工孔壁摩擦，故生产率和加工质量均较外排屑深孔钻高。

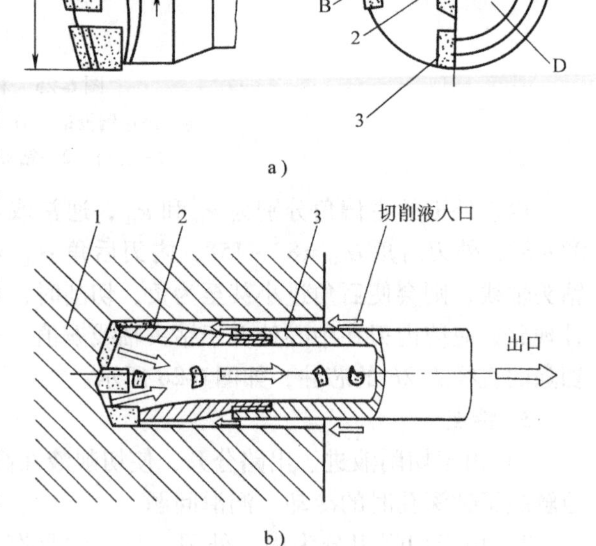

图 6-27　内排屑深孔钻
a）硬质合金深孔钻　b）工作原理
1—工件　2—钻头　3—钻杆

三、喷吸钻

喷吸钻是一种新型内排屑深孔钻。它是利用流体喷射效应原理，即当高压流体经过一个狭小的通道（喷嘴）高速喷射时，在这个射流的周围便形成低压区，使切削液排出的管道产生压力差，而形成一定“吸力”，从而加速切削液和切屑的排出。

喷吸钻由钻头、内管和外管三部分组成，如图6-28所示。工作时，切削液的压力较低（1~2MPa），其中$\frac{2}{3}$的切削液经内、外管之间的间隙输入到切削区，用于冷却与润滑，其余$\frac{1}{3}$的切削液经内管壁上的月牙小槽窄缝喷入管内，使内管的前端与后端形成压力差产生“吸力”，以加速切削液和切屑的排出。

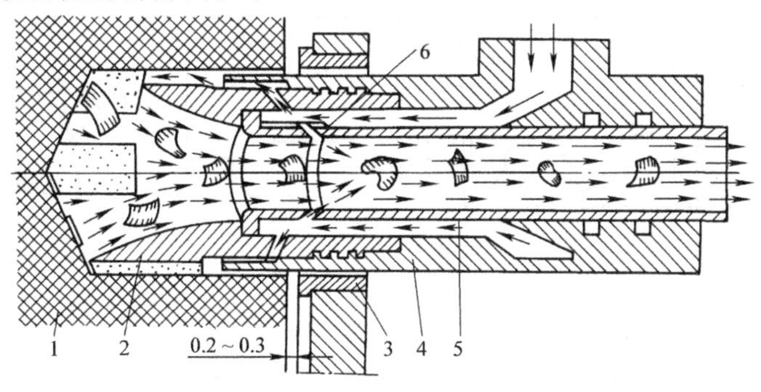

图6-28　喷吸钻工作原理

1—工件　2—钻头　3—导向套　4—外管　5—内管　6—月牙形喷嘴

四、套料钻

钻削直径大于60mm的孔，可采用如图6-29所示的套料钻。套料钻的刀齿分布在圆形的刀体上，图中所示有四个刀齿。同时在刀体上装有分布均匀的导向块（4~6个）。加工时，只是把工件上一圈环形材料切除，从中间套出一个尚可利用的芯棒。因而，可减轻金属切除量，提高生产率。

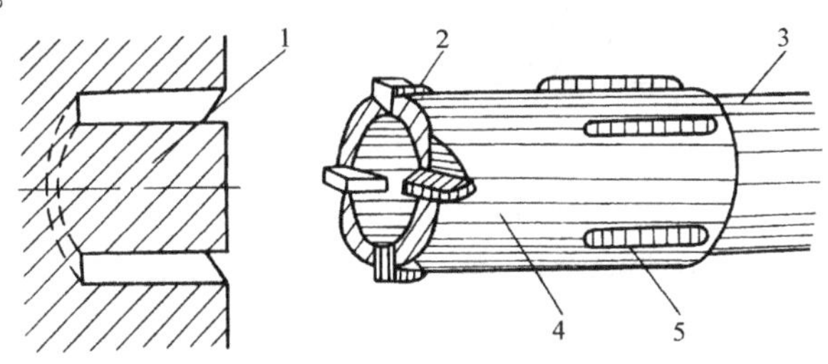

图6-29　套料钻

1—料芯　2—刀齿　3—钻杆　4—刀体　5—导向块

第三节　扩孔钻与锪钻

一、扩孔钻

扩孔钻是对已有孔扩大或提高加工质量的一种刀具。扩孔钻（图6-30）与麻花钻相比较，其齿数较多（3~4齿）、钻芯直径大、刀体刚性和强度高、工作时导向性好，故加工后质量较麻花钻钻头高。扩孔后的精度可达到IT11~IT10，表面粗糙度为$Ra6.3 \sim 3.2\mu m$。

直径为10~32mm的扩孔钻常制成整体结构（图6-30a）；直径为25~80mm的扩孔钻常制成套装结构（图6-30b）。切削部整体的常采用高速钢；套装的可采用高速钢或镶焊硬质合金。

扩孔钻作为终加工孔使用时，其直径应等于扩孔后孔的基本尺寸；作为铰孔前使用时，其直径应等于铰孔后孔的基本尺寸减去铰削量。

国家标准对铰削余量的规定如下：

扩孔直径 d/mm	<10	10～18	18～30	30～50	50～100
铰削余量 A/mm	0.2	0.25	0.3	0.4	0.5

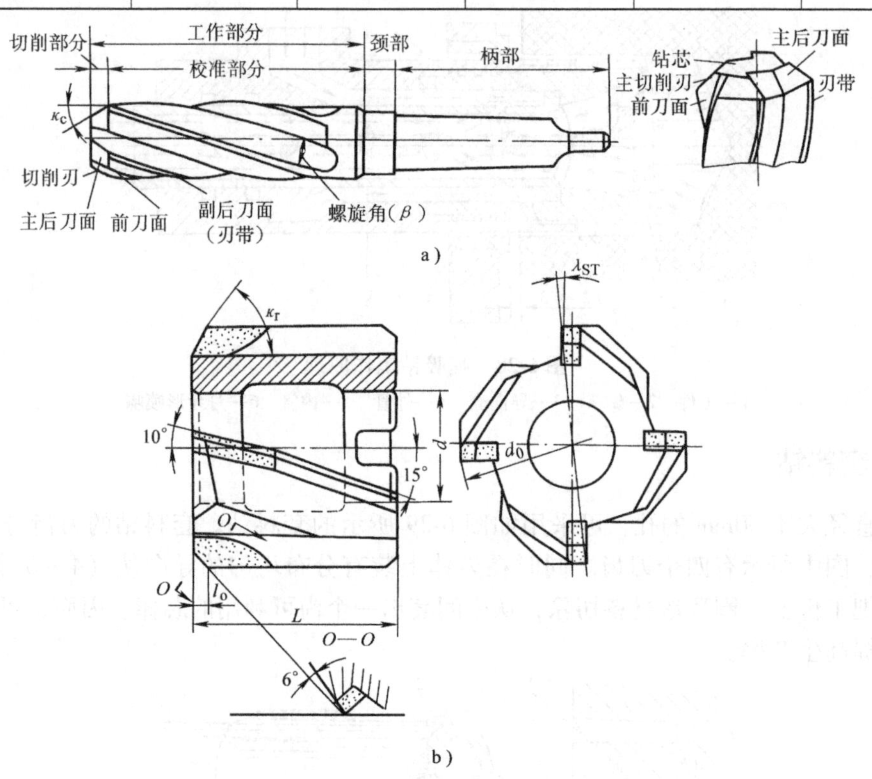

图6-30　扩孔钻

a）高速钢整体扩孔钻　b）硬质合金套装扩孔钻

二、锪钻

锪钻用于加工各种埋头螺钉沉头座，锥孔、凸台端面等。常用几种锪钻的外形及应用如图6-31所示。

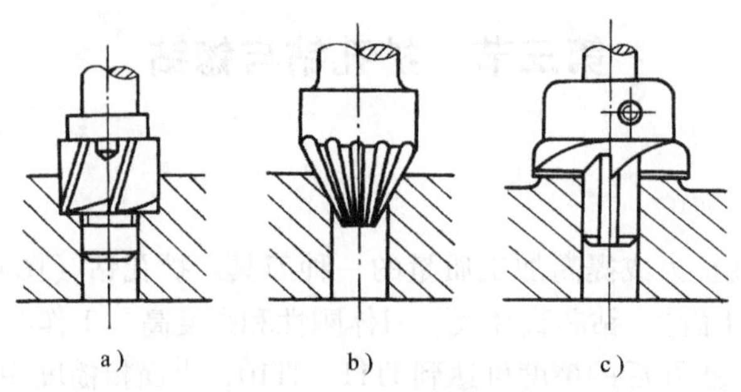

图6-31　锪钻及其应用

a）圆柱沉头座锪钻　b）锥孔锪钻　c）端面锪钻

第四节　铰　　刀

铰刀是用于中小孔的半精或精加工的多刃刀具。由于铰削余量小，齿数较多，刚性好，铰削后的精度可达 IT5 ~ IT6，表面粗糙度值 $Ra1.6 \sim 0.8\mu m$。铰孔是一种操作方便、生产效率高、容易获得高质量孔的加工方法，生产中应用极为广泛。

铰刀的基本类型如图 6-32 所示。

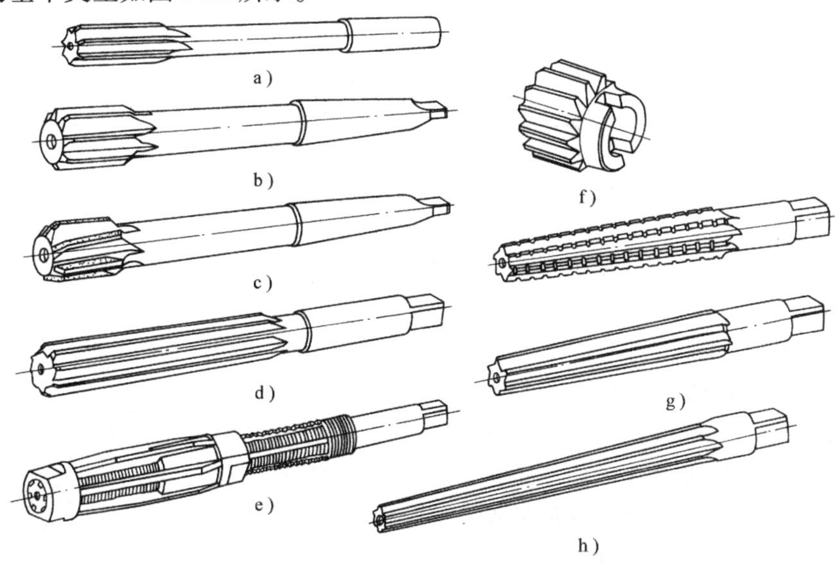

图 6-32　铰刀的基本类型

a) 直柄机用铰刀　b) 锥柄机用铰刀　c) 硬质合金锥柄机用铰刀　d) 手用铰刀　e) 可调节手用铰刀　f) 套式机用铰刀　g) 直柄莫氏圆锥铰刀　h) 手用 1∶50 锥度销子铰刀

一、圆柱机用铰刀的结构要素

如图 6-33 所示，铰刀由工作部分、颈部和柄部组成。工作部分包括切削部分和校准部分。校准部分又分为圆柱部和倒锥部。圆柱部主要起校正导向和修光作用；倒锥部则为了减少切削刃和孔壁的摩擦，并防止因铰刀歪斜而引起孔径扩大。为便于铰刀进入孔中，在铰刀的前端常制成 C2 的前导锥。

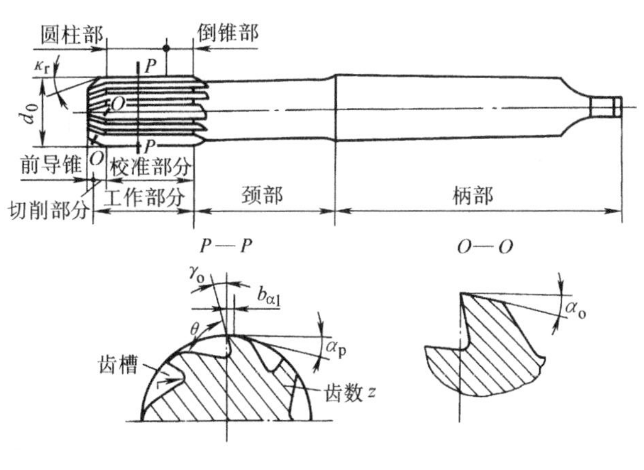

图 6-33　铰刀的组成

普通圆柱机用铰刀的结构如图 6-34 所示，其各主要结构要素包括以下几个方面：

1. 直径公差

铰刀直径公差的选取，直接影响铰孔后的尺寸精度、铰刀制造成本与使用寿命。其大小与被铰孔的公差等级 IT、铰刀的制造公差 G、铰刀磨损

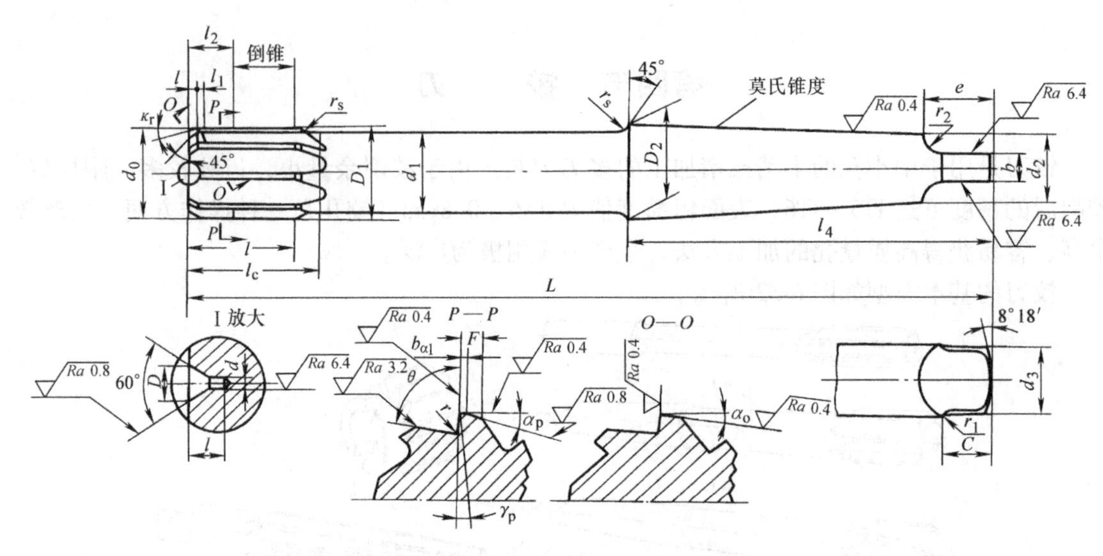

图 6-34　圆柱机用铰刀的结构要素

储存量和铰孔后孔径可能产生的扩张量 p 或收缩量 p_a 有关。铰孔时，由于机床主轴的偏摆、铰刀切削刃的径向跳动、铰刀的安装误差，以及由于产生积屑瘤等因素，使铰孔后的孔径大于铰刀圆柱部分直径而产生扩张量；有时又由于工件弹性或热变形的恢复，例如在用硬质合金铰刀铰孔时，由于切削温度高，而产生铰孔后孔径缩小的现象。铰孔后到底是扩张还是收缩及其大小，需凭经验或试验决定。通常情况下最大扩张量 p_{max} 取 0. 15IT；最小收缩量 p_{amin} 取 0. 1IT。铰刀直径公差带分布如图 6-35 所示。

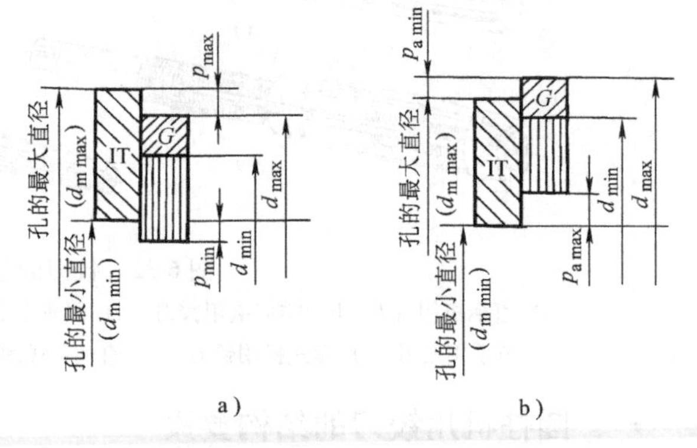

图 6-35　铰刀直径公差带分布

a）孔产生扩张时　b）孔产生收缩时

铰孔后产生扩张时，铰刀直径的最大和最小极限尺寸（图 6-35a）

$$d_{max} = d_{m\,max} - p_{max} \tag{6-9}$$

$$d_{min} = d_{m\,max} - p_{max} - G \tag{6-10}$$

铰孔后产生收缩时，铰刀直径的最大和最小极限尺寸（图 6-35b）

$$d_{max} = d_{m\,max} + p_{m\,min} \tag{6-11}$$

$$d_{min} = d_{m\,max} + p_{a\,min} - G \tag{6-12}$$

式中　d——铰刀直径，单位为 mm；

d_m——工件铰孔后直径，单位为 mm；

p——铰刀扩张量，单位为 mm；

p_a——铰刀收缩量，单位为 mm；

G——铰刀制造公差，单位为 mm；

2. 齿数

铰刀齿数，一般为 4 ~ 12 倍。齿数多，则导向性好、切削厚度薄、铰孔质量高。但齿数过多，会降低刀齿强度和减小容屑空间。铰刀齿数通常根据铰刀直径和工件材料的性质选取。直径大取较多齿数；加工韧性材料取较少齿数，加工脆性材料取多齿数。为了测量方便，齿数一般取偶数。

铰刀刀齿在圆周上的分布有：等圆周齿距分布和不等圆周齿距分布两种形式。等距分布（图 6-36a）的铰刀制造方便，但在切削过程中，如遇到工件材料中的硬点或粘附于孔壁上的切屑碎粒，使铰刀发生退让时，就会在铰孔后的孔壁上产生纵向刀痕，影响铰孔表面的粗糙度。如采用不等距分布（图 6-36b），则可避免这一现象，但制造比较麻烦。为便于测量，对不等距分布的铰刀做成对顶齿间角相等的不等齿距分布。

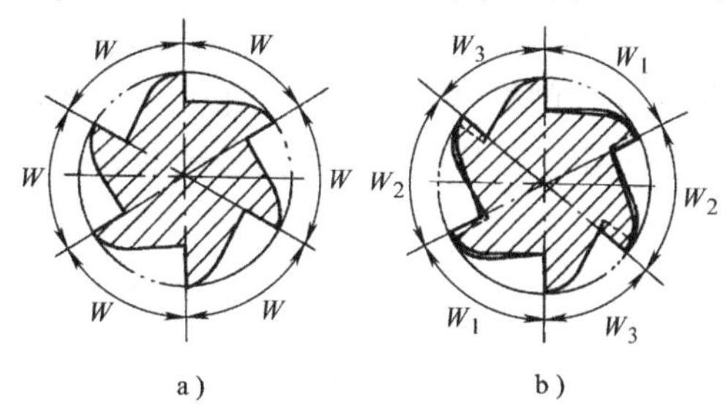

图 6-36　铰刀刀齿的分布
a）等距分布　b）不等距分布

3. 齿槽

铰刀的齿槽形状通常有直线齿背和圆弧齿背两种。直线齿背（图 6-37a）可用标准角度铣刀铣削，制造简单，一般用于直径为 1～20mm 的铰刀；圆弧齿背（图 6-37b），它具有较大的容屑空间和较好的刀齿强度，一般用于直径大于 20mm 的铰刀，但这种齿背需用成形铣刀加工。

铰刀的齿槽方向有直槽和螺旋槽（图 6-38）两种。由于直槽铰刀的制造、刃磨和检验都比螺旋槽铰刀方便，因此使用较多。但螺旋槽铰刀切削平稳，排屑顺利，在铰削具有断续表面的孔时，可避免卡刀或打刀，一般用于深孔、不通孔和断续表面的孔的铰削。螺旋槽方向可分为右螺旋和左螺旋，前者用于不通孔，使切屑向后流出；后者切屑向前流出，适于通孔。螺旋角 β 的大小一般为 8°～25°，与工件材料性质有关，塑性材料取大值。

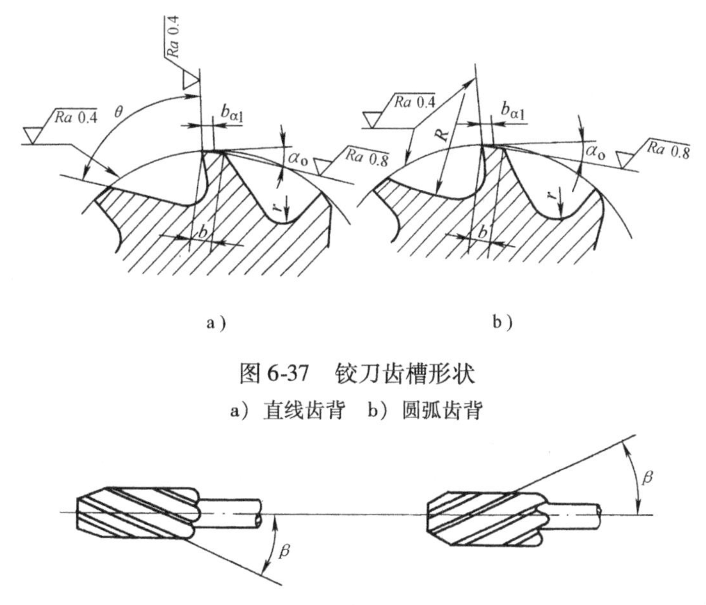

图 6-37　铰刀齿槽形状
a）直线齿背　b）圆弧齿背

图 6-38　铰刀螺旋槽方向
a）右螺旋　b）左螺旋

4. 几何角度

（1）主偏角 κ_r　主偏角 κ_r 小，切削厚度 h_D 薄、切削宽度 b_D 宽、刀齿参加切削的切削刃长、轴向力小、切入时导向性好。但 κ_r 过小时，刀齿的挤压摩擦大，切入和切出时间长。机用铰刀的主偏角 κ_r，在铰削钢材时取 15°左右；铰削铸铁和脆性材料时，取 3°～5°，铰削不通孔时取 45°。

（2）前角 γ_o　因铰刀切下的切削厚度很薄，前角作用不甚显著，为便于制造，通常取 $\gamma_o=0°$；粗铰时，为了改善铰刀的切削效率，对韧性材料可取 $\gamma_o=5°～10°$。

（3）后角 α_o　由于铰削时切削厚度 h_D 薄，所以铰刀后角 α_o 应取较大值，通常 α_o = 6°～10°。对校准部必须留有 $b_{\alpha 1}$ = 0.05～0.4mm 的刃带。

（4）刃倾角 λ_s　一般铰刀的刃倾角 λ_s = 0°。但刃倾角 λ_s 能使铰削过程平稳，提高铰削质量。在铰削韧性材料时，可磨出 λ_s = 15°～25°的刃倾角（图 6-39）。使切屑由铰刀前方流出（图 6-40），避免切屑划伤已铰削表面。

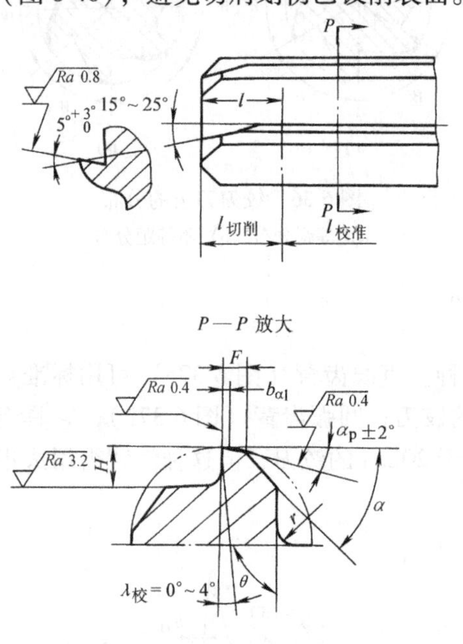

图 6-39　带刃倾角铰刀结构

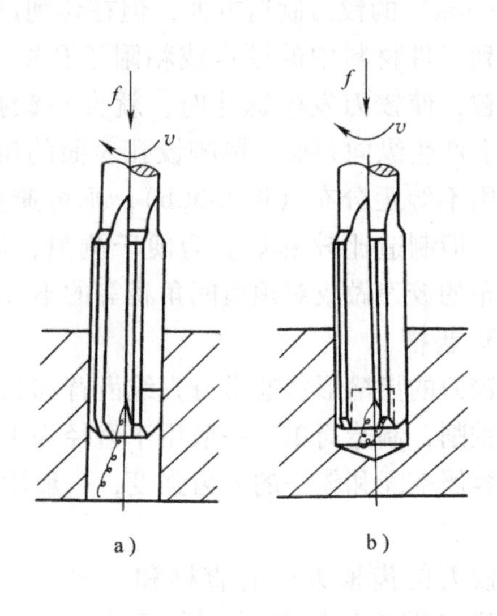

图 6-40　带刃倾角铰刀排屑情况

a）铰通孔　b）铰不通孔

二、单刃铰刀

图 6-41 所示是由一个刀齿和两个硬质合金导向块组成的单刃铰刀，其切削刃由主切削刃和过渡刃两段组成。主切削刃作粗加工用。其主偏角 κ_r = 35°～45°，长度 a = 1～2mm，后角 α_o = 10°，过渡刃作半精加工用，其主偏角 $\kappa_{r\varepsilon}$ = 3°～5°，长度 b = 5～15mm，后角 $\alpha_{o\varepsilon}$ = 4°。切削刃的前角 γ_o，在加工钢材时，γ_o = 0°，加工铸铁时 γ_o = 5°。起导向与修光作用的圆柱部应留有 $b_{\alpha 1}$ = 0.2～0.3mm 的刃带。

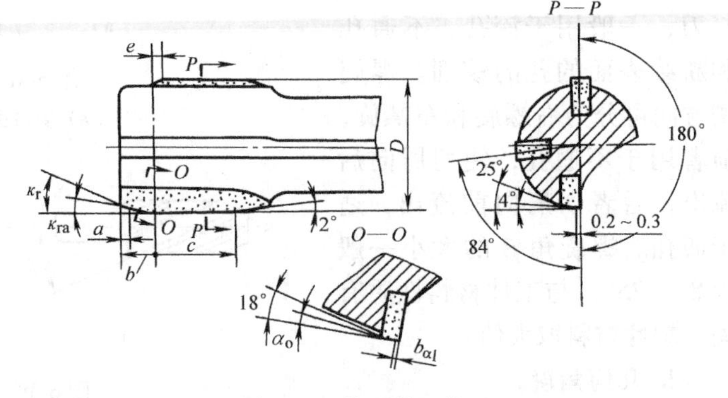

图 6-41　普通单刃铰刀

起导向作用的硬质合金导向块，可用二块或三块。切削刃尖端在轴向应比导向块超前 l = (1～1.5)f（f——进给量），以保证导向块以已加工表面作为导向面。单刃铰刀加工公差等级可达 IT5～IT7，加工钢材时的表面粗糙度 Ra1.6～0.4μm，加工铸铁为 Ra0.8～0.2μm。某厂在铰削材料为 CrWMn，孔径为 ϕ16.65H8，孔深为 98mm 油泵套筒时，用这种单刃铰刀，其切削用量：粗、精铰余量分别为 0.4mm、0.2mm；转速为 1000r/min；进给量为

0.4mm/r，并使用乳化液。刀具寿命为 600 件，为普通铰刀的 6 倍；表面粗糙度值 $Ra0.4\mu m$，加工效率比普通铰刀高 5 倍。

三、硬质合金无刃铰刀（图 6-42）

硬质合金无刃铰刀是在多边形刀体上镶焊上硬质合金刀片，切削刃具有负前角，铰孔时，主要起挤压作用。这种铰刀适于铸件孔的光整加工，余量不大于 0.05mm，铰孔前的预加工公差等级不低于 IT7，表面粗糙度不大于 $Ra3.2\mu m$。铰孔后的公差等级可达 IT7，表面粗糙度值 $Ra0.8\mu m$。铰孔时，要使用充足的煤油作为切削液。

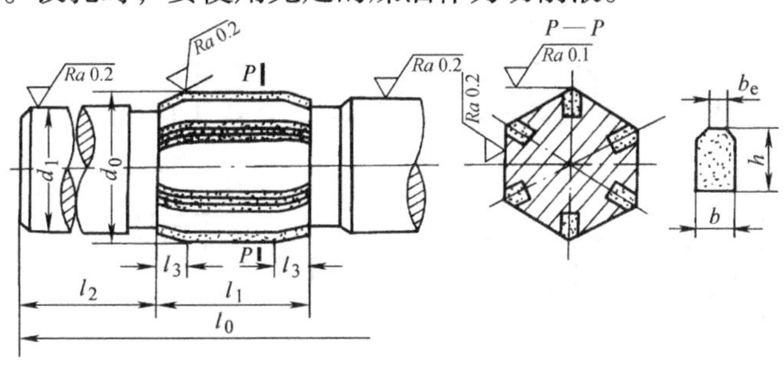

图 6-42　硬质合金无刃铰刀

四、铰刀的刃磨与研磨

铰削时，由于切削厚度 h_D 小，铰刀磨损主要产生在后刀面。因而，刃磨时主要磨削铰刀的后刀面。铰刀刃磨通常在工具磨床上进行，如图 6-43 所示。其 $h \approx \frac{d_0}{2}\sin\alpha_o$。

有些铰刀在制造时留有研磨量，使用前，铰刀需经研磨到所要求的尺寸才能使用。研磨量一般为 0.01mm 左右。铰刀的研磨是在车床上用铸铁研磨套加研磨膏进行的，如图 6-44 所示。研磨套上铣有开口斜槽，用三个调节螺钉支撑在外套的内孔内。调节螺钉使研磨套产生弹性变形与铰刀圆柱部刃带轻微接触。研磨时，铰刀旋转，研磨套轴向往复运动。

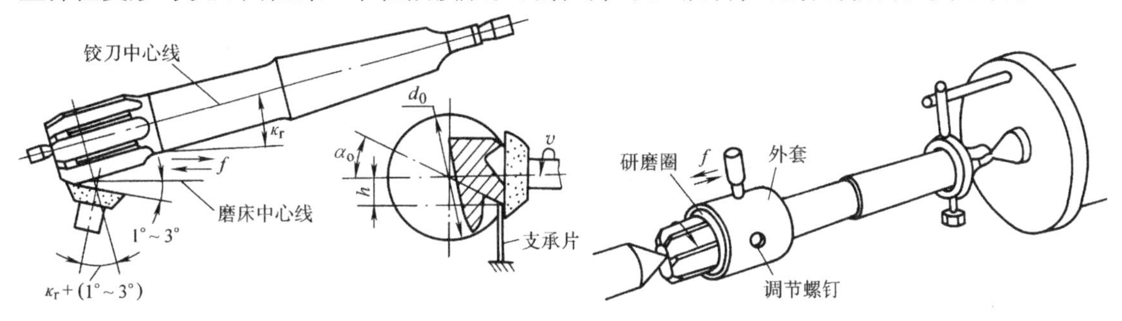

图 6-43　铰刀的刃磨　　图 6-44　铰刀的研磨

第五节　孔加工复合刀具

孔加工复合刀具是由两把或两把以上的孔加工刀具组成一体所构成的新刀具。孔加工复合刀具可以在一次进给中同时或连续完成数个表面的加工。使用这种刀具可使机动时间和辅助时间缩短，减少加工中的机床、夹具、刀具的品种和数量，并有可能用比较简单的工艺装备和操作方法，去完成比较复杂和精度要求较高的加工工作，因此经济效益显著。

通常使用的孔加工复合刀具有以下几种。

一、由同类刀具组成的孔加工复合刀具

1. 复合钻

通常在同时钻螺纹底孔与孔口倒角，或钻扩阶梯孔时，使用图6-45所示的复合钻。这种复合钻可用标准麻花钻改制而成（图6-45a），或制成硬质合金复合钻（图6-45b）。

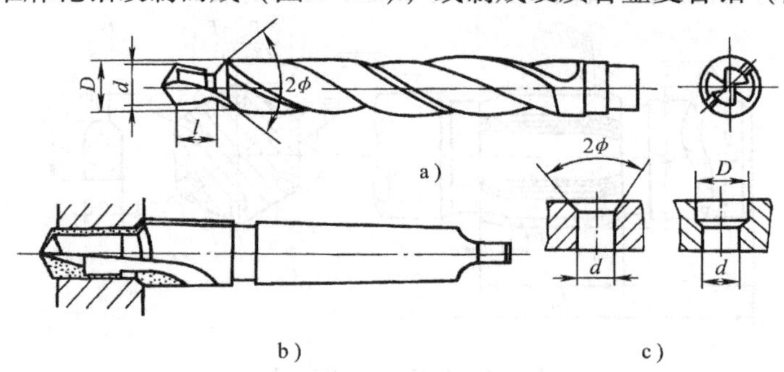

图6-45　复合钻

a）高速钢复合钻　b）硬质合金复合钻　c）加工孔形状

2. 复合扩孔钻

在组合机床上加工阶梯孔、倒角等时，广泛的使用复合扩孔钻。小直径的复合扩孔钻，可用高速钢制成整体结构，直径稍大时，可制成硬质合金复合扩孔钻（图6-46）。由于刀具悬伸较长，在条件允许时，可设置前引导。

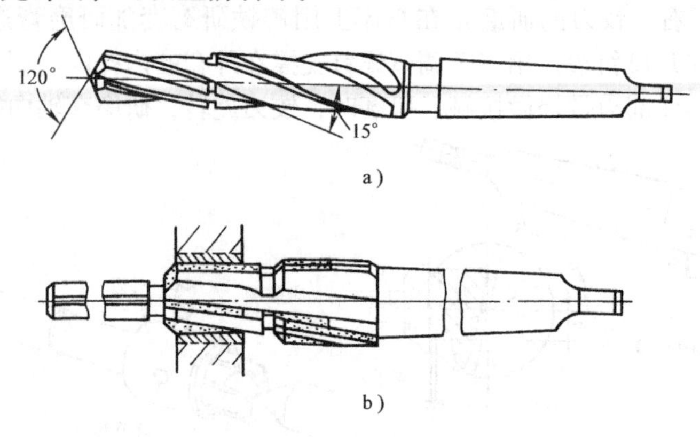

图6-46　复合扩孔钻

a）高速钢复合扩孔钻　b）硬质合金复合扩孔钻

3. 复合铰

小直径的复合铰刀可制成整体的（图6-47）；大直径的可制成套式的；直径相差较大时，可制成装配式的。

一般复合铰刀为了保证孔的精度和位置精度，与机床主轴常用浮动联结。为此在设计复

合铰刀时，要合理设置导向部分。图 6-47a 所示为带有前、后导向的复合铰刀；图 6-47b 所示为带有中间导向的复合铰刀。

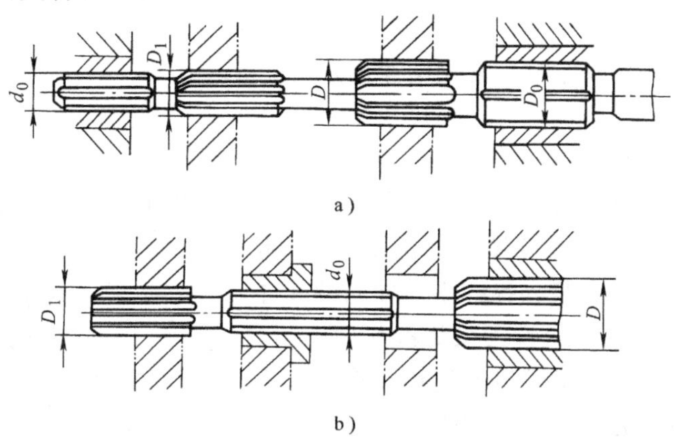

图 6-47　同时加工同轴孔的复合铰刀

由同类刀具组成的孔加工复合刀具，对不同表面的加工工艺相同，刀具各部分的结构相同或相近，因而刀具的设计与制造都较为方便，而且切削用量也较接近，容易安排工艺方案。

二、由不同类刀具组成的孔加工复合刀具

1. 钻—扩复合刀具

图 6-48 所示为常见的钻—扩复合刀具。在设计与制造这种刀具时，要特别注意切屑能顺利排出，最好使钻头的长度大于壁厚，并将钻槽与扩孔钻槽铣通。

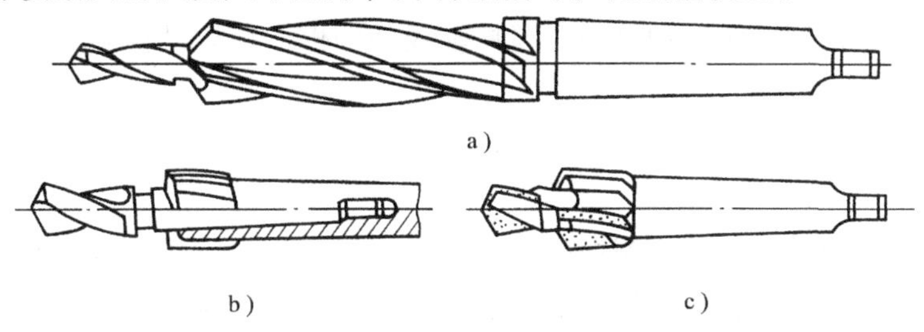

图 6-48　钻—扩复合刀具

2. 扩—铰复合刀具

图 6-49 所示为带有前引导的扩—铰复合刀具。

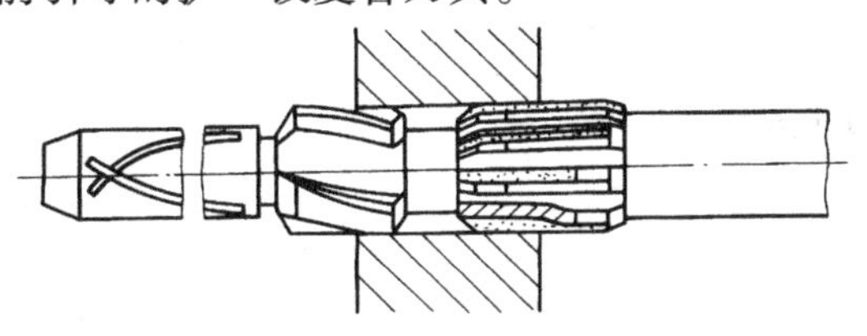

图 6-49　扩—铰复合刀具

由不同类刀具组成的孔加工复合刀具，由于刀具结构和工艺要求不同，在设计与制造方面都有一定困难。因而要解决好刀具材料、结构型式和切削用量的选择等问题。

第六节　镗　　刀

加工孔径大于60mm以上时，常采用镗孔方法进行。

一、单刃镗刀

通常所使用的单刃镗刀已于前期课程中介绍，这里不再重述。在镗床上精镗孔时，为了便于调整镗刀尺寸，可采用微调镗刀（图6-50）。带有精密螺纹的圆柱形镗刀头装入镗杆中，导向键起导向作用。带刻度的调整螺母与镗刀头螺纹精密配合，并以镗杆的圆锥面定位。拉紧螺钉通过垫圈将镗刀头固定在镗杆孔中。镗右通孔时，镗刀头与镗杆轴线倾斜53°08′。镗刀头上螺纹螺距为0.5mm，螺母刻线为40格。螺母每转1格，镗刀在径向的移动量为 $\Delta R=\frac{0.5\text{mm}}{40}\sin 53°08'=0.01\text{mm}$。镗通孔时，刀头若垂直于镗杆轴线安装，可用螺母刻度为50格，当螺母转1格，镗刀在径向的移动量为 $\Delta R=\frac{0.5\text{mm}}{50}=0.01\text{mm}$。

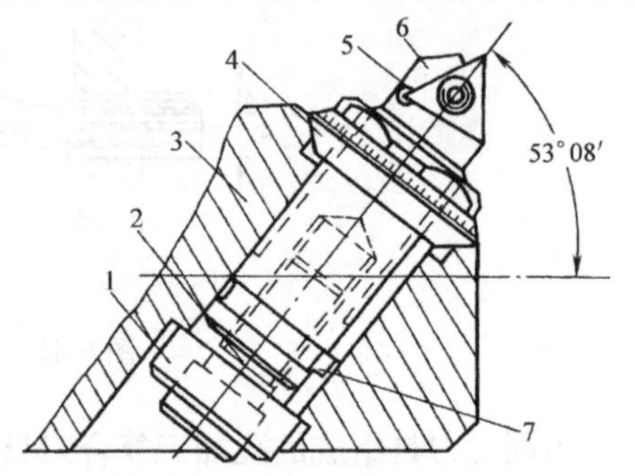

图6-50　微调镗刀的结构

1—垫圈　2—拉紧螺钉　3—镗刀杆　4—调整螺母　5—刀片　6—镗刀头　7—导向槽

二、双刃镗刀（图6-51）

双刃镗刀的两个切削刃对称地分布在镗杆轴线的两侧，可以消除背向力 F_p 对镗杆变形的影响。

三、浮动镗刀（图6-52）

浮动镗刀是将双刃镗刀块装入镗杆的方孔中，不需固定，它可以在镗杆径向自由浮动，自动补偿由刀具安装误差和机床主轴偏摆所造成的加工误差，因而能获得较高的加工精度。

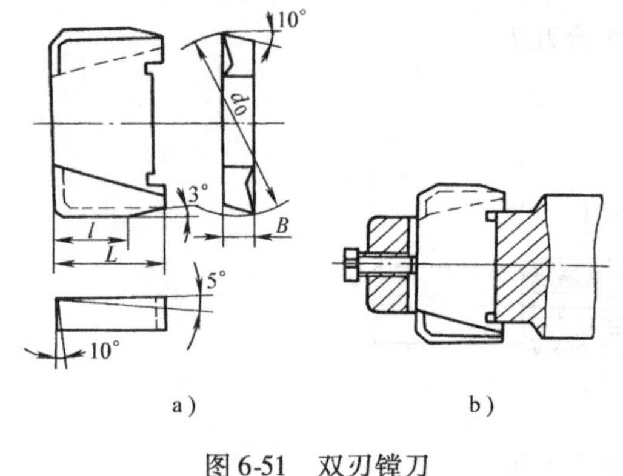

图6-51　双刃镗刀

a）镗刀块　b）镗刀块的安装

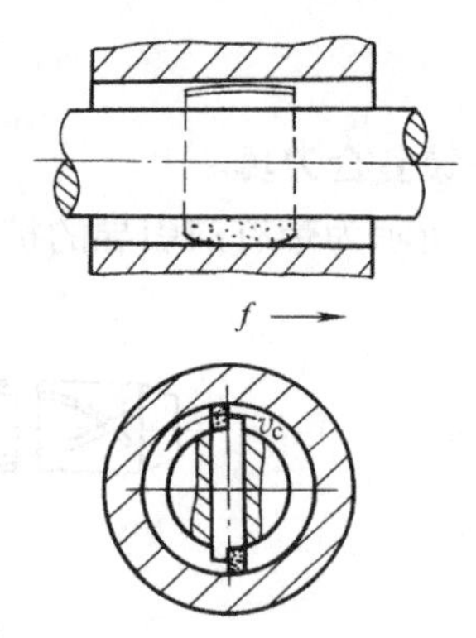

图6-52　浮动镗刀

浮动镗刀块可做成整体的或可调整的。图6-53所示的可调节浮动镗刀块，它由刀体1、紧固螺钉2、调节螺钉3组成，两切削刃间可有3～10mm的调节量。采用浮动镗刀时，为保证镗孔精度，对镗杆的精度要求较高，如图6-54所示。

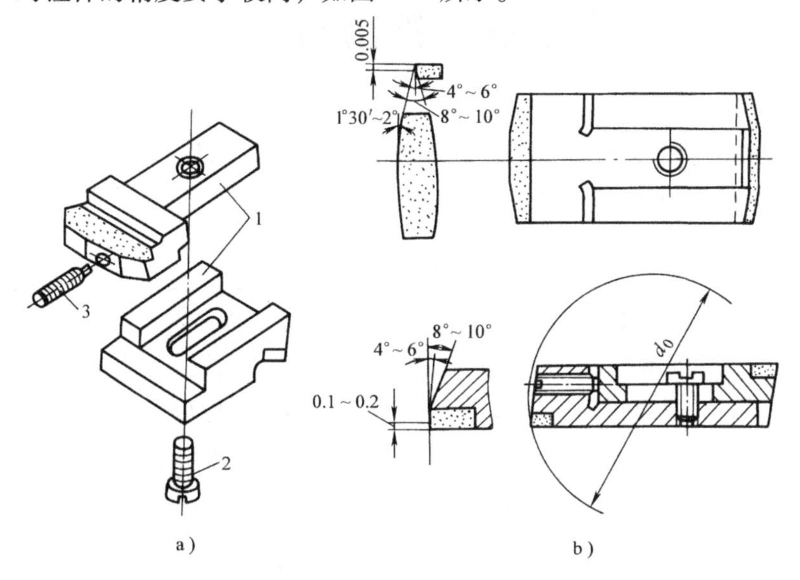

图6-53 可调镗刀块

1—刀体 2—紧固螺钉 3—调节螺钉

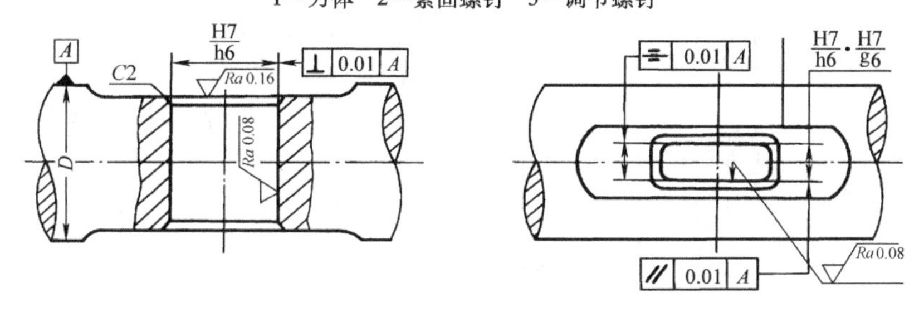

图6-54 装刀孔的精度

思考与习题

6.1 试根据主偏角的定义，分析麻花钻的半锋角（ϕ）和切削刃上选定点处的主偏角（κ_{rm}）为何不相同。

6.2 麻花钻的前角γ_{om}是怎样形成的？为什么外径处大，内径处小？

6.3 麻花钻的后角α_{fm}是怎样形成的？为什么要使它内径处大，外径处小？

6.4 试说明通常对标准麻花钻进行修磨的几种方法。

6.5 深孔钻削与一般钻削具有什么不同点？主要解决哪几个问题？试以枪钻为例说明之。

6.6 试从铰刀结构方面分析使用铰刀能加工出精度较高和表面粗糙度值较小的原因。

6.7 在选取铰刀直径制造公差时，应考虑哪些问题？铰削ϕ25H7孔，试确定铰刀直径制造公差，并画出公差带分布图。

6.8 试比较浮动镗刀与铰刀的异同。为什么对镗杆方孔提出很高的精度要求？

第七章 铣削与铣刀

铣削是使用多齿旋转刀具——铣刀进行切削的一种加工方法。铣削时由于同时切削齿数多，并能采用较高的切削速度，因而生产率高。铣削可加工平面、沟槽和成形面等。铣削是一种应用广泛的切削加工方法。

铣刀的种类很多，如图 7-1 所示。但从结构实质上可看成是分布在圆柱体、圆锥体或特形回转体的外圆或端面上的切削刃或镶装上刀齿（图 7-1）的多齿刀具。在种类繁多的铣削加工中，用圆柱铣刀和面铣刀铣削平面具有代表性，故在讨论铣削原理时将以此两种刀具为主。在讨论刀具结构特点时将以尖齿铣刀、成形铣刀和面铣刀为主。

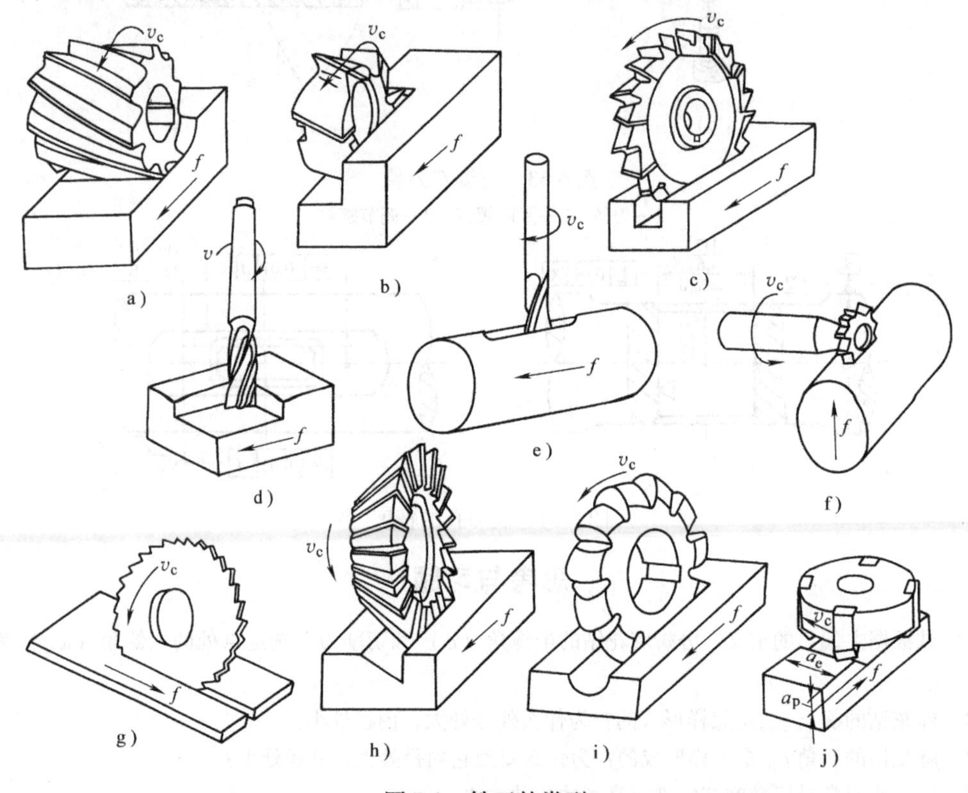

图 7-1 铣刀的类型

a）圆柱铣刀 b）整体面铣刀 c）三面刃铣刀 d）立铣刀 e）键槽铣刀 f）半圆键槽铣刀 g）锯片铣刀 h）角度铣刀 i）成形铣刀 j）硬质合金面铣刀

第一节 铣 削

一、铣削运动

铣削的主运动是铣刀的旋转运动，进给运动是工件的直线运动。图 7-2 所示为圆柱铣刀和面铣刀的切削运动。

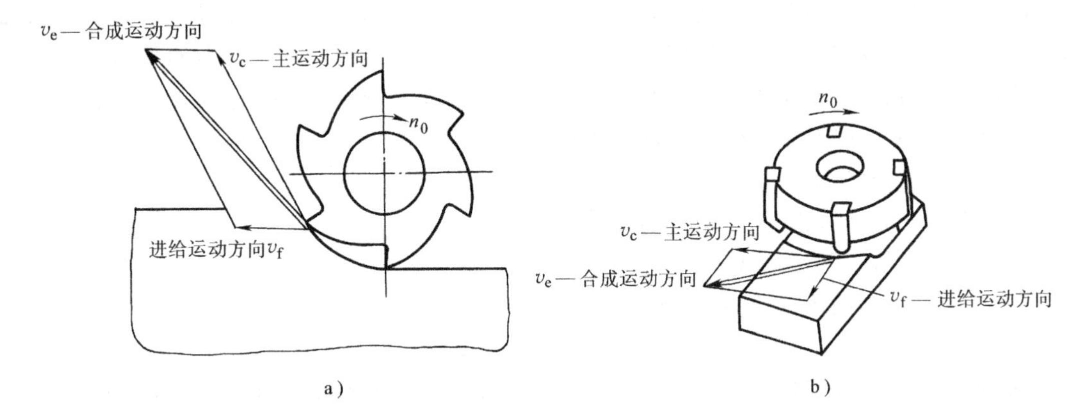

图 7-2　铣削运动

a）圆柱铣刀铣削　b）面铣刀铣削

二、铣刀几何角度

在讨论铣刀的几何角度时，仍以切削刃为单元，用与车刀相同的方法进行。

1. 基准参考平面

根据定义，铣刀的基面 p_r 如图 7-3、图 7-4 所示。它是过切削刃选定点，包括铣刀轴线在内的平面；切削平面 p_s 垂直于基面。

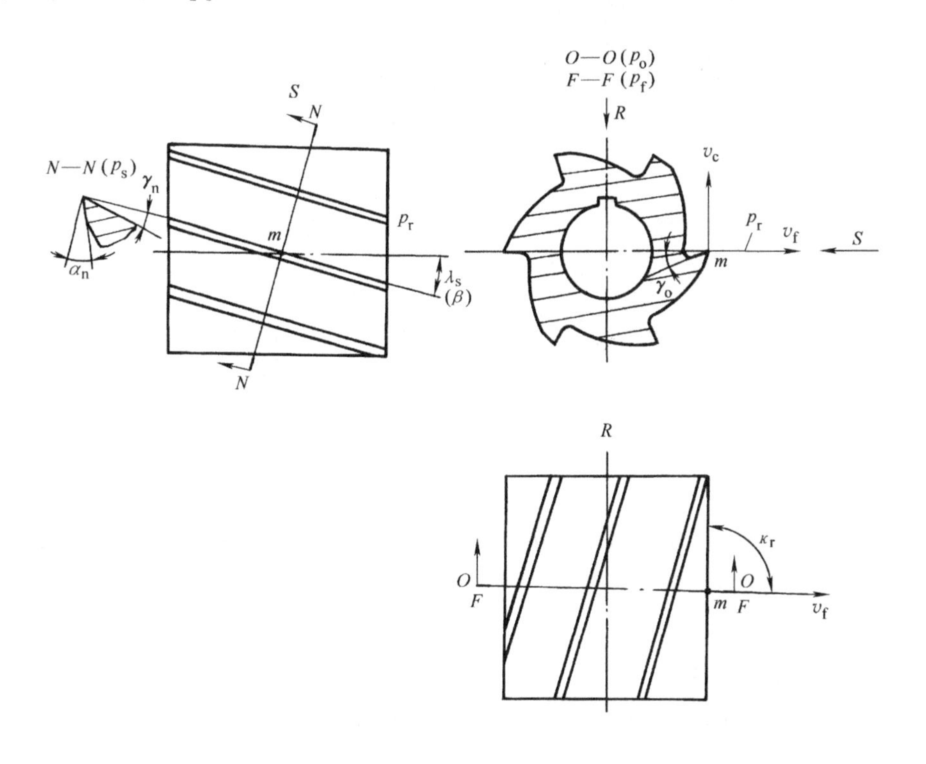

图 7-3　螺旋齿圆柱铣刀的几何角度

2. 几何角度

（1）圆柱铣刀　圆柱铣刀分螺旋齿圆柱铣刀（图7-3）和直齿圆柱铣刀。螺旋齿圆柱铣刀的螺旋角β是圆柱铣刀螺旋齿展成直线后与铣刀轴线间的夹角。由于铣刀的基面（p_r）包含铣刀轴线，因此β就是切削刃与基面（p_r）间的夹角，即刃倾角λ_s，$\beta=\lambda_s$。当$\beta=\lambda_s=0°$时，即为直齿圆柱铣刀。圆柱铣刀各几何角度和各参考系间的角度关系：

1）主偏角$\kappa_r=90°$。

2）正交平面p_o与假定工作平面p_f重合，$\gamma_o=\gamma_f$，$\alpha_o=\alpha_f$。

3）螺旋角β等于刃倾角λ_s，$\beta=\lambda_s$。

4）法前角γ_n与前角γ_o间的关系如下：

$$\tan\gamma_n=\tan\gamma_o\cos\lambda_s$$

制造和刃磨螺旋齿圆柱铣刀时，需要标注后角α_o和法前角γ_n；制造和刃磨直齿圆柱铣刀时，需要标注前角γ_o和后角α_o。

（2）面铣刀（图7-4）　面铣刀的几何角度是刀齿安装到铣刀体后所具有的角度。刀齿相当于一把车刀，面铣刀的几何角度与车刀相似。

将一个刀齿转至基面位置，如图7-4所示。面铣刀除需要正交平面系中有关角度外，在设计、制造、刃磨面铣刀时，还需要假定工作（进给）、背（切深）平面系中的有关角度。

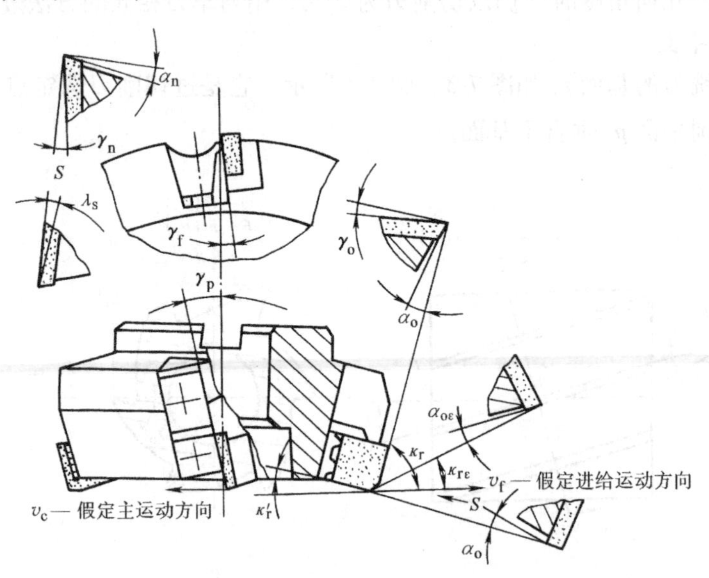

图7-4　面铣刀的几何角度

通过以上对车刀、钻头和铣刀几何角度的讨论，可以看出，尽管车刀、钻头和铣刀从结构上看，极不相同，但若以切削刃为单元，则分析它们几何角度的方法和所得的结果是相同的。

3. 铣刀几何角度的选择

铣刀几何角度的合理数值，除根据第四章的选择原则选取外，还要考虑到铣削过程是断续切削和切削厚度不断变化的特点。即对面铣刀为抗冲击，其前角和刃倾角常取负值。其参考数值见表7-1。

表 7-1 铣刀几何角度参考数值

<table>
<tr><td colspan="2" rowspan="2">工件材料</td><td colspan="3">高速钢圆柱铣刀</td><td colspan="8">硬质合金面铣刀</td></tr>
<tr><td>γ_n</td><td>α_o</td><td>β</td><td>γ_o</td><td>α_o</td><td>α_o'</td><td>λ_s</td><td>κ_r</td><td>$\kappa_{r\varepsilon}$</td><td>κ_r'</td><td>b_ε</td></tr>
<tr><td rowspan="3">钢材 R_m /GPa</td><td><0.589</td><td>20°</td><td rowspan="6">细齿 16°
粗齿和
镶齿 12°</td><td rowspan="6">细齿
20°~35°
粗齿
40°~60°
组合齿
55°</td><td>5°</td><td rowspan="5">h_{Dmax}
>0.08mm
6°~8°
h_{Dmax}
≤0.08mm
8°~12°</td><td rowspan="5">8°~
10°</td><td rowspan="2">-5°~
-15°</td><td rowspan="5">20°~75°</td><td rowspan="5">10°~40°</td><td rowspan="5">5°</td><td rowspan="5">1~1.5mm</td></tr>
<tr><td>0.589~0.981</td><td>15°</td><td>5°~-5°</td></tr>
<tr><td>>0.981</td><td>10°~12°</td><td>-10°</td><td rowspan="3">-10°~
-20°</td></tr>
<tr><td rowspan="2">铸铁 HBW</td><td>≤150</td><td>5°~15°</td><td>5°</td></tr>
<tr><td>>150</td><td>15°~10°</td><td>-5°</td></tr>
<tr><td colspan="2">铝镁合金</td><td>15°~35°</td><td>20°~30°</td><td>—</td><td>—</td><td>—</td><td>—</td><td>—</td><td>—</td><td>—</td></tr>
</table>

三、铣削用量与铣削切削层参数

1. 铣削用量（图 7-5）

（1）背吃刀量（切削深度）a_p　在基面上垂直于进给运动方向所度量的切削层尺寸。铣削时为平行于铣刀轴线所度量的切削层尺寸。

（2）侧吃刀量 a_e　在假定工作平面上垂直于进给运动方向所度量的切削层尺寸。面铣刀铣削时，为被加工表面宽度；圆柱铣刀铣削时为切削层深度。

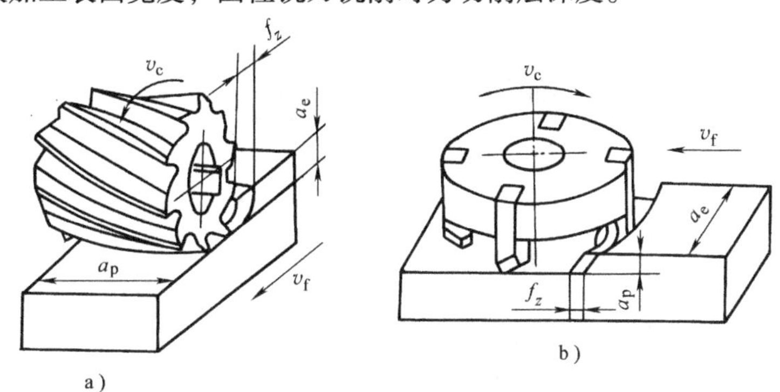

图 7-5 铣削用量

a）圆柱铣刀铣削 b）面铣刀铣削

（3）进给量　铣削进给量有以下三种表示方法：

1）每齿进给量 f_z。铣刀每转过一个刀齿时，工件与铣刀的相对位移量，单位为 mm/z。

2）每转进给量 f。铣刀每转一转时，工件与铣刀的相对位移量，单位为 mm/r。

3）每分钟进给量或进给速度 v_f。单位时间（每分钟）工件与铣刀的相对位移量，单位为 mm/min。

三者的关系为

$$v_f = f_n = f_z zn$$

（4）铣削速度 v_c　铣刀外径的圆周速度，可按下式计算：

$$v_c = \pi dn/1000$$

式中 v_c——铣削速度，单位为 m/min 或 m/s；

d——铣刀直径，单位为 mm；

n——铣刀转数，单位为 r/min 或 r/s。

2. 铣削切削层参数

铣削时的切削层是铣刀相邻两个刀齿在工件上形成的过渡表面之间的一层金属层。铣削切削层参数如下：

（1）圆柱铣刀（图7-6）

1）切削厚度 h_D。铣削时的切削厚度是铣刀相邻两个刀齿形成的过渡表面间的垂直距离。

$$h_D = f_z \sin\theta \tag{7-1}$$

式中　θ——铣刀刀齿所在位置与切入（逆铣）或切出（顺铣）位置间的夹角，称为瞬时接触角。

铣刀刀齿由切入工件至离开工件所转过的角度 δ，称为接触角。由图可知，瞬时接触角由 $0 \to \theta_{max} = \delta$，于是最大切削厚度 h_{Dmax} 为

$$h_{Dmax} = f_z \sin\delta$$

由此可见，一个刀齿由切入到切出，切削厚度是变化的，按图7-6所示的铣削方式，$0 \to h_{Dmax}$。由图中的 $\triangle OCD$ 中得：

$$\cos\delta = 1 - \frac{2a_e}{d}$$

而

$$\sin\frac{\delta}{2} = \sqrt{\frac{1-\cos\delta}{2}} = \sqrt{\frac{a_e}{d}}$$

故平均切削厚度 h_{Dav} 为

$$h_{Dav} = f_z \sin\frac{\delta}{2} = f_z\sqrt{\frac{a_e}{d}} \tag{7-2}$$

式中　h_{Dav}——平均切削厚度，单位为mm。

2）切削宽度 b_D。切削宽度 b_D 是在基面 p_r 内沿过渡表面所度量的切削层尺寸。用圆柱铣刀铣削时，由于 $\kappa_r = 90°$，因而 $b_D = a_p$。

用螺旋齿圆柱铣刀铣削时，由于铣刀刀齿具有螺旋角 β 相当于刃倾角 λ_s，如车削中所讨论的一样。当切削刃具有刃倾角 λ_s 时，则切削刃参与和退出切削都是逐渐进行的，因而切削过程平稳（与 $\lambda_s = 0°$ 的直齿圆柱铣刀相比较）。

3）平均切削层横截面积 A_{Dav}

一个刀齿的平均横截面积 A_{Davz}

$$A_{Davz} = b_D h_{Dav} = a_p f_z \sqrt{\frac{a_e}{d}}$$

总平均横截面积 $A_{Dav\Sigma}$

$$A_{Dav\Sigma} = a_p f_z \sqrt{\frac{a_e}{d}} z_e = a_p f_z \sqrt{\frac{a_e}{d}} \frac{\delta}{2\pi} z \tag{7-3}$$

式中　z_e——同时工作齿数；

　　　z——铣刀齿数。

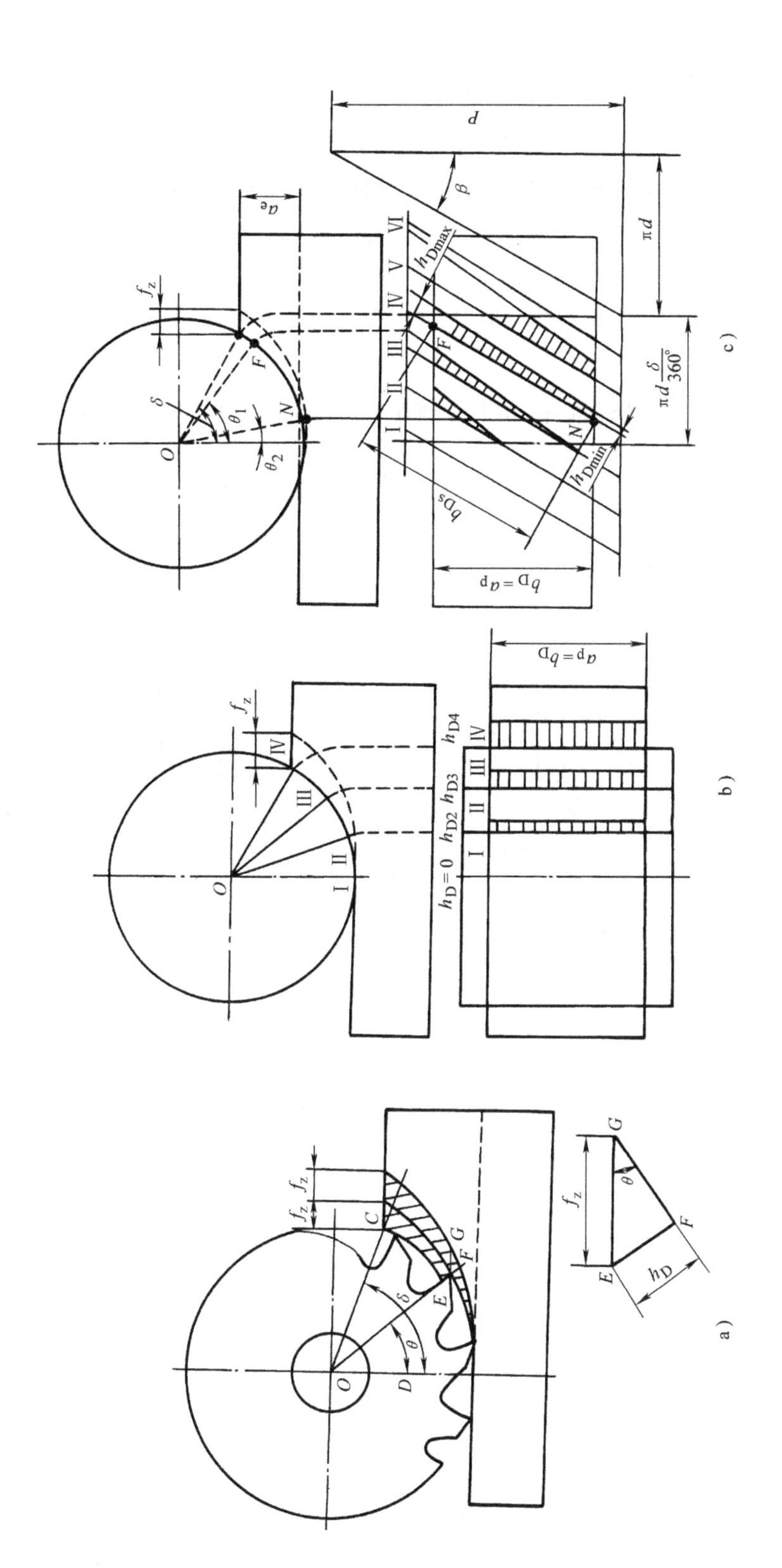

图 7-6　圆柱铣刀铣削时切削层参数

a）切削厚度 h_D　b）（公称）切削宽度 b_D　c）螺旋齿圆柱铣刀实际切削宽度 b_{DS} 的变化

（2）面铣刀（图 7-7）

1）切削宽度 b_D

$$b_D=\frac{a_p}{\sin\kappa_r} \tag{7-4}$$

2）切削厚度 h_D。用面铣刀铣削时，瞬时接触角 θ 是由铣刀中心移动轨迹，分别向切入和切出两侧度量的。如 ϕ 为切入角，ϕ' 为切出角，则接触角 $\delta=\phi+\phi'$。

由图 7-7 可见

$$h_D=f_z\cos\theta\sin\kappa_r \tag{7-5}$$

刀齿开始切入时，θ 最大，h_D 最小；在中心位置时 $\theta=0°$，h_D 最大，而切出时，则 h_D 由最大向最小变化。

平均切削厚度 h_{Dav}，根据数学推导$\left(按对称铣削，\phi=\phi'=\frac{\delta}{2}\right)$为

$$h_{Dav}=\frac{f_z a_e\sin\kappa_r}{d\frac{\delta}{2}} \tag{7-6}$$

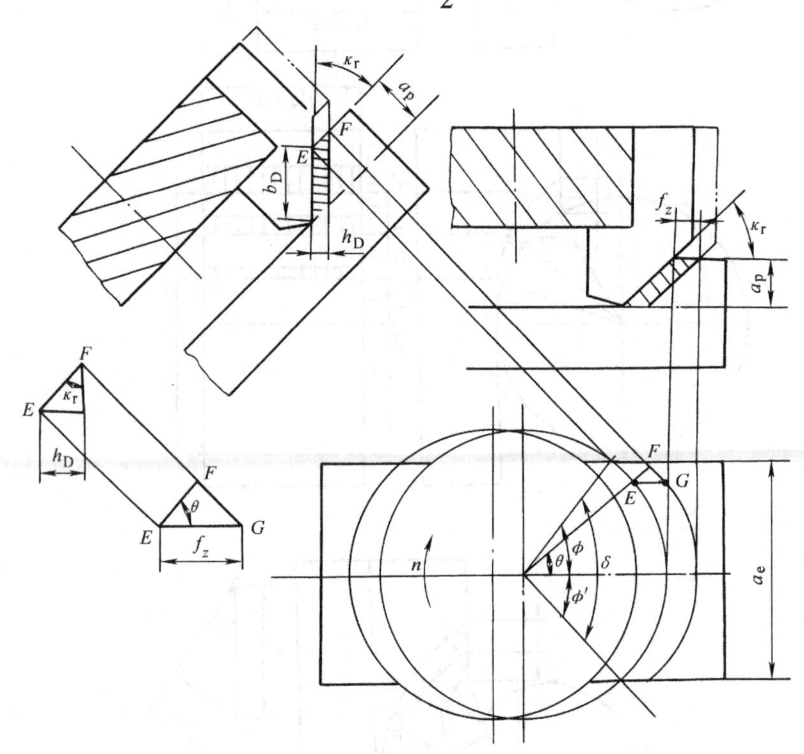

图 7-7　面铣刀切削层参数

3）平均切削层横截面积 A_{Dav}

一个刀齿的平均横截面积 A_{Davz}

$$A_{Davz}=b_D h_{Dav}=\frac{a_p}{\sin\kappa_r}\frac{f_z a_e\sin\kappa_r}{d\frac{\delta}{2}}=\frac{2a_p a_e f_z}{d\delta} \tag{7-7}$$

总平均横截面积 $A_{\mathrm{Dav}\Sigma}$

$$A_{\mathrm{Dav}\Sigma}=b_{\mathrm{D}}h_{\mathrm{Dav}}z_{\mathrm{e}}=\frac{a_{\mathrm{p}}}{\sin\kappa_{\mathrm{r}}}\frac{a_{\mathrm{e}}f_{\mathrm{z}}\sin\kappa_{\mathrm{r}}}{d\dfrac{\delta}{2}}\frac{z}{2\pi}\delta=\frac{a_{\mathrm{p}}f_{\mathrm{z}}a_{\mathrm{e}}z}{\pi d} \tag{7-8}$$

式中　z_{e}——同时工作齿数。

四、切削力及功率

1. 切削力

（1）作用于铣刀的切削分力

1）切削力或圆周（切向）力 F_{c}。它作用于铣刀的主运动方向，是消耗功率的主要切削力。

2）进给力（进给抗力）F_{f}。它作用于铣刀的径向，与 F_{c} 的合力使铣刀心轴弯曲和扭转。

3）背向力（切深抗力）F_{p}。它作用于铣刀的轴线方向。其大小对螺旋齿圆柱铣刀来说，与螺旋角 $\beta(\lambda_{\mathrm{s}})$ 的大小相关；对面铣刀来说，则与主偏角 κ_{r} 和刃倾角 λ_{s} 的大小有关。

（2）作用于工件（或铣床工作台）的切削分力　在设计机床夹具时，需要计算作用于工件（或铣床工作台）的切削分力。在已知铣削时的切削力 F_{c}、进给力 F_{f} 和背向力 F_{p} 的条件下：

1）圆柱铣刀铣削时（图7-8a）。切削力 F_{c} 和进给力 F_{f}，在垂直于铣床水平工作台平面内的（即假定工作平面）合力为 F_{cf}，其反作用力 F'_{cf}与 F_{cf}大小相等、方向相反。F'_{cf}可分解为水平分力 F_{h} 和垂直分力 F_{v}。

①水平分力 F_{h}。水平分力 F_{h} 平行于铣床的纵向进给方向，其作用方向可能与进给方向一致（顺铣）；也可能与进给运动方向相反（逆铣、图7-8a 中所示）。

②垂直分力 F_{v}。垂直分力 F_{v} 垂直于铣床工作台水平平面。其作用方向可能向下（顺铣），将工件压向工作台；也可能向上（逆铣、图7-8a 中所示）将工件自铣床工作台抬起。

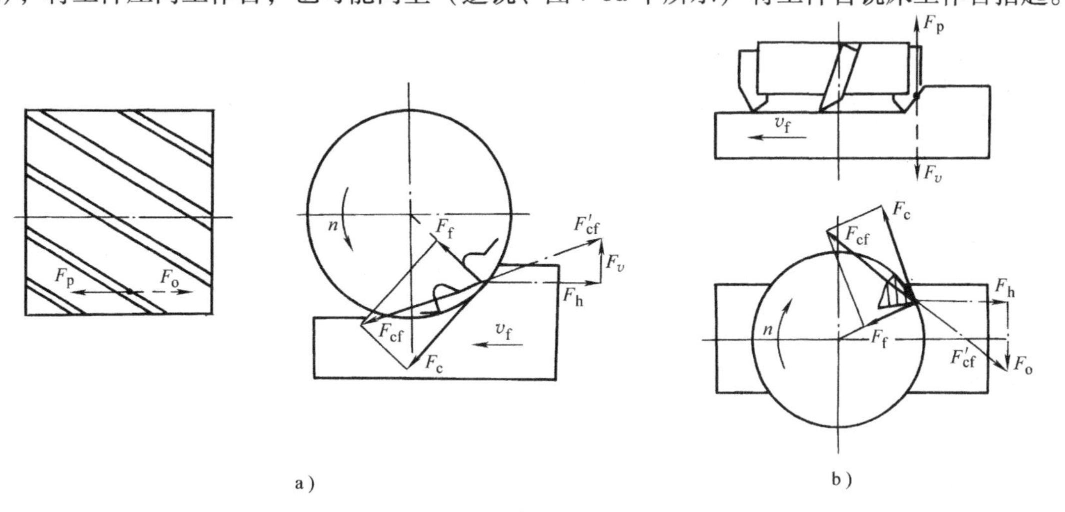

图7-8　铣削分力

a）圆柱铣刀铣削分力　b）面铣刀铣削分力

③横向分力 F_o。横向分力 F_o 与背向力 F_p 大小相等、方向相反，作用于铣床横向进给方向，其作用方向与铣刀的螺旋齿的旋向有关（对直齿圆柱铣刀，因 $\beta=0°$，理论上 $F_p=0$，因而 $F_o=0$）。

2）面铣刀铣削时（图7-8b）。切削力 F_c 和进给力 F_f 的合力 F_{cf}。F_{cf}的反作用力 F'_{cf}，可分解为水平分力 F_h 和横向力 F_o。

①水平分力 F_h。F_h 平行于铣床纵向进给方向，其作用方向与铣床的进给运动方向相反。

②横向分力 F_o。F_o 作用于铣床横向进给机构。

③垂直分力 F_v。垂直分力 F_v 与背向力 F_p 大小相等、方向相反。其作用作方向是将工件压向铣床工作台。

2. 计算切削力的实验公式

（1）指数公式

1）计算铣削切削力 F_c 的指数公式见表7-2。

表7-2　计算铣削切削力 F_c 的指数公式

铣刀类型	刀具材料	工件材料	切削力 F_c 计算式(单位:N)
圆柱铣刀	高速钢	碳钢	$F_c=9.81(65.2)a_e^{0.86}f_z^{0.72}a_pzd^{-0.86}$
		灰铸铁	$F_c=9.81(30)a_e^{0.83}f_z^{0.65}a_pzd^{-0.83}$
	硬质合金	碳钢	$F_c=9.81(96.6)a_e^{0.88}f_z^{0.75}a_pzd^{-0.87}$
		灰铸铁	$F_c=9.81(58)a_e^{0.90}f_z^{0.80}a_pzd^{-0.90}$
面铣刀	高速钢	碳钢	$F_c=9.81(78.8)a_e^{1.1}f_z^{0.80}a_p^{0.95}zd^{-1.1}$
		灰铸铁	$F_c=9.81(50)a_e^{1.14}f_z^{0.72}a_p^{0.90}zd^{-1.14}$
	硬质合金	碳钢	$F_c=9.81(789.3)a_e^{1.1}f_z^{0.75}a_pzd^{-1.3}n^{-0.2}$
		灰铸铁	$F_c=9.81(54.5)a_ef_z^{0.74}a_p^{0.90}zd^{-1.0}$
被加工材料 R_m 或硬度不同时的修正系数 K_{F_c}			加工钢料时 $K_{F_c}=\left(\frac{R_m}{0.637}\right)^{0.30}$（式中 R_m 的单位:GPa)
			加工铸铁时 $K_{F_c}=\left(\frac{布氏硬度值}{190}\right)^{0.55}$

2）根据切削力 F_c 计算作用于工件(或工作台)上的各切削分力

①圆柱铣刀铣削。当铣削条件为：侧吃刀量 $a_e=0.05d$（d 为铣刀直径），每齿进给量 $f_z=0.1\sim0.2\text{mm/z}$ 时。

a. 水平分力 F_h

逆铣时　$F_h=(1.0\sim1.2)F_c$

顺铣时　$F_h=(0.8\sim0.9)F_c$

b. 垂直分力 F_v

逆铣时　$F_v=(0.2\sim0.3)F_c$

顺铣时　$F_v=(0.75\sim0.8)F_c$　　(7-9)

c. 横向分力 F_o

逆铣时　$F_o=(0.35\sim0.4)F_c$

顺铣时　$F_o=(0.35\sim0.4)F_c$

②面铣刀铣削。当铣削条件为：背吃刀量（切削深度）$a_p=(0.4\sim0.8)d$（d为铣刀直径）；每齿进给量$f_z=0.1\sim0.2\text{mm/z}$；铣削方式为对称铣削时。

$$\left.\begin{aligned} &\text{a. 水平分力 } F_h \quad && F_h=(0.3\sim0.4)F_c\\ &\text{b. 横向分力 } F_o \quad && F_o=(0.85\sim0.95)F_c\\ &\text{c. 垂直分力 } F_v \quad && F_v=(0.5\sim0.55)F_c \end{aligned}\right\} \tag{7-10}$$

（2）单位切削力计算公式

1）面铣刀铣削

①一个刀齿的切削力F_{cz}的计算式如下：

$$F_{cz}=h_{Dav}b_Dp_sK \tag{7-11}$$

式中　h_{Dav}——平均切削厚度，按式（7-6）计算；

b_D——切削宽度，按式（7-4）计算；

p_s——单位切削力；

K——修正系数。

②总切削力F_c

$$F_c=F_{cz}z_e \tag{7-12}$$

式中　z_e——同时切削齿数。

$$z_e=\frac{\delta z}{2\pi}=\frac{\delta z}{360} \tag{7-13}$$

其中　δ——接触角；

z——铣刀齿数。

2）圆柱铣刀铣削

①一个刀齿的切削力F_{cz}

$$F_{cz}=h_{Dav}b_DK \tag{7-14}$$

式中　h_{Dav}——平均切削厚度，按式（7-2）计算；

b_D——切削宽度，$b_D=a_p$，其余与面铣刀相同。

②总切削力F_c的计算与面铣刀相同。

3. 铣削功率

$$P_c=F_cv_c\times10^{-3}/60 \tag{7-15}$$

式中　P_c——铣削功率，单位为kW；

F_c——切削力，单位为N；

v_c——铣削速度，单位为m/min。

举例　用单位切削力公式计算铣削力

粗铣长500mm，$a_e=150\text{mm}$，材料为冷铸铁的工件的平面，如图7-9所示；采用硬质合金面铣刀，铣刀直径$d=250\text{mm}$；$z=12$，几何角度：$\gamma_o=-5°$；$\kappa_r=60°$。铣削用量：$a_p=5\text{mm}$；$f_z=0.16\text{mm/z}$；$v_c=63\text{m/min}$。求铣削力F_c。

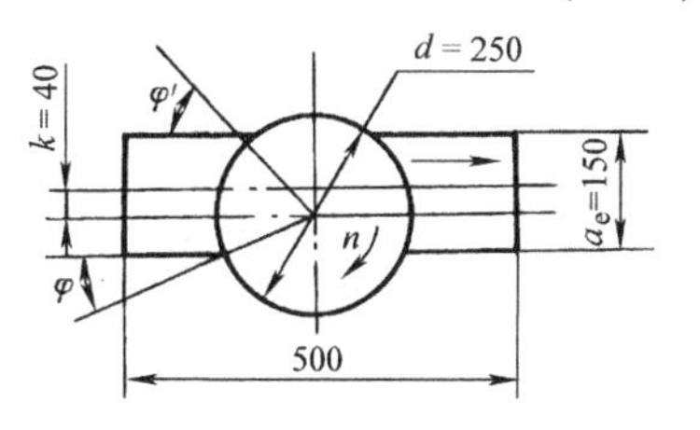

图7-9　铣削平面示意图

解　1. 一个刀齿的切削力F_{cz}

（1）接触角δ　采用不对称铣削，偏移量$k=40\text{mm}$

切入角 φ

$$\sin\varphi=\frac{\frac{a_e}{z}-k}{\frac{d}{2}}=\frac{\frac{150}{2}-40}{\frac{250}{2}}=0.28$$

切入角 φ　　$\varphi=16.3°$

切出角 φ'

$$\sin\varphi'=\frac{\frac{a_e}{z}+k}{\frac{d}{2}}=\frac{\frac{150}{2}+40}{\frac{250}{2}}=0.92$$

切角 φ'　　$\varphi'=66.92°$

接触角 δ　　$\delta=\varphi+\varphi'=16.3°+66.92$

$=83.22°$

（2）平均切削厚度 h_{Dav}　由式（7-6）

$$h_{Dav}=\frac{2a_e f_z\sin\kappa_r}{d\delta}=\frac{360°\times150\times0.16\times\sin60°}{\pi\times250\times83.22°}\text{mm}=0.114\text{mm}$$

（3）切削宽度 b_D　由式（7-7）

$$b_D=\frac{a_p}{\sin\kappa_r}=\frac{5}{\sin60°}\text{mm}=5.77\text{mm}$$

（4）单位切削力 p_s　由相关表查得 $p_s=319$（h_{Dav}按0.1mm计）。

（5）修正系数 K

前角修正系数 $K_{\gamma o}$

$$K_{\gamma o}=1-\frac{\gamma_o-\gamma_{oa}}{66.7}=1-\frac{(-5-2)}{66.7}=1.1$$

切削速度修正系数 K_v　K_v 由相关图中查得：

$$K_v=1.05$$

一个刀齿的切削力 F_{cz}　由式（7-11）

$$F_{cz}=9.81h_{Dav}b_Dp_sK=9.81\times0.114\times5.77\times319\times1.1\times1.05\text{N}=2377.5\text{N}$$

2. 总切削力 F_c　由式（7-12）

同时参与切削齿数 z_e：$z_e=\frac{\delta z}{360°}=\frac{83.22°\times12}{360°}=2.77$

$$F_c=F_{cz}z_e=2377.5\times2.77\text{N}=6585.7\text{N}$$

五、铣削方式

1. 圆柱铣刀铣削

铣削时，根据铣刀旋转方向和工件进给方向组合不同，分为顺铣和逆铣，如图7-10所示。其定义与特点见表7-3。

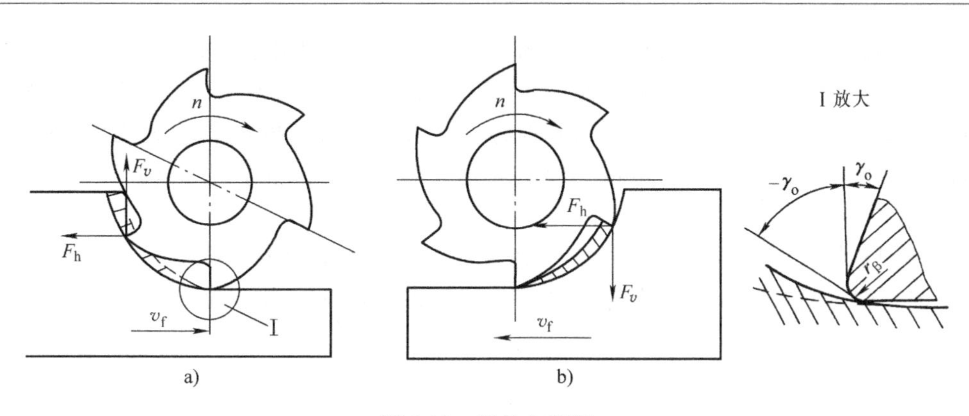

图 7-10　逆铣与顺铣

a）逆铣　b）顺铣

表 7-3　逆铣与顺铣

铣削方式	逆　铣	顺铣
定义	铣刀旋转方向与工件进给方向相反	方向相同
特点	①切屑由薄变厚	由厚变薄
	②水平力 F_h 与进给方向相反	方向相同
	③垂直力 F_v 向上	F_v 向下

逆铣时，切削厚度由零逐渐增大，由于铣刀刀齿具有刃口钝圆半径 r_β，使刀齿要产生一段“滑行”才能切入工件，结果使已加工表面产生硬化，表面粗糙度值变大，铣刀磨损增大。

顺铣时，切削厚度由厚变薄，无“滑行”现象，加工表面粗糙度值小，铣刀磨损也小。同时，垂直力 F_v 向下作用，将工件压向工件台，避免铣削时的上下振动。但 F_h 力与进给方向一致，由于铣床工作台进给机构丝杠—螺母副存在间隙，在铣削力变动的过程中，由于 F_h 的作用，可能使工作台带动丝杠发生窜动，而影响铣刀寿命，甚至打刀。因此，当要采用顺铣方式时，机床进给机构必须具有消除间隙机构。

2. 面铣刀铣削

用面铣刀铣平面时，根据铣刀和工件间的相对位置不同，分为对称铣削和不对称铣削，如图 7-11 所示。

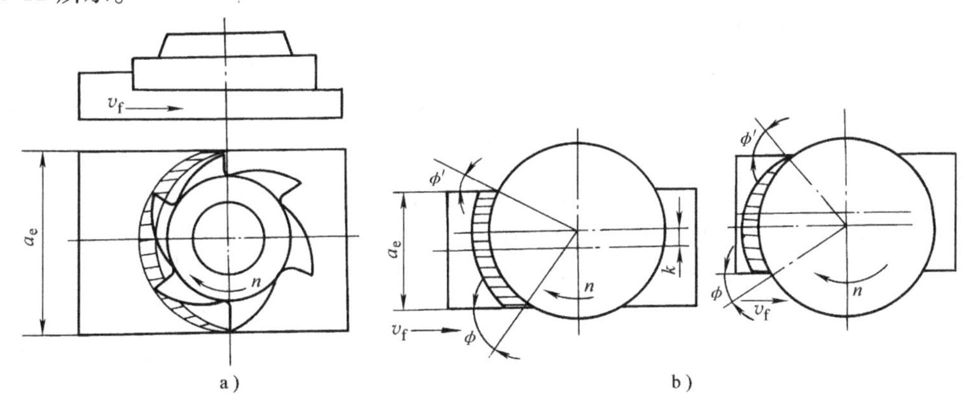

图 7-11　对称铣削与不对称铣削

a）对称铣削　b）不对称铣削

（1）对称铣削　被铣工件安放在铣刀轴心移动轨迹的对称位置时，称为对称铣削。把铣刀刀齿切入工件处和铣刀中心的连线与铣刀轴心移动轨迹间的夹角 ϕ，称为切入角；铣刀刀齿切出工件处和铣刀中心的连线与铣刀轴心移动轨迹间的夹角 ϕ'，称为切出角。在切入角 ϕ 范围内类似于逆铣；在切出角 ϕ' 范围内相当于顺铣。对称铣削时 $\phi=\phi'$，一半为逆铣，一半为顺铣。

（2）不对称铣削　被铣工件平分线相对于铣刀轴心移动轨迹，有一偏移量 k 时，称为不对称铣削。偏移量 k 向 ϕ 一侧为负，向 ϕ' 一侧为正，ϕ 和 ϕ' 可由下式求出：

$$\left.\begin{aligned}\sin\phi &= \frac{\dfrac{a_e}{2}-k}{\dfrac{d}{2}}\\ \sin\phi' &= \frac{\dfrac{a_e}{2}+k}{\dfrac{d}{2}}\end{aligned}\right\} \tag{7-16}$$

切入角 ϕ 越小，说明铣削过程逆铣所占比例越小，当切入角 ϕ 为负时，铣削过程全部变为顺铣，如图7-12所示。

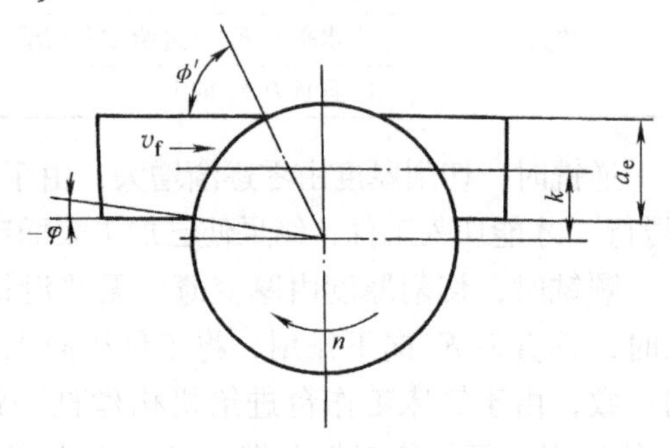

图7-12　负切入角 ϕ

六、硬质合金面铣刀的破损和最佳铣削条件的选择

铣削过程中铣刀的正常磨损和车刀基本相同，但在逆铣时，由于开始切入时，切削厚度为零，刀齿有“滑行”现象，使铣刀刀齿后刀面的磨损加剧。

铣削过程是断续切削。铣刀刀齿在切入、切出时，会形成冲击。对于圆柱铣刀来说，由于采用了螺旋齿（$\beta=\lambda_s$），使铣刀齿能逐渐切入和切出，以及切削时速度较低，因而铣削时，对圆柱铣刀的破坏不甚严重。

用硬质合金面铣刀铣削平面时，由于铣削过程是断续的，使铣刀刀齿承受大的机械冲击，同时刀齿在切削区域内，因受热而温度升高，而在空程时间内，又立即遭到冷却（不使用切削液），导致刀齿骤热骤冷，而出现崩刃、打刀等破损现象，使铣刀寿命急剧下降。图7-13中把车削时刀具寿命曲线与面铣时相比较，就可以很明显地看出这个问题。因此，了解引起铣刀刀齿破损的原因和讨论防止刀齿破损的措施，就成为面铣刀铣削时的一个特别重要的问题。

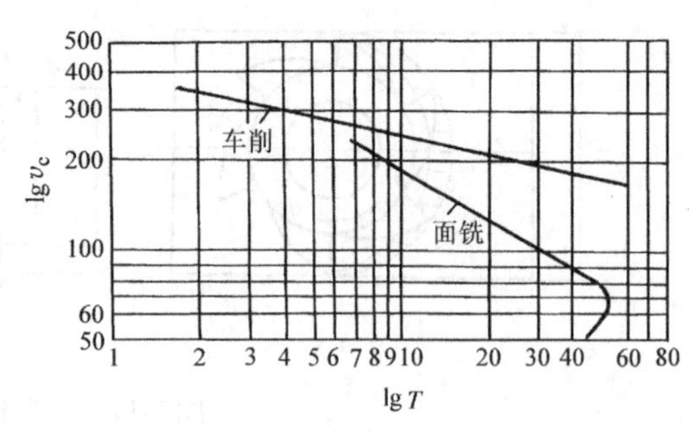

图7-13　车削与面铣时刀具寿命曲线比较

1. 铣刀刀齿破损的基本类型及原因

面铣刀铣削时，刀齿破损类型很多，其原

因也极为复杂，但根据其基本特征，大体可分为三类：

（1）低速性崩刃　这种崩刃现象，通常在使用刚刃磨过的铣刀，以较低的切削速度进行铣削时，可能在刀齿切削刃并没有龟裂的地方突然发生崩刃。如果使其他铣削条件不变，只改变切削速度，实验结果证明，当切削速度到达某一极限速度以上时，就不会产生这种崩刃。因此可以认为低速性崩刃，主要是由于断续切削时的机械冲击和刀具材料的脆性所致。

图7-14所示为硬质合金面铣刀铣削时的低速性崩刃区和安全区。由图可见，如增大每齿进给时f_z，则安全工作的铣削速度可在较大的范围内选取。

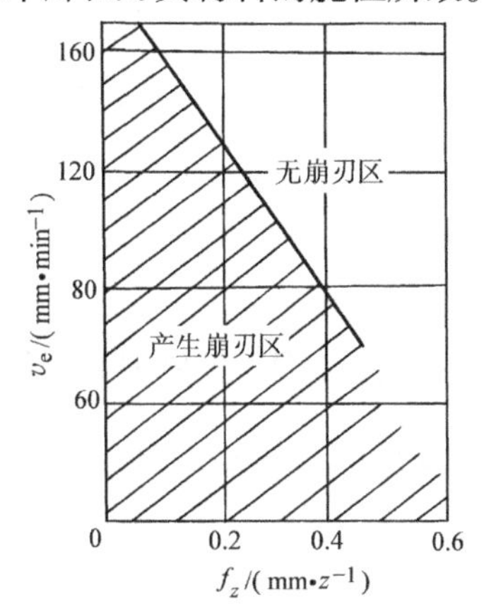

图7-14　硬质合金面铣刀铣削时的低速性崩刃区和安全区

（2）没有龟裂的大打刀　大打刀现象是偶然发生的，可以认为这是当背吃刀量a_p及进给量f_z过大，由于刀具的强度不足，而引起的断裂现象。

（3）高速性破损　当铣刀刀齿已经磨损并且铣削速度较高时，而产生的崩刃。这种破损是因为刀具已磨损，速度又高，会产生大量的切削热，使刀齿在切削区内因加热，外表面温度高，膨胀大，内部温度低膨胀小，阻碍外表面膨胀，因而外表面呈压缩热应力；当刀齿切出工件后，在空气中冷却，这时刀齿外表面因冷却快而收缩，而内部因冷却慢，收缩小，阻碍外表面收缩，因而表面呈拉伸热应力。

刀齿在铣削过程中，外表面因热而产生压缩热应力，因冷却又会产生拉伸热应力，这种热、冷应力状态反复作用的结果，使表面形成热疲劳，导致热龟裂。刀齿产生热龟裂，就容易产生崩刃、剥落等破损，使刀具很快失去切削能力。

2. 减少面铣刀刀齿破损和最佳铣削条件的选定

（1）合理选择铣削速度v_c和每齿进给量f_z　根据实验证明，利用切削速度v_c和每齿进给量f_z的不同组合，就可以获得铣削过程的正常磨损区（不产生崩刃）和崩刃区。由图7-15可见，若选用低的切削速度v_c和小的进给量f_z就会产生低速性崩刃；选用过高的切削速度v_c和过大的进给量f_z，就会产生高速性崩刃；只有合理地组合v_c和f_z才可能获得安全区。如采用较大进给量f_z和较小的切削速度v_c（50m/min以上）就能在较大的范围内获得安全区。

（2）正确地确定铣刀刀齿切入工件的状态　图7-16a所示为用面铣刀铣削平面时，工件侧面切削断面*STUV*在刀齿切入时，与刀齿前刀面的初始接触点。根据铣刀的侧前角γ_f、背前角γ_p和切入角φ不同组合，可能是S'在刀尖、T'在切削刃上、V'在副切削刃附近、U'在远离刀尖和切削刃的前刀面上。例如，铣削时若刀尖S首先与工件侧面相接触，由于刀尖是刀具最弱的部位，就可能引起崩刃或打刀；若前刀面的U点首先与工件接触，由于U'点在前刀面较远处，强度最好（四个点相比较），就不容易引起崩刃或打刀，并能使其他各点在无冲击下切入工件。根据分析实验证明，为使U点首先

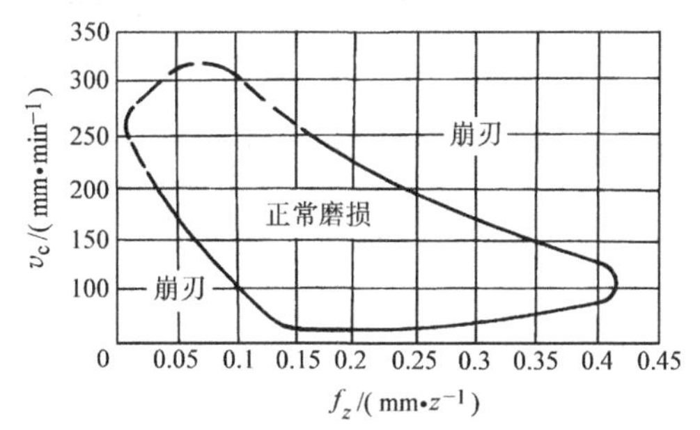

图7-15　v_c—f_z组合而得的安全区和崩刃区

与工件接触，应使切入角 ϕ 大于侧（进给）前角 γ_f（图7-16b），或侧（进给）前角 γ_f 和背（切深）前角 γ_p 同时为负。

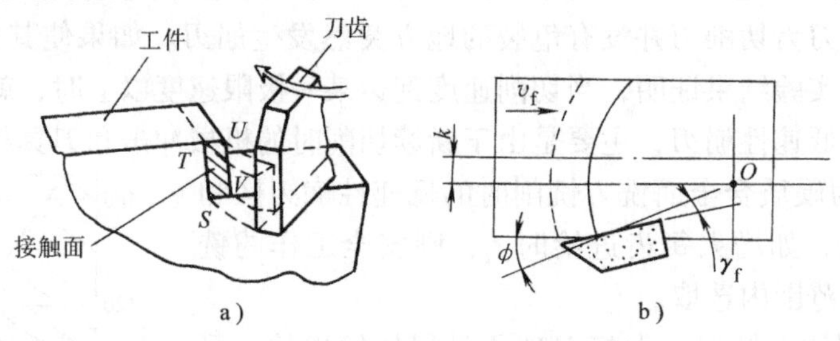

图7-16　刀齿前刀面与工件侧面的接触点

（3）合理安置铣刀和工件的相对位置和选取铣刀直径

1）切入角 ϕ 的选定。由图7-11及式（7-16）$\left(\sin\phi=\dfrac{a_e/2-k}{d/2}\right)$可知，铣刀相对于工件的偏移量 k 越小，则切入角 ϕ 越大。当 $k=0$，$\sin\phi=\dfrac{a_e}{d}$，若 $a_e=d$，即侧吃刀量 a_e 等于铣刀直径时，$\phi=90°$，切入角 ϕ 最大。刀齿切入时，切削厚度为零，使铣刀刀齿有“滑行”，不能很快进入正常切削状态，引起刀齿磨损或破损。

增大偏移量 k，使 $k>a_e/2$ 时，切入角 ϕ 为负值，如图7-12所示。这时刀齿切入时，切削厚度最大，为顺铣状态，使切削很快进入到正常切削状态，因而刀齿磨损或破损少。根据实验结果，切入角 ϕ 对刀具寿命的影响，如图7-17所示。在铣削较软材料时 $\phi=-20°$左右时，刀具寿命最高，但这时从接触种类来说，基本属于容易发生崩刃的 S 或 VS 接触；而在铣削高硬度材料时，$\phi=5°\sim20°$的 U 点接触，刀具寿命最高，如图7-17b所示。由此可以认为切入角 ϕ 的效果主要是由于刀齿切入时，切削厚度不同所带来的影响所致。

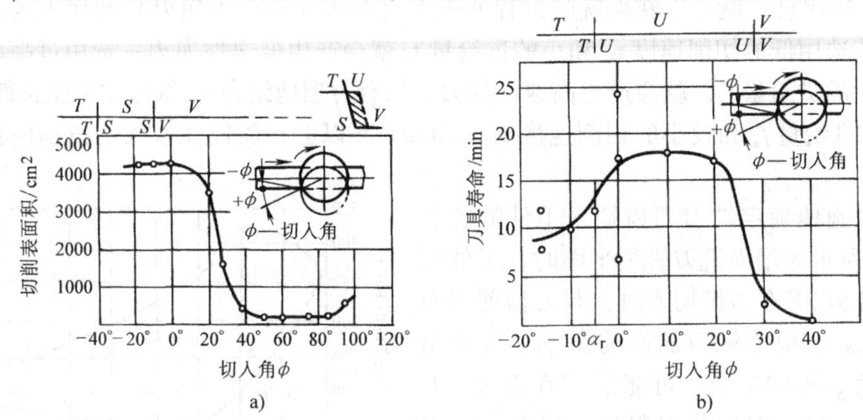

图7-17　切入角 ϕ 对刀具寿命的影响

a）实验条件：切削速度 $v_c=165$m/min，侧吃刀量 $a_c=65$mm，背吃刀量 $a_p=1.5$mm，进给量 $f_z=0.2$mm/z；背前角 $\gamma_p=10°$，侧前角 $\gamma_f=-10°$；$VB=0.6$mm；工件材料 S50C（170HBW）

b）实验条件：切削速度 $v_c=142$m/min，侧吃刀量 $a_c=65$mm，背吃刀量 $a_p=1.5$mm，进给量 $f_z=0.5$mm/z；背前角 $\gamma_p=-10°$，侧前角 $\gamma_f=-5°$，主偏角 $\kappa_r=75°$工件材料 SNCM8（241HBW）

表 7-4　铣刀直径 d 与切入角 ϕ 的关系（当铣削宽度 $a_e = 100$mm 时）

铣刀直径 d/mm	250	200	160	125	100
$\dfrac{a_e}{d}$ /mm	0.4	0.5	0.63	0.8	1.0
切入角 ϕ	23°	30°	38°	53°	90°

2）铣刀直径 d 的选定。对称铣削时，当工件铣削宽度 a_e 已知，铣刀直径 d 不同，切入角 ϕ 就不同（图 7-18）。由表 7-4 可知，铣刀直径 d 越大，切入角就越小，根据上面分析，对铣刀有利。但直径越大，线速度越大，产生的机械冲击也就越大，又会增大刀齿产生崩刃的可能性，权衡两者，通常采用的铣刀直径 $d = (1.2 \sim 1.5)a_e$ 为宜。

不对称铣削时，应采用不对称顺铣，不采用不对称逆铣，其铣刀直径也不宜过大。

当工件宽度给定时，为防止铣刀破损，最佳铣刀直径与铣刀安装位置的选择如图 7-18 所示。

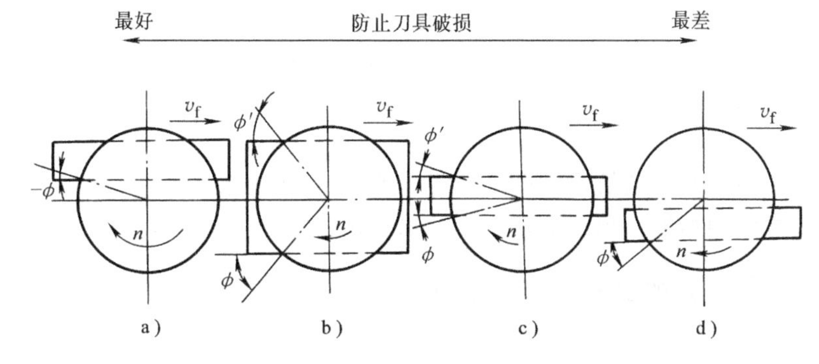

图 7-18　最佳铣刀直径与铣刀安装位置的选择

a）不对称顺铣　b）对称铣削　c）大尺寸铣刀对称铣削　d）大直径铣刀不对称逆铣

第二节　尖 齿 铣 刀

尖齿铣刀是普通铣刀中应用较多的刀齿结构，它的齿槽是用单角角铣刀或双角度铣刀铣削而成。新铣刀的前刀面和后刀面均需用砂轮刃磨。当铣刀用钝后需重磨后刀面。

一、刀齿和齿槽形状

尖齿铣刀的刀齿和齿槽形状，应保证铣刀有足够的强度和充裕的容屑空间、较多的重磨次数。常用的有三种刀齿齿背形式，如图 7-19 所示。

1. 直线齿背

直线齿背的齿槽是用一把角度铣刀铣制，因此制造简单，但刀齿的强度较低，所以常用作细齿铣刀的齿背，铣刀用钝后重磨后刀面，这样容屑空间将显著减少，因而刀齿的重磨次数不多。

2. 折线齿背

折线齿背的齿槽是用两把角度铣刀分两次铣出，齿背接近抛物线形状，因而刀齿强度较好，且齿槽的容屑空间较直线齿背大。该齿背常作粗齿铣刀。

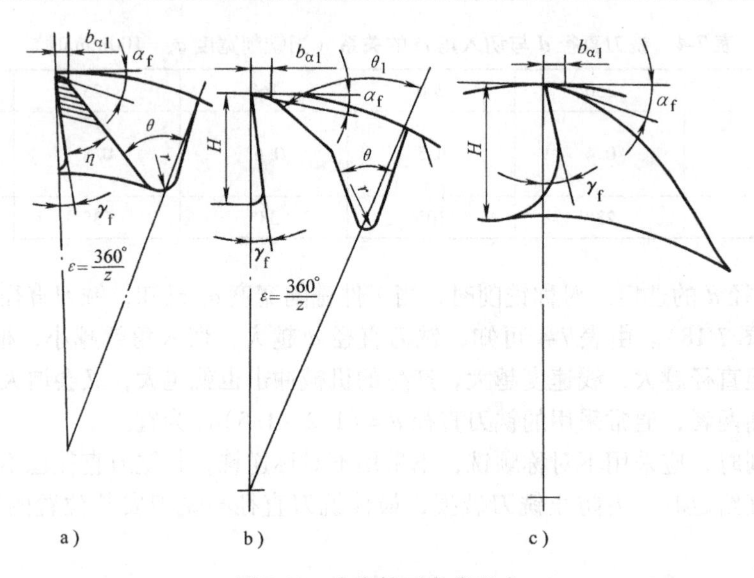

图 7-19　尖齿铣刀齿背形式

a）直线齿背　b）折线齿背　c）曲线齿背

3. 曲线齿背

曲线齿背在任何截面上的抗弯强度均相等，有较高的刀齿强度，并可增大齿槽的容屑空间。该齿背曲线常取圆弧形，可用成形铣刀一次铣成。

二、常用尖齿铣刀的结构特点与应用

1. 立铣刀

主要用在立式铣床上，加工凹槽或铣削互相垂直的两平面，以及按靠模加工成形表面等。如图 7-20 所示，立铣刀在圆柱面上的切削刃是主切削刃，端面上的切削刃是副切削刃，因此铣削时不宜沿铣刀轴线方向做进给运动。主切削刃上螺旋角的作用与圆柱铣刀的螺旋角相似，一般取 $\beta=30°\sim45°$。为了使副切削刃有足够的强度，常有副切削刃的前刀面上磨出 $b_{\gamma1}'=0.4\sim1.5\text{mm}$，$\gamma_{o1}'=6°$的棱边。

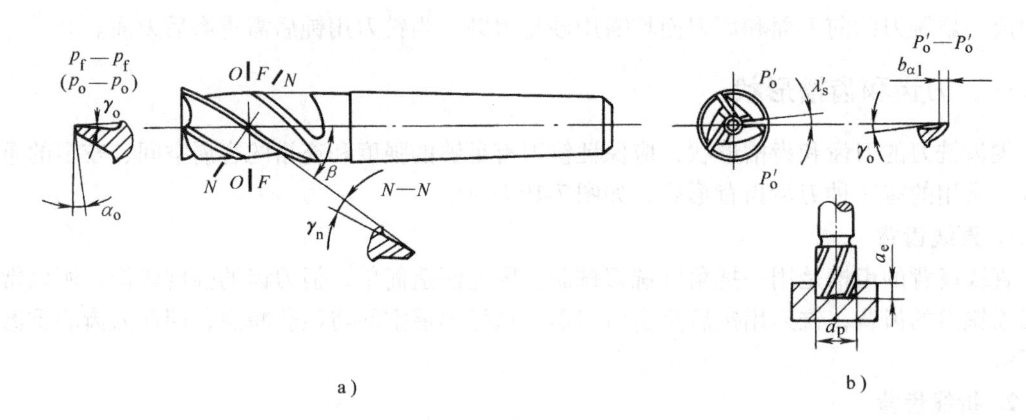

图 7-20　立铣刀

a）立铣刀　b）用立铣刀铣槽

按国家标准规定，立铣刀有粗齿锥柄和粗齿直柄两种，齿数取3～4个；还有细齿锥柄和直柄立铣刀，齿数为5、6、8齿。

2. 可转位硬质合金球头立铣刀（图7-21）

球头立铣刀的切削部分呈球形，可用于普通铣床、仿形铣床、数控铣床和加工中心上进行仿形加工，或用于加工模具的型腔或成形表面。球头立铣刀可以在水平方向、垂直方向进给，也可以在倾斜方向进给。

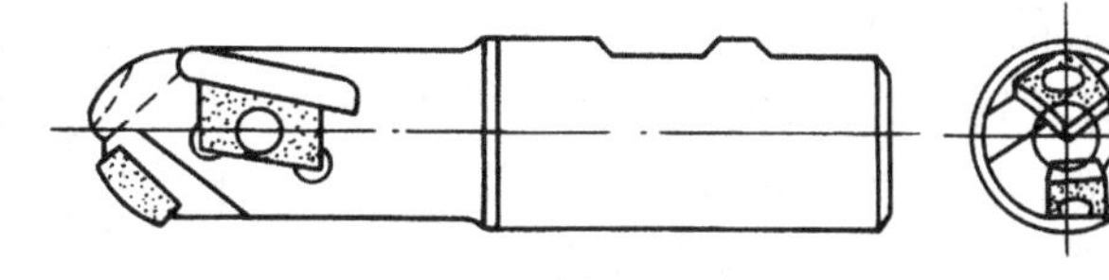

图7-21　可转位硬质合金球头立铣刀

图7-21所示的可转位硬合金球头立铣刀，是采用四边形球面刀位立装式。它除用于加工钢、铸钢、铸铁外，也能铣削高温合金、奥氏体钢和有色金属，很适于加工曲面槽形。

3. 键槽铣刀

键槽铣刀用于铣削圆头封闭键槽，如图7-22所示。这种铣刀在圆柱面和端面上都有刀齿，且齿数少，螺旋角小，端面刀齿直接延伸到刀具中心，因此该刀齿的强度较好。工作时不仅可以纵向进给，同时也能轴向垂直进给。铣削时要分几次垂直进给和纵向进给，才能完成键槽的加工。

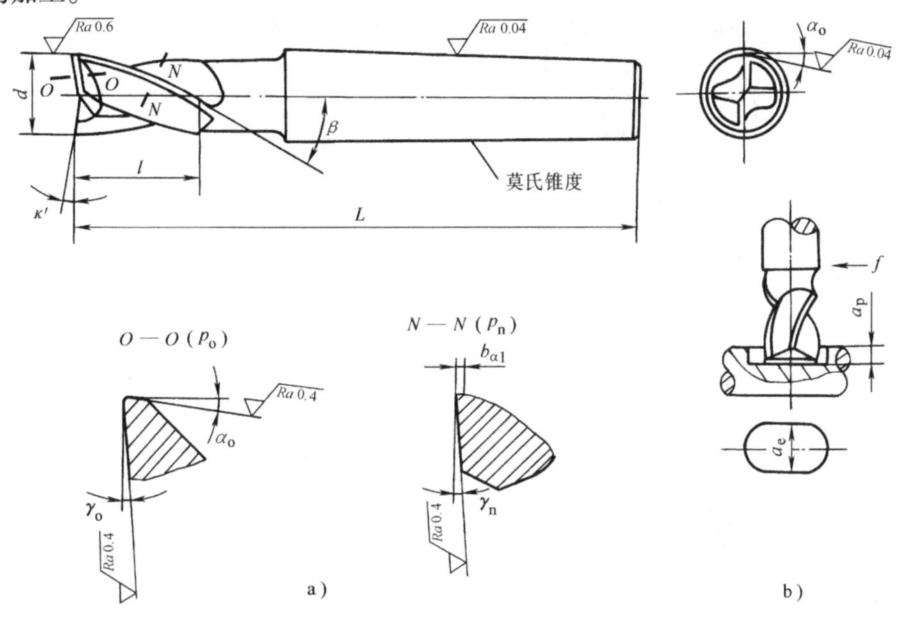

图7-22　键槽铣刀

a）键槽铣刀　b）用键槽铣刀加工键槽

键槽铣刀的直径 $d=2\sim22$mm 时用圆柱柄，直径 $d=14\sim40$mm 时用锥柄。

4. 三面刃铣刀

三面刃铣刀除了在圆周上有切削刃外，它的两侧面同样也有切削刃，因此改善了切削情况，提高了切削效率，且减小了加工表面的粗糙度。这种刀具通常用于铣制沟槽或台阶面。三面刃铣刀按结构可分为：

（1）直齿三面刃铣刀　如图7-23所示。这种刀具两侧刃上的前角等于0°，因此在铣削塑性材料时的切削条件较差。直齿三面刃铣刀 $d=50\sim200$mm，$B=4\sim40$mm。圆周前刀面与端齿前刀面连成一个平面，并以一次铣成和刃磨，使工序简化。圆周刀齿和端面刀齿均留有凸起的棱边，便于刃磨，且可保持棱边的宽度不变。

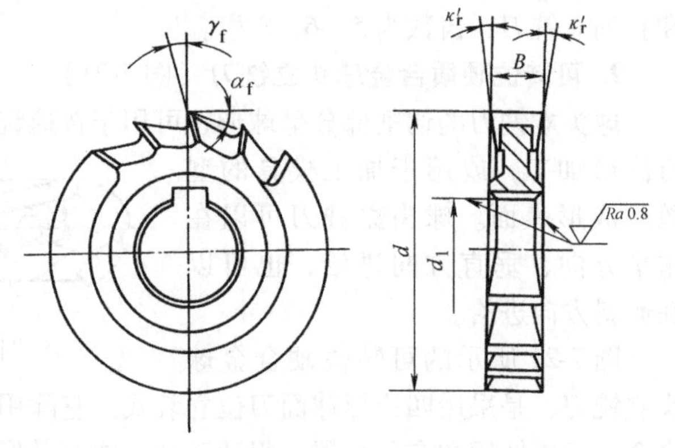

图 7-23　直齿三面刃铣刀

（2）错齿三面刃铣刀　如图 7-24 所示，该铣刀的端齿前角近似等于圆周刀齿的刃倾角 λ_s，为了使两侧端齿的侧刃都有正前角，把相邻两刀齿制成不同的倾斜方向，每一刀齿只是在正前角一侧有端齿，形成了交错齿，所以错齿三面刃铣刀具有切削平稳、切削力小、排屑容易以及容屑空间大等优点，但制造和刃磨较复杂。

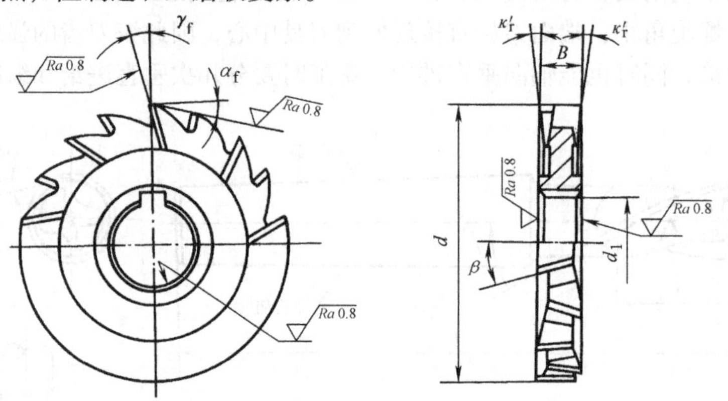

图 7-24　错齿三面刃铣刀

（3）镶齿三面刃铣刀　按国家标准规定，直径 $d=80\sim312$mm，宽度 $B=12\sim40$mm 的三面刃铣刀，可制成镶齿铣刀，其结构如图 7-25 所示。它的特点是带有齿纹的楔形刀齿，楔紧在刀体的齿槽内。多次重磨铣刀后，当宽度变小时，可用移动齿纹的方法恢复刀齿的宽

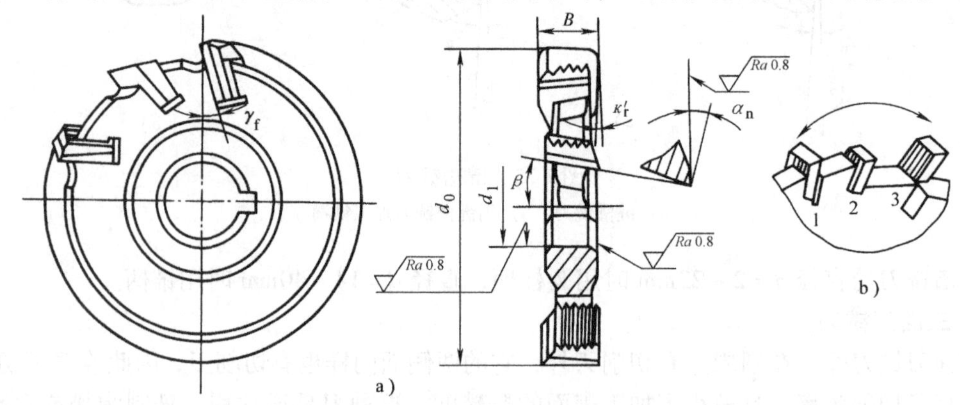

图 7-25　镶齿三面刃铣刀

a）镶齿铣刀　b）铣刀尺寸的调整

度尺寸（图 7-25b）。

三、尖齿铣刀的改进途径

1. 增大螺旋角 β

增大铣刀螺旋角 β，可使铣刀在铣削时的铣削力平稳，并可增加实际前角，使实际刃口的圆弧半径减小，有利于改善铣削表面质量。铣削钢时可取 $\beta=60°$；铣削铸铁可取 $\beta=40°$。

2. 减少齿数

尖齿铣刀可以适当减少刀齿数，以增大容屑空间，提高刀齿强度，从而有利于增大进给量及提高铣削生产率。为此，可以选择曲线齿背型作为刀齿的齿背结构。

3. 开分屑槽及使用波形刃铣刀

（1）开分屑槽　在圆柱铣刀和立铣刀等螺旋齿刀齿的齿背上，常刃磨出相互错开的分屑槽，如图 7-26 所示。其作用是改变切削图形，便于切屑的形成、卷曲和排出，且能减小切削力使切削轻快。实践证明有分屑槽的铣刀可提高切削效率 3～4 倍。显然在三面刃铣刀等各种主切削刃宽度较大的刀具上，刃磨分屑槽同样有效。

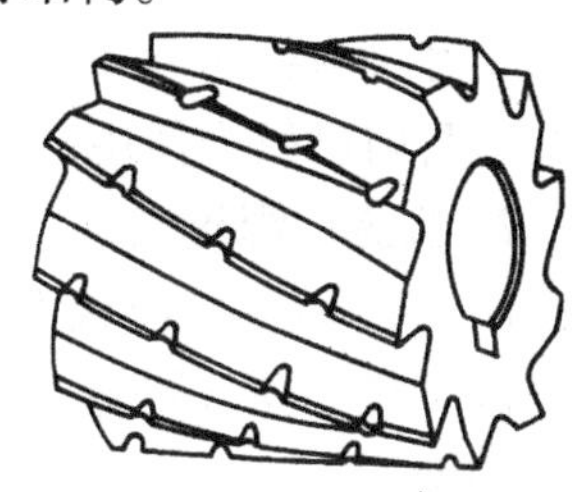

图 7-26　开分屑槽的圆柱铣刀

（2）波形刃铣刀（图 7-27）　在普通立铣刀的螺旋前刀面的基础上，用靠模摆动装置，将螺旋前刀面加工成波浪形螺旋面，此面与后刀面相交，自然形成波浪形切削刃。由于相邻两波形的峰谷沿轴向错开一定距离，使切屑宽度显著减小，改变了切削图形，可减少切削变形，铣削力随之降低，铣刀寿命也相应得到提高，因而可使用比普通立铣刀大 2～3 倍的切削用量。但此种刀具制造较复杂。

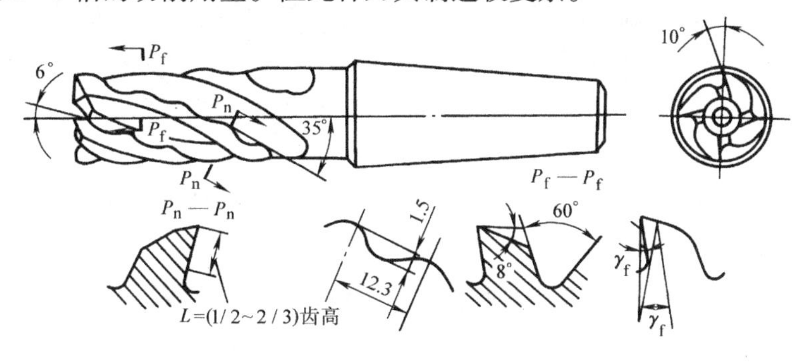

图 7-27　波形刃立铣刀

四、尖齿铣刀的刃磨

尖齿铣刀一般刃磨后刀面，常在万能工具磨床上完成。刃磨圆柱铣刀的方法如图 7-28 所示，刀齿的前面由支撑片支持着，并可调节刀齿的位置。为了得到所需的后角，支撑片顶端到铣刀中心的距离 H 可按下式计算：

$$H=\frac{d}{2}\sin\alpha_o \qquad (7\text{-}17)$$

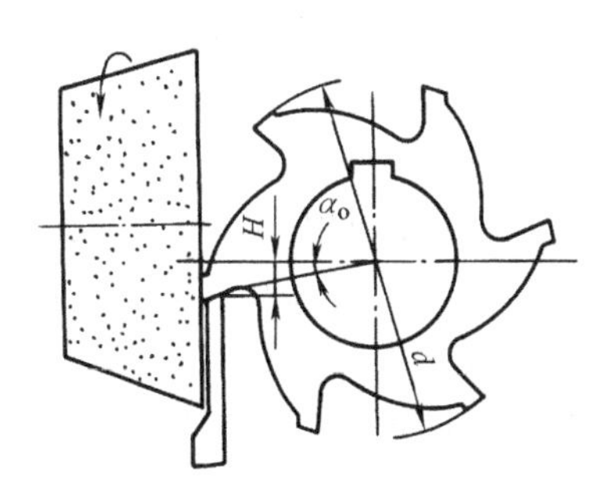

图 7-28　尖齿铣刀的刃磨

式中　H——支撑片顶端到铣刀中心的距离，单位为 mm；

d——铣刀直径，单位为mm；

α_o——铣刀后角，单位为（°）。

第三节　硬质合金面铣刀

硬质合金面铣刀是目前应用很广泛的一类铣刀，它适于高速铣削。与高速钢铣刀比较，不仅生产率高，而且加工质量也好。

1. 直接焊接式

图7-29所示的面铣刀是在优质结构钢的刀体上，镶焊硬质合金刀片，形成圆周齿和端面齿，经过刃磨达到规定的径向跳动的技术要求。若发生刀齿破损或崩刃现象，则整把铣刀报废，目前已较少使用。

2. 机夹—焊接式

图7-30所示的面铣刀是将硬质合金刀片焊在小刀条上形成刀齿，再将刀齿用机械夹固的方法，装夹在刀体的刀槽中。当刃齿磨损到不能使用时，只需换上新刀齿即可，这是常用的结构型式。

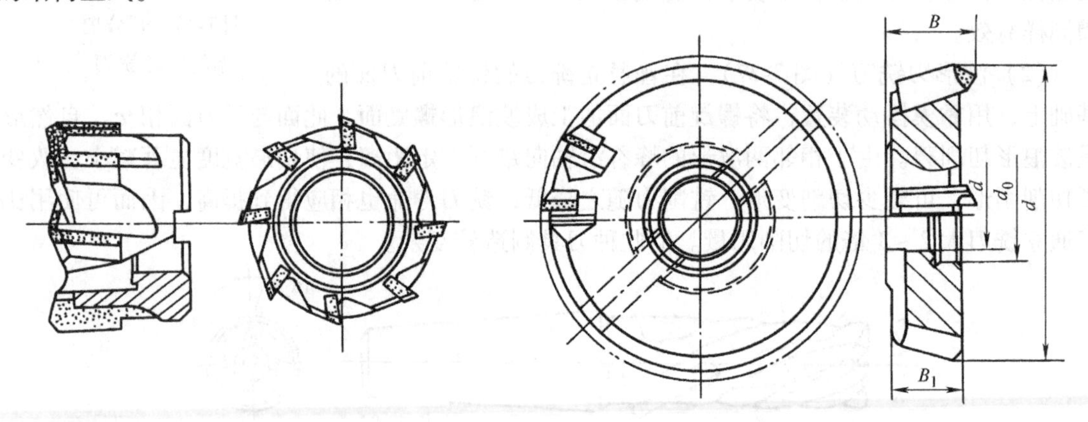

图7-29　整体焊接式面铣刀

图7-30　机夹—焊接式面铣刀

机夹—焊接式面铣刀的刃磨方式有两种，即整体刃磨和体外刃磨。整体刃磨是将整个铣刀装夹在刃磨机床上进行刃磨，其优点是容易控制铣刀刀齿的径向和轴向跳动；体外刃磨是将面铣刀的刀齿从刀体上拆下后进行单独刃磨，然后利用专门的对刀夹具，调整每个刀齿在刀体上的位置，它的优点是不需要专用机床刃磨刀齿，调整刀齿方便，但是，对刀齿和刀槽的制造精度要求较高。

3. 机夹可转位式

由于焊接夹固式的结构较为复杂，而且又有焊接后的硬质合金刀片质量下降问题，因此现在已逐渐使用机夹可转位刀片的面铣刀。该结构是将放在刀垫上的多边形硬质合金刀片，用楔块和螺钉（或别的零件）直接夹固在铣刀的刀槽内，如图7-31所示。当刀片的一个切削刃经铣削钝化后，可直接在机床上松开夹紧刀片的螺钉，转换切削刃的一个位置或掉换一个刀片即可继续进行铣削。因此，它节省了装拆刀具的辅助时间，并且也减轻了装拆铣刀的劳动量。

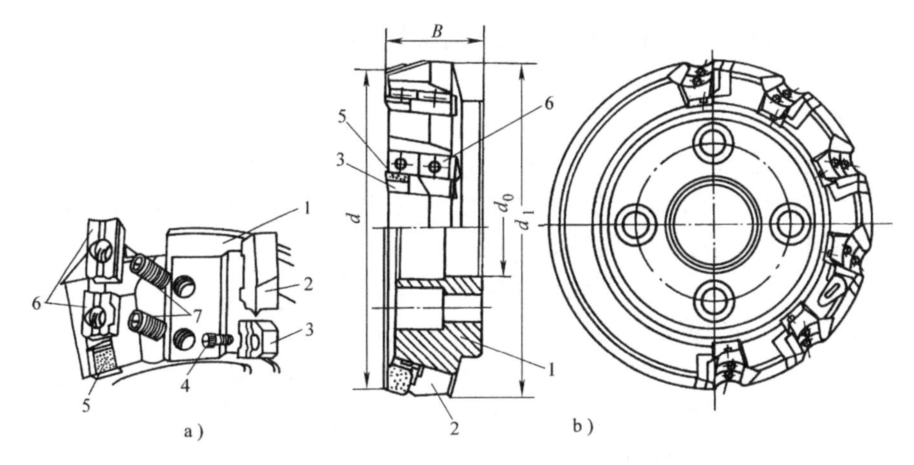

图 7-31　可转位面铣刀

a）可转位刀片的定位和夹紧　b）可转位面铣刀

1—刀体　2—轴向支承块　3—刀垫　4—内六角螺钉　5—刀片　6—楔块　7—紧固螺钉

可转位面铣刀应达到刀片定位精度高、夹紧可靠、排屑容易、更换刀片迅速等技术要求。并且夹紧零件与定位零件的通用性要好和制造方便。

第四节　成形铣刀

成形铣刀与成形车刀类似，都是根据工件的廓形设计刀具截形的成形刀具。

成形铣刀按照齿背形状，可分为尖齿成形铣刀和铲齿成形铣刀。前者制造与刃磨较困难，但铣刀寿命和加工表面质量较高。后者的齿背是按照一定的曲线铲制的，重磨铣刀时，只需刃磨前刀面，刃磨方便（图 7-32）。

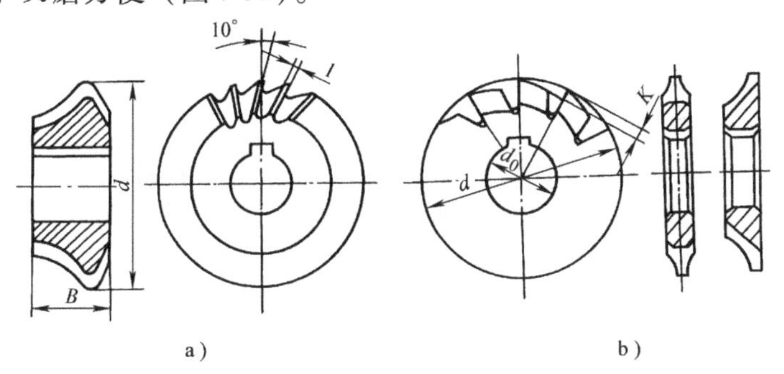

图 7-32　成形铣刀

a）尖齿成形铣刀　b）铲齿成形铣刀

一、铲齿成形铣刀对刀齿刃形的要求与铲齿过程

1. 对成形铣刀的要求

成形铣刀为了刃磨方便，常制成进给前角 $\gamma_f = 0°$。每次沿前刀面重磨后，要求刀齿的刃形不变和具有适当的后角。因此成形铣刀的刀齿，相当于同一形状的刃形均匀的沿径向向铣刀轴线靠近而形成的。为了满足这个要求，成形铣刀的后刀面是以刃形绕铣刀轴线旋转的同

时沿径向向铣刀轴线均匀移动而形成的表面。通常都采用阿基米德螺线作为成形铣刀的齿背曲线。

2. 铲齿过程

如图7-33所示，铲齿车刀1是一把侧进给前角等于零的平体成形车刀，它的前刀面准确地置于铲齿车床的中心平面内。铣刀2绕铲齿车床主轴做等速转动的同时，铲齿车刀在具有阿基米德曲线凸轮3的控制下向铣刀轴线等速推进。当铣刀转过一个ε_p时，凸轮也相应地转过φ_p角，铲齿车刀刀尖铲至铣刀F点，从而完成一个齿背的铲削工作。当铣刀继续转过ε_x角时，凸轮相应地转过φ_x角，铲齿车刀迅速退回原位，然后再开始下一个齿的铲削。

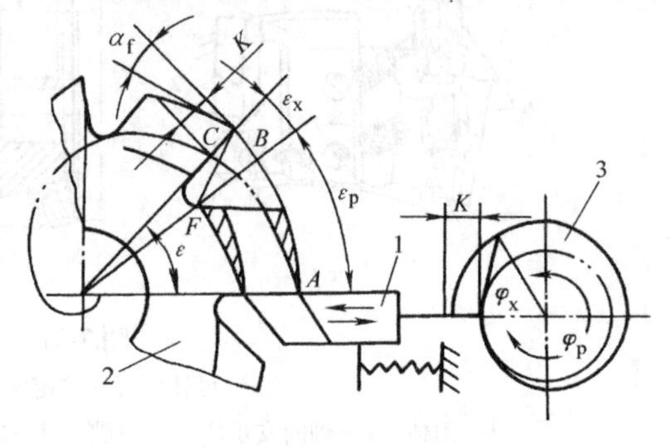

图7-33　铲齿过程

1—车刀　2—铣刀　3—凸轮

根据铣刀和凸轮的运动关系可得出：

$$\frac{\varepsilon_x}{\varepsilon}=\frac{\varphi_x}{360°} \tag{7-18}$$

式中　ε——铣刀齿间角，$\varepsilon=\dfrac{360°}{z}$；

ε_x——铲齿车刀在空行程时，铣刀所转过的角度；

φ_x——铲齿凸轮空程回转角。

这个比值是阿基米德螺线凸轮的重要参数。

当凸轮$\varphi_x=90°$时，则

$$\frac{\varphi_x}{360°}=\frac{1}{4} \tag{7-19}$$

$\varphi_x=60°$时，则

$$\frac{\varphi_x}{360°}=\frac{1}{6} \tag{7-20}$$

二、铲削量与后角

1. 顶刃侧（进给）后角

由图7-33可知，铲齿时，铲齿车刀在铣刀的径向移动量K称为铲削量，也是铲齿凸轮的升程。K和成形铣刀顶刃侧（进给）后角α_f的关系为

在$\triangle ABC$中

$$\tan\alpha_f=\frac{K}{\frac{\pi d}{z}}=\frac{Kz}{\pi d}=\frac{Kz}{2\pi R} \tag{7-21}$$

式中　α_f——铣刀最大外径处的侧（进给）后角或顶刃后角，一般取10°~12°；

d——铣刀外径，单位为mm；

R——铣刀最大半径，单位为mm；

z——铣刀齿数；

K——铲削量，单位为mm。

2. 侧刃上任意点处的后角α_{ox}

由于铣刀的切削刃上各点的铲削量都相同，所以切削刃上不同半径处的齿背曲线都是齿

顶齿背曲线的等距线，半径为 R_x 点的侧后角 α_{fx}（图 7-34）可按下式求出：

$$\tan\alpha_{fx}=\frac{Kz}{\pi d_x}=\frac{Kz}{2\pi R_x} \tag{7-22}$$

而

$$\tan\alpha_f=\frac{Kz}{\pi d_0}=\frac{Kz}{2\pi R}$$

所以

$$\tan\alpha_{fx}=\frac{R}{R_x}\tan\alpha_f \tag{7-23}$$

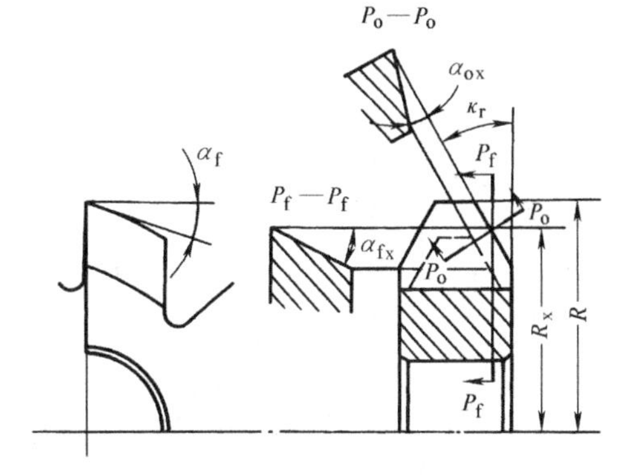

图 7-34　铲齿成形铣刀的后角

与成形车刀一样，成形铣刀切削刃上任意点的后角 α_{ox}与侧（进给）后角 α_{fx}之间关系由前述可知，当 $\lambda_{sx}=0°$时，即可求得下面关系式：

$$\tan\alpha_{ox}=\tan\alpha_{fx}\sin\kappa_{rx} \tag{7-24}$$

将式（7-22）代入

则

$$\tan\alpha_{ox}=\frac{R}{R_x}\tan\alpha_f\sin\kappa_{rx} \tag{7-25}$$

式中　κ_{rx}——切削刃上任意点的主偏角，或铣刀切削刃一点的切线与进给方向间的夹角；

α_{ox}——切削刃上任意点的后角；

R_x——切削刃上任意点的半径；

R——切削刃上最外一点半径。

由式（7-25）可知，径向铲齿时，切削刃上任意点的 κ_{rx}越小，或半径 R_x 越大，则该点的 α_{ox}就越小。切削刃上每一点的后角 α_{ox}（图 7-34），应不小于 2°~3°，为此需要验算后角 α_{ox}。

当 $\kappa_{rx}=0°$时，则 $\alpha_{ox}=0°$，这时可采取一定的改善措施。

3. 主后角过小的改善措施

（1）增加顶刃后角 α_f　由式（7-25）可知，为增大 α_{ox}，可增大 α_f。为了不过于削弱刀齿的强度，顶刃后角 α_f 不应大于 17°。

（2）采用斜向铲齿　如图 7-35 所示，将铲齿车床的铲齿刀架倾斜一个角度 τ，使铲齿方向倾斜 τ 角。这样原 $\kappa_r=0°$的切削刃，因具有轴向铲齿量 K_x，因而形成了后角。

（3）磨出凹槽或磨出副偏角　在 $\kappa_r=0°$的切削刃处磨出凹槽或副偏角，以改善切削性能，如图 7-36 所示。

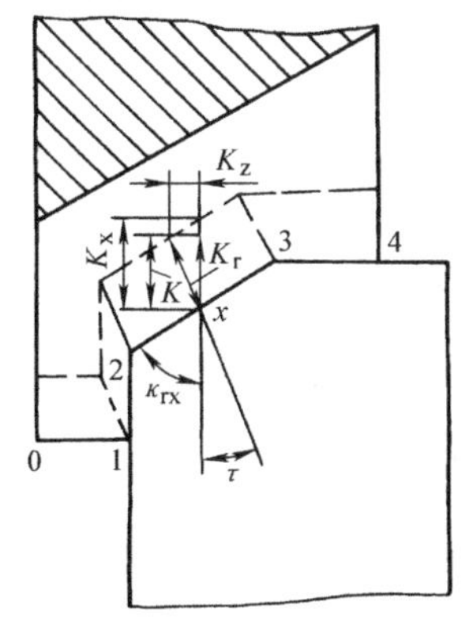

图 7-35　斜向铲齿

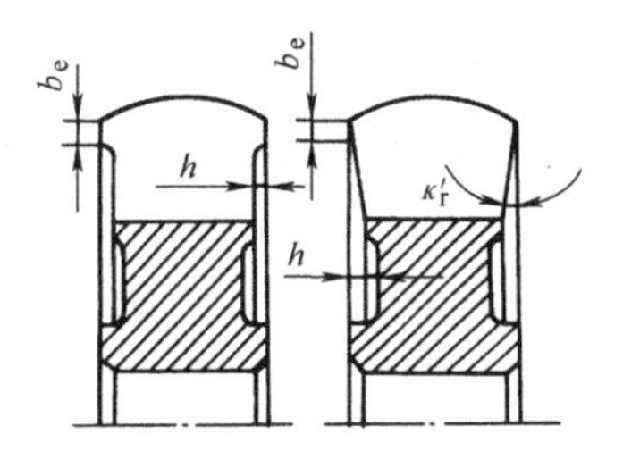

图 7-36　在 $\kappa_r=0°$的切削刃处磨出凹槽或副偏角

三、成形铣刀的主要结构要素

1. 铣刀直径 d（图 7-37）

由图 7-38 可知

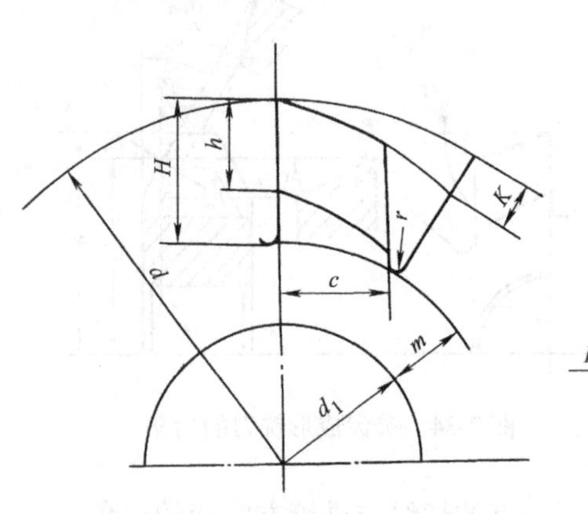

图 7-37 成形铣刀结构尺寸

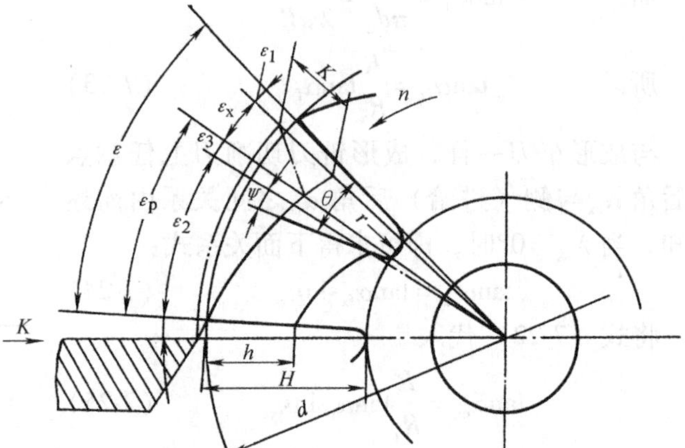

图 7-38 铲齿车刀工作与退出角与齿槽角的关系

$$d = (1.6 \sim 2.0) d_1 + 2H \tag{7-26}$$

式中 d——铣刀外径，单位为 mm；

d_1——铣刀孔径，单位为 mm；

H——铣刀容屑槽深度，单位为 mm。

铣刀孔径应保证刀杆的强度和刚度，并按标准选取 16mm、22mm、27mm、32mm、40mm。

铲齿铣刀容屑槽深度 H 取决于铣刀直径、齿数、后角与工件廓形的高度。

$$H = h + K + r \tag{7-27}$$

式中 h——工件廓形的高度，单位为 mm；

K——铲削量，单位为 mm；

r——容屑槽底的圆弧半径，单位为 mm，取 1 ~ 5mm。

确定铣刀直径时，H 可初定为

$$H = h + (5 \sim 10) \tag{7-28}$$

式中 H——容屑槽深度，单位为 mm；

h——工件廓形高度，单位为 mm。

2. 齿数 z

铲齿铣刀的齿数多少，影响刀齿的尺寸和容屑槽尺寸，在选取齿数时，应保证刀齿有足够的强度、容屑空间和重磨储备量。直径与铣刀齿数的关系见表 7-5。

表 7-5 直径与铣刀齿数的关系

d_0/mm	40 ~ 45	50 ~ 60	60 ~ 70	80 ~ 105	110 ~ 125	123 ~ 140	150 ~ 200
z	16	14	12	11	10	9	8

3. 齿槽角 θ

齿槽角 θ 大小的选取是在保证有足够的容屑空间和刀齿强度的同时，还需使铲齿车刀能顺利退出。铲齿时，铲齿车刀的工作和退出角与齿槽角的关系如图 7-38 所示。

由图可见：

$$\theta = \varepsilon_1 + \varepsilon_x + \varepsilon_3 + \psi \tag{7-29}$$

式中　ε_1 和 ε_3——分别为铲齿车刀切入与切出角，其作用是为防止切入时产生冲击和切出时齿面留有未铲削金属，通常 $\varepsilon_1 + \varepsilon_3 = 2° \sim 3°$；

ε_x——铲齿车刀回程期间铣刀所转过的角度。其值当凸轮空程角 $\phi_x = 90°$时，$\varepsilon_x = \dfrac{\varepsilon}{4}$；$\phi_x = 60°$时，$\varepsilon_x = \dfrac{\varepsilon}{6}\left(\varepsilon = \dfrac{360°}{z}，z——铣刀齿数\right)$；

ψ——增加铣刀强度的齿背角，一般 $\psi = 15° \sim 20°$。

于是

当 $\varphi_x = 60°$时：

$$\theta = \frac{60°}{z} + (15° \sim 18°) \tag{7-30}$$

当 $\varphi_x = 90°$时：

$$\theta = \frac{90°}{z} + (15° \sim 18°) \tag{7-31}$$

常用的标准齿槽角为 18°、22°和 30°。

4. 槽底形状

铲齿成形铣刀的槽底，有平底和加强槽底两种形式。平底容屑槽（图 7-39a）结构简单、制造方便，通常大都采用这种形式。但对刃形复杂、槽深大的铣刀，采用这种槽底形式，往往使铣刀刀齿太弱，这时就应采用加强底形式的槽底（图 7-39b、c）。

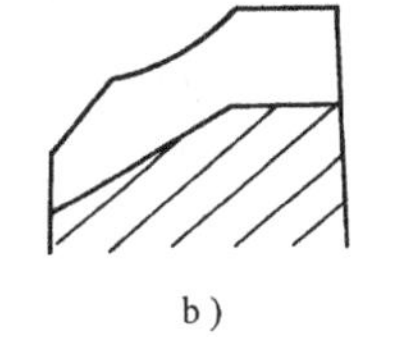

图 7-39　槽底形式

5. 铣刀的前、后角

用于精加工的成形铣刀，常取前角 $\gamma_f = 0°$，对于粗加工用的成形铣刀，为了改善切削条件，可取 $\gamma_f = 5° \sim 10°$。

顶刃后角 α_f 不宜取得过大，否则削弱刀齿强度，为保证刀齿的强度，常取 $\alpha_f = 10° \sim 12°$。

四、前角 $\gamma_f \neq 0°$铣刀刀齿截形计算

通常成形铣刀均取 $\gamma_f = 0°$，这时其轴向剖面的刀齿截形与工件的法向廓形完全相同，不需重新计算。有时为了改善铣刀的铣削条件，可取 $\gamma_f = 5° \sim 10°$，这时就应进行刀齿截形计算。

铣刀刀齿截形计算原理与成形车刀类似，是根据工件法剖面各组成点的高度，求铣刀轴向截形相应点的高度。而刀齿的宽度则等于工件相应点的宽度，不需计算。另外成形铣刀沿前刀面刃磨后需要沿前刀面和刃形。为了制出检查样板，还应求出前刀面截形。

如图 7-40 所示，a、b、c、d 为工件廓形，其高度为 h_n；a_1、b_1、c_1、d_1 为铣刀轴向截

形，其高度为 h_c；a_2、b_2、c_2、d_2 为铣刀前刀面截形，其高度为 h_γ。

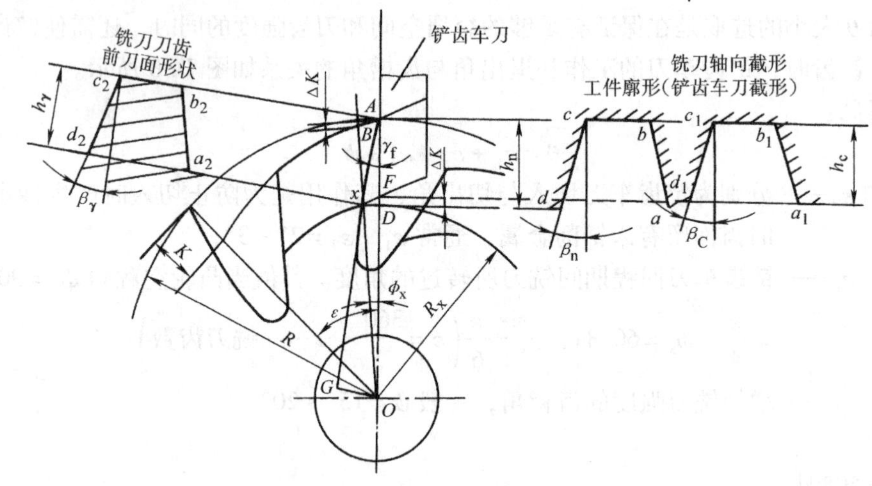

图 7-40　$\gamma_f \neq 0°$时铣刀刀齿截形计算图

1. 铣刀轴向截形（即 $\gamma_p = 0°$的铲齿车刀截形）

（1）截形高度 h_c

$$h_c = h_n - FD = h_n - AB = h_n - \Delta K$$

$$\Delta K = AB = \frac{\phi_x}{\varepsilon} K = \frac{Kz}{2\pi}\phi_x = Kz\frac{\phi_x}{360°}$$

$$h_c = h_n - \frac{Kz}{360}\phi_x \tag{7-32}$$

式中　h_n——工件廓形高度，单位为 mm；

h_c——铣刀刀齿轴向截形高度，单位为 mm；

K——铲削量，单位为 mm；

ϕ_x——x 点的转角，单位为 rad，由任意三角形的正弦定理得：

$$\sin(\phi_x + \gamma_f) = \frac{R\sin\gamma_f}{R - h_n}$$

R——铣刀半径，单位为 mm；

γ_f——铣刀进给前角，单位为（°）。

（2）截形角 β_c

$$\tan\beta_c = \frac{h_n \tan\beta_n}{h_c} \tag{7-33}$$

式中　β_n——工件廓形角，单位为（°）；

β_c——铣刀轴向截形角，单位为（°）。

2. 铣刀刀齿前刀面截形

（1）截形高度 h_γ

$$h_\gamma = \frac{R_x \sin\phi_x}{\sin\gamma_f} \tag{7-34}$$

式中

$$R_x = R - h_n$$

（2）截形角 β_γ

$$\tan\beta_\gamma = \frac{h_n \tan\beta_n}{h_\gamma} \tag{7-35}$$

五、铲齿成形铣刀的刃磨

铲齿成形铣刀是刃磨前刀面，如图 7-41 所示。刃磨时必须严格控制前角，刃磨后应检查前角值和切削刃的径向跳动。

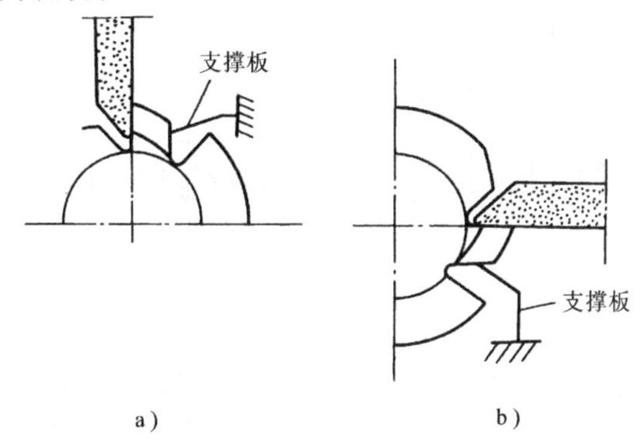

图 7-41　铲齿成形铣刀刃磨

思考与习题

7.1　试说明螺旋齿圆柱铣刀的螺旋角（β）就是切削刃的刃倾角（λ_s）。试分析圆柱铣刀切削刃的主偏角 $\kappa_\gamma = 90°$。

7.2　对照斜角切削特点，说明铣刀螺旋角的作用。

7.3　试说明对多刃刀具应如何分析作用于刀具和工件或工作台的切削分力。

7.4　影响硬质合金面铣刀破损的主要原因有哪些？应从哪几个方面着手，以减少和防止面铣刀产生破损？

7.5　立铣刀、键槽铣刀和螺旋齿圆柱铣刀的切削刃位置和切削时的作用，有何异同？

7.6　试根据第七章第一节为防止硬质合金端铣刀刀齿破损的要求，参照表 7-1 及表 7-4，讨论端铣刀几何角度的选择。

7.7　铲齿成形铣刀的后角与铲削量 K 间有什么关系？什么情况下后角为零？应采取什么措施予以改善？

7.8　当铲齿成形铣刀的前角 $\gamma_f > 0°$时，刀具需要设计哪几个截形？为什么？根据工件的哪些尺寸？

第八章　拉　　刀

拉刀是一种多齿的精加工、高生产率刀具。拉削时，拉刀上各齿依次从工件上切下很薄的一层金属，经一次行程即可切除全部余量，并获得 IT8 ~ IT7 公差等级、表面粗糙度值 $Ra5 \sim 0.8\mu m$。拉刀可拉削的典型表面如图 8-1 所示。拉刀的使用寿命长，但结构较复杂，制造成本高。目前，主要用于成批、大量生产中。

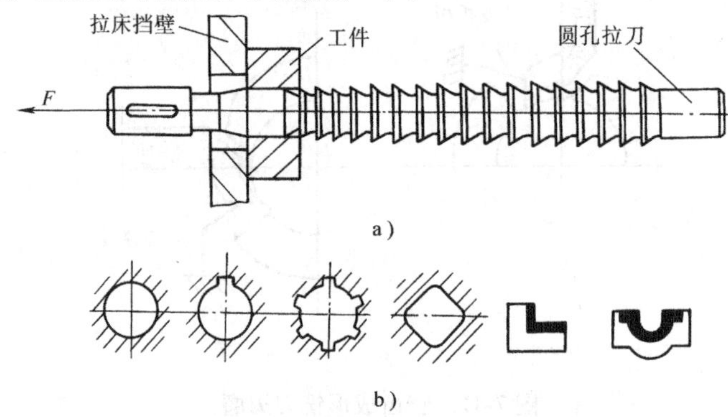

图 8-1　拉刀可拉削的典型表面
a）拉刀拉削简图　b）典型拉削表面

第一节　拉刀的组成

拉刀的种类很多，结构也各不相同，但它们的组成部分基本相同。现以圆孔拉刀为例，说明拉刀的各组成部分（图 8-2）及其作用。

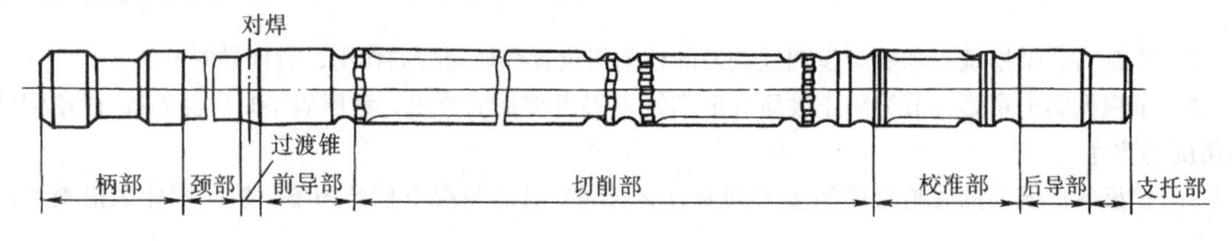

图 8-2　圆孔拉刀结构

柄部　拉刀的夹持部分，用于传递拉力。

颈部　便于柄部穿过拉床的挡壁，也是打标记的地方。

过渡锥　引导拉刀逐渐进入工件孔中。

前导部　引导拉刀正确地进入孔中，防止拉刀歪斜。

切削部　担负全部余量的切削工作。由粗切齿、过渡齿和精切齿三部分组成。

校准部　起修光和校准作用，并可作为精切齿的后备齿。

后导部　保持拉刀最后的正确位置，防止拉刀的刀齿切离后因下垂而损坏已加工表面或刀齿。

支托部 对于长又重的拉刀，用以支撑并防止拉刀下垂。

第二节 拉 削 概 述

拉刀在切削过程中是后一个刀齿的齿高高于前一个刀齿，拉刀做直线运动，一次行程从工件上切下全部加工余量，如图 8-3 所示。

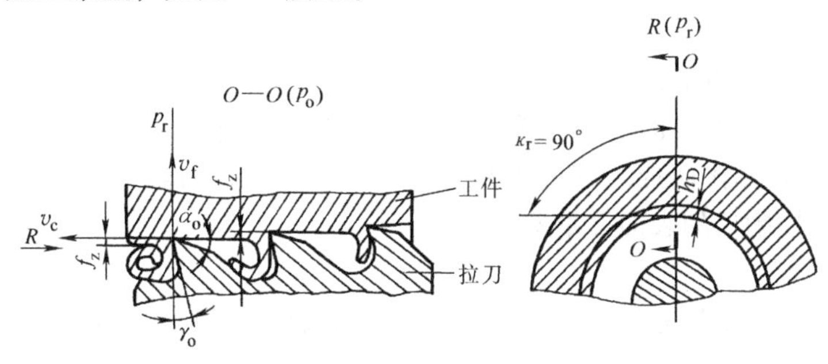

图 8-3 拉削过程

一、拉削要素

(1) 拉削速度 v_c 拉刀直线运动的速度就是拉削速度。

(2) 进给量或齿升量 f_z 相邻两齿径向高度之差。

(3) 切削厚度 h_D 在基面 p_r 内，垂直于加工表面的切削层尺寸。当 $\kappa_r=90°$ 时，$h_D=f_z$。

(4) 切削宽度 b_D 在基面 p_r 内沿加过渡面所度量的切削层尺寸。同廓式圆孔拉刀的切削宽度为

$$b_D=\pi d$$

式中 d——拉刀刀齿的直径，单位为 mm。

(5) 切削层横截面积 A_D 在基面 p_r 内，一个刀齿的切削层横截面积 $A_z=h_Db_D=f_zb_D$。

总切削层横截面积
$$A_D=A_zz_e$$

式中 z_e——同时工作齿数，$z_e=\dfrac{l}{p}+1$；

p——拉刀切削齿的齿距，单位为 mm；

l——拉削长度，单位为 mm。

二、拉削图形

拉削图形决定拉刀在拉削时，每个刀齿切下金属层的截面形状、切削顺序和切削位置。它与拉削力的大小、刀齿的负荷分配、工件表面质量、拉刀寿命、拉削生产率和拉刀长度等都有密切关系。所以，拉削图形的确定，是拉刀设计的一个重要环节。拉削图形分为两大类：

1. 分层拉削

分层拉削的加工余量是一层一层地切去。根据加工表面的形成过程，可分为同廓拉削和

渐成拉削，如图8-4所示。

（1）同廓式　各刀齿的形状与加工表面的最终形状相同。最后一个刀齿的形状和尺寸，决定已加工表面的形状和尺寸。其优点是 h_D 小、b_D 大，拉削后的表面粗糙度值小，适用于加工余量较小，且均匀的中小尺寸圆孔和精度要求较高的成形表面。其缺点是 h_D 薄而 b_D 宽，使拉削力增大、刀齿数多、拉刀较长，生产效率较低。

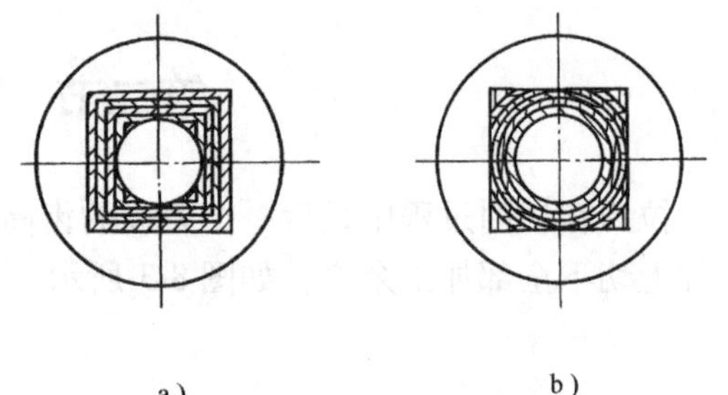

图8-4　分层拉削方式

a）同廓拉削　b）渐成拉削

（2）渐成式　各刀齿的形状与加工表面的最终形状不相似，已加工表面的形状和尺寸是由各刀齿切出的表面连接而成。其优点是拉刀制造简单，缺点是拉削后的表面质量差。

2. 分块拉削

分块拉削是把加工余量分为若干层，每层被各刀齿分段切除。分块拉削可分为轮切式拉削和综合轮切式拉削，如图8-5所示。

（1）轮切式　拉刀的切削部分是由若干齿组组成，每个齿组中有2~5个刀齿。每个齿组切除较厚的一层加工余量，每个刀齿切除该层加工余量的一段。图8-5a所示为三个刀齿为一组的轮切式拉刀刀齿的结构与拉削图形。前两个刀齿在切削刃上磨出交错分布的大圆弧分屑槽，使切削刃交错分布。第三个刀齿为圆环形，直径略小。

轮切式拉刀拉削时的 h_D 大、b_D 小，故拉刀上的刀齿数少、长度短、切削效率高。适用于加工尺寸大、余量大的内孔。

（2）综合轮切式　综合轮切式拉削是吸取了轮切与同廓式的优点而形成的拉削方式，其刀齿的结构与拉削图形如图8-5b所示。粗切齿组Ⅰ与过渡齿组Ⅱ采用轮切式的刀齿结构，粗切齿的齿升量较大，过渡齿的齿升量逐渐减小。精切齿组Ⅲ采用同廓式的刀齿结构，其齿升量较小。校正齿组Ⅳ也是采用同廓式的刀齿结构，其齿升量为零。

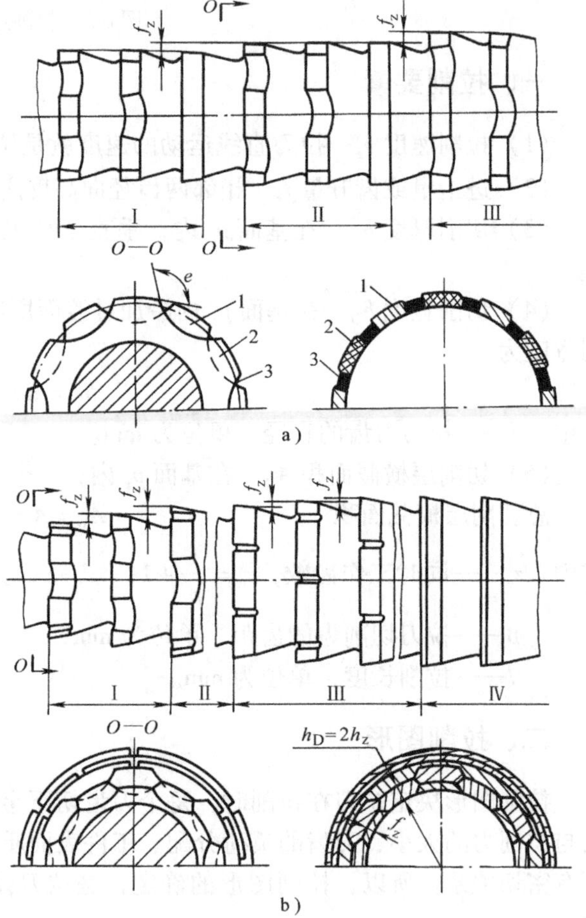

图8-5　分块拉削方式

a）轮切式　b）综合轮切式

综合轮切式拉刀的齿升量分布较合理、刀齿齿数少而拉削的余量大、拉刀的长度短、拉削较平稳、加工的表面质量高、拉刀的寿命也较高。缺点是制造较困难。

3. 拉削力

拉刀在切削过程中的轴向力与拉削速度方向一致，这个轴向力就是切削力 F_c，可按下列实验公式求得：

$$F_c = pb_D z_e K \tag{8-1}$$

式中　F_c——切削力，单位为 N；

K——与拉刀前角、切削液、刀齿磨损等因素有关的修正系数，一般略去不计；

b_D——切削宽度，单位为 mm；

z_e——同时工作齿数；

p——作用在单位长度切削刃上的切削力（对综合轮切式拉刀，应按 $2f_z$ 查 p）。它与被加工材料和齿升量有关，可由“刀具设计指导资料”中查得，单位为 N/mm。

第三节　拉刀的刃磨

圆拉刀的刃磨如图 8-6 所示，在万能工具磨床或拉刀磨床上用碟形砂轮沿前刀面进行磨削。砂轮和拉刀绕各自的轴线转动，并使砂轮周边与前刀面上 m 点接触，m 点为前刀面与槽底圆弧之间的交点。为了减少砂轮的接触面积，砂轮的锥面与前刀面的夹角为 5°～15°。砂轮的轴线与拉刀的轴线间夹角 $\beta = 35° \sim 55°$，两者轴线保持在同一平面内。为了避免砂轮对拉刀槽底产生过切现象，故砂轮直径不能太大，通常按下式计算确定：

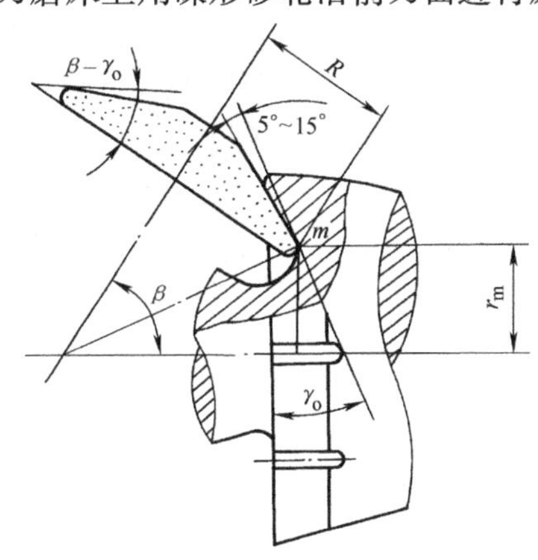

图 8-6　圆拉刀的刃磨

$$R = \frac{r_m \sin(\beta - \gamma_o)}{\sin\gamma_o} \tag{8-2}$$

式中　R——砂轮半径，单位为 mm；

r_m——拉刀 m 点的半径，单位为 mm；

β——砂轮轴线与拉刀轴线的夹角，单位为（°）；

γ_o——拉刀切削刃前角，单位为（°）。

思考与习题

8.1　试述拉刀的种类和用途。

8.2　用图表示拉削图形，并说明它们的拉削特点。

8.3　粗切齿、精切齿和校正齿的刃带为什么各不同？

8.4　怎样刃磨圆孔拉刀的前角？如何选择砂轮直径？

第九章　螺 纹 刀 具

螺纹的应用很广，加工各种螺纹用的螺纹刀具的种类也很多。按加工方法可分为主要用于加工外螺纹的刀具（螺纹车刀、螺纹梳刀、板牙、螺纹铣刀）、加工内螺纹的刀具（内螺纹车刀、丝锥）和螺纹滚压工具。

第一节　加工外螺纹的刀具

一、螺纹车刀（图 9-1）

螺纹车刀是一种截形简单的成形车刀，分为外螺纹车刀和圆体螺纹成形车刀。

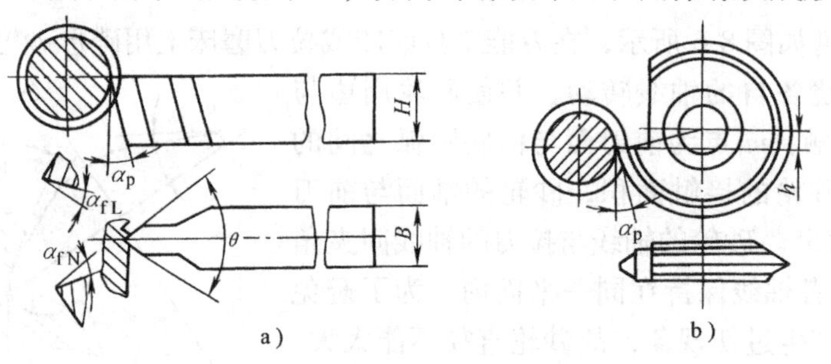

图 9-1　螺纹车刀

a）外螺纹车刀　b）圆体螺纹成形车刀

二、螺纹梳刀（图 9-2）

螺纹梳刀分平体、棱体和圆体三种。它们一般具有 6 ~ 8 个齿。使用梳刀可以在一次进给中加工出所需螺纹，故生产率比螺纹车刀高。

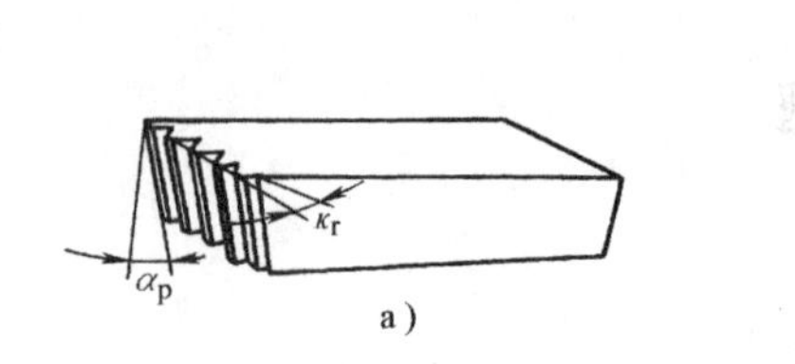

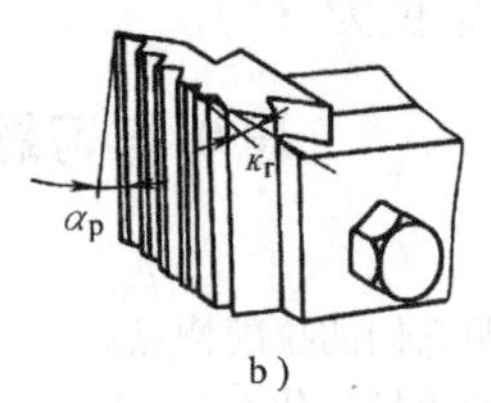

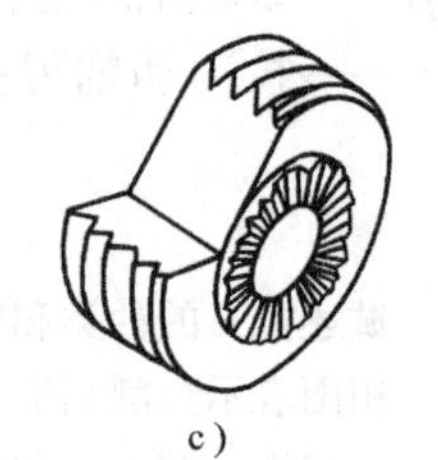

图 9-2　螺纹梳刀

a）平体　b）棱体　c）圆体

三、螺纹铣刀（图 9-3）

螺纹铣刀分盘形和梳形两种。盘形（图 9-3a）用于加工大螺距的梯形或矩形传动螺纹；梳形（图 9-3b）用于加工普通螺纹，它的外形呈外环形。加工时使铣刀轴线和工件轴线平行，铣刀与工件沿全长接触。切削时，工件旋转一周并相对铣刀在轴向移动一个螺距，即能切出所需螺纹。

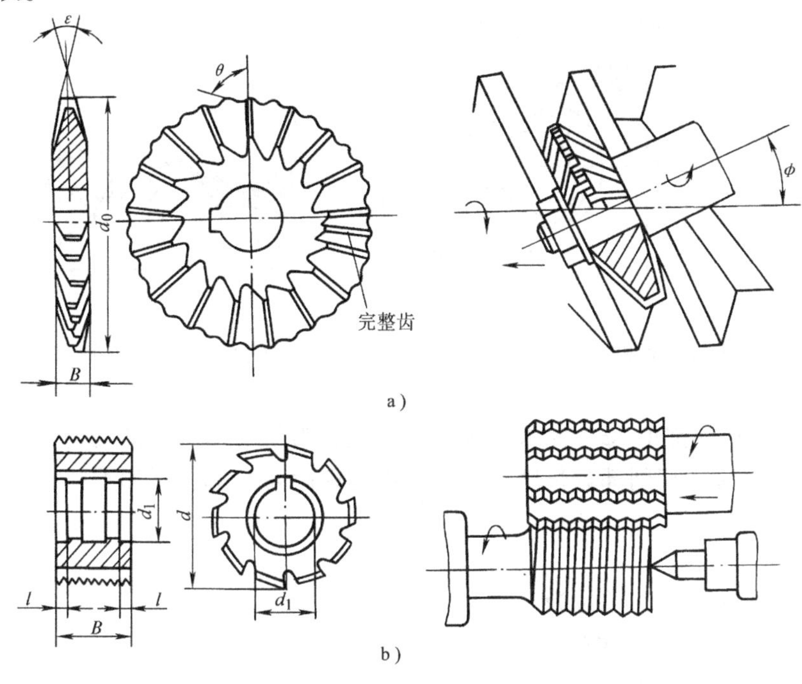

图 9-3　螺纹铣刀

a）盘形　b）梳形

四、板牙（图 9-4）

板牙结构简单，使用方便，价格低廉，故应用很广泛。一次进给即可切出所需螺纹。

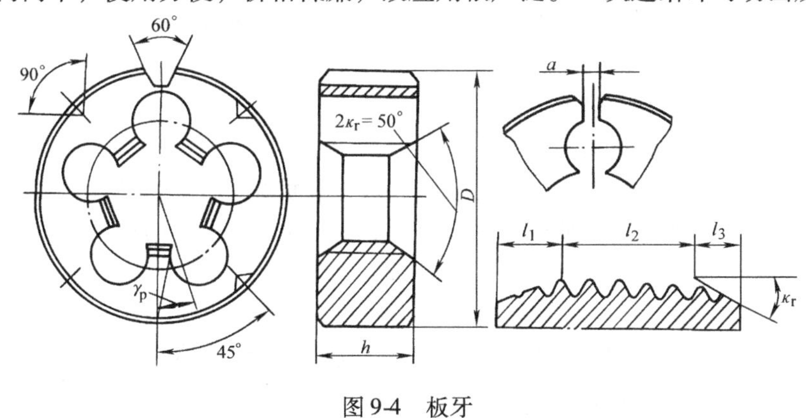

图 9-4　板牙

第二节　丝　　锥

一、丝锥的结构（图 9-5）

丝锥的外形很像螺栓，为了能够切削，在端部磨出切削锥部，沿纵向开出沟槽而形成切削刃和容屑槽，用于加工内螺纹。

1. 切削部分

丝锥切削部分切入工件时的情况，如图9-6所示。

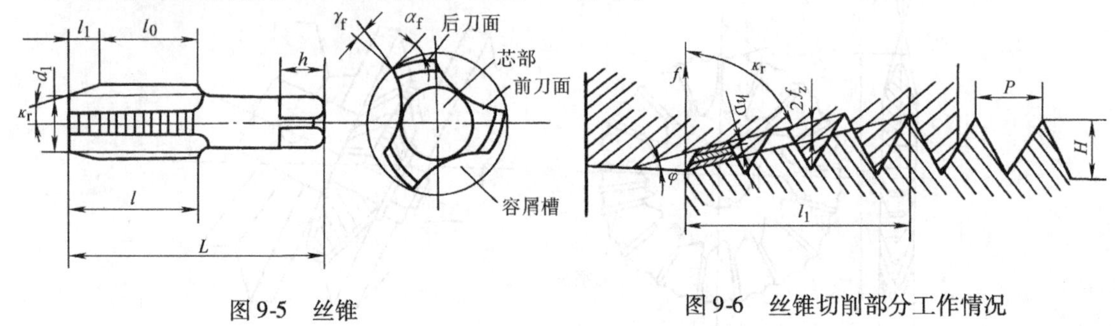

图9-5 丝锥

图9-6 丝锥切削部分工作情况

切削部分磨出切削锥角2φ，使齿形高度不完整，为使切削工作能均衡地分配在几个刀齿上，其切削锥角2φ、切削部分长度l_1与螺纹的理论齿高H的关系如下：

$$\tan\varphi=\frac{H}{l_1} \tag{9-1}$$

式中 φ——1/2切削锥角，单位为（°）；

l_1——切削部分长度，单位为mm；

H——螺纹的理论齿高，单位为mm。

当丝锥转一转而前进一个螺距P时，每个刀齿的切削厚度h_D为

$$h_D=f_z\cos\varphi=\frac{P}{z}\tan\varphi\cos\varphi=\frac{P}{z}\sin\varphi \tag{9-2}$$

式中 h_D——切削厚度，单位为mm；

f_z——丝锥相邻两刀齿的高度差，即齿升量，单位为mm；

z——丝锥的槽数；

φ——切削锥的半角，单位为（°）；

P——螺距，单位为mm。

由式（9-2）可知，当φ大时，则h_D增大，故刀齿负荷重，轴向力增大，切入时的导向性差，表面质量下降。如果加工质量要求较高时，φ应取小值。当加工不通孔的螺纹时，φ应取大值。

2. 校准部分

校准部分l_0是丝锥工作时的导向部分，也是丝锥重磨后的储备部分，它具有完整的齿形。为了减少与工件之间的摩擦，外径和中径向柄部逐渐缩小，铲磨的丝锥缩小量为(0.05～0.12)/100mm，不铲磨的丝锥则为0.12/100mm。

3. 容屑槽的数目、形状和方向

容屑槽的数目在一般情况下，丝锥直径在10mm以下时用三个槽；11～52mm时用四个槽，尺寸更大时用六个槽。容屑槽的形状和尺寸如图9-7所示。为满足丝锥具有合适的前角、足够的强度和容屑空间，切屑容易卷曲和排除，便于制造等要求，一般常用的槽形是由一个直线形前刀面和两个圆弧R、R_1组成。

丝锥螺旋容屑槽的方向，如图 9-8 所示。

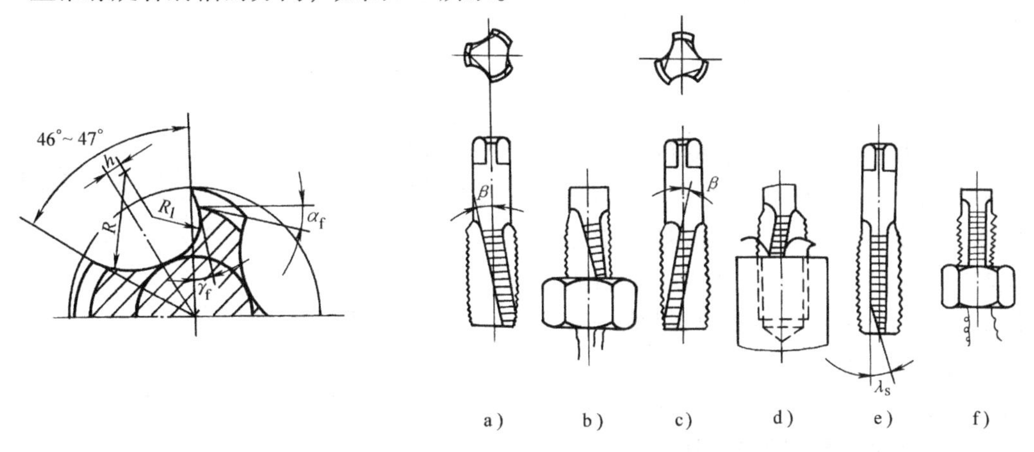

图 9-7　容屑槽的形状和尺寸

图 9-8　丝锥螺旋容屑槽的方向

a)、b) 左螺旋槽　c)、d) 右螺旋槽　e)、f) 具有轴向刃倾角 λ_s

对标准丝锥都做成直槽。为了便于排屑，切削通孔右螺纹时，容屑槽的方向做成左螺旋槽（图 9-8a、b），可使切屑向前排出；切削不通孔右螺纹时，则为右螺旋槽（9-8c、d），使切屑向后排出，防止阻塞孔底。加工钢材时，$\beta=30°$；加工有色金属时，$\beta=45°$。为了改善直槽丝锥加工通孔螺纹时的排屑，也可将切削部分磨出轴向刃倾角 λ_s，其值为 $5°\sim10°$（图 9-8e、f）。

4. 前角和后角

丝锥的前角和后角均在端剖面内测量，如图 9-7 所示。加工钢或铸铁时，$\gamma_f=3°\sim10°$；加工铝合金时，$\gamma_f=15°\sim18°$。不磨齿形的丝锥，仅切削部分铲磨出后角 α_f，$\alpha_f=4°\sim12°$。

二、手用丝锥

手用丝锥如图 9-9 所示，圆柄方头用手操作。这种丝锥一般做成 2~3 只为一套，其外径、中径和内径均相同，仅切削部分的长度不同，这样便于制造，而且第二只或第三只丝锥经修磨后可改作第一只丝锥用。

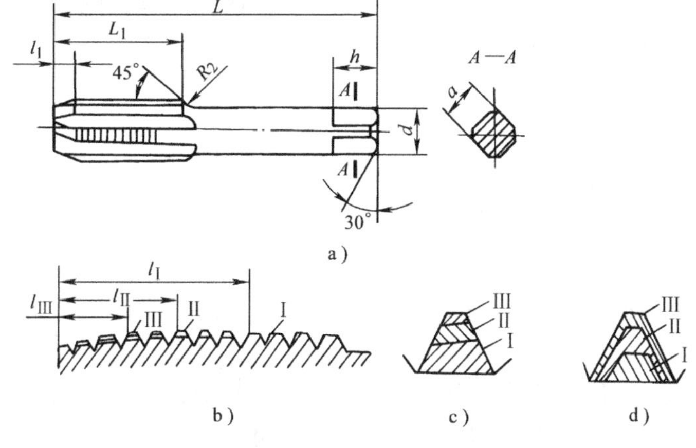

图 9-9　手用丝锥

a) 丝锥　b) 切削部分　c) 外、中、内径相等　d) 外、中、内径不相等手用丝锥因切削速度较低，常用 T12A 或 9SiCr 制造。精度分为 3 和 3b 两个等级，齿形不铲磨。

三、机用丝锥

机用丝锥如图 9-10 所示，除圆柄方头外，尚有环槽，防止丝锥从夹头中脱落，装在机床上靠机床动力来切削螺纹。常用单只丝锥加工，有时加工直径大、材料硬度高的螺纹时，也用两只或三只组成一套的丝锥依次进行切削。

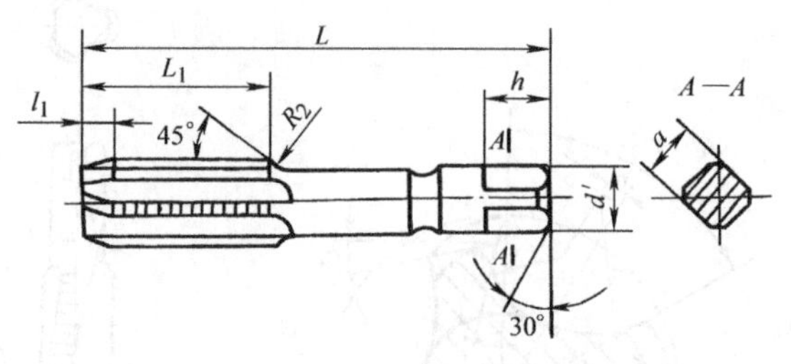

图 9-10　机用丝锥

机用丝锥因切削速度较高，工作部分常用高速钢制造，精度分为 1、2、2a、3a 四个等级，齿形需经铲磨。柄部为 45 钢，经对焊而成。

四、螺母丝锥

螺母丝锥专门用于加工螺母，有直柄和弯柄两种，如图 9-11 所示，齿形经过铲磨。加工螺母时用单只丝锥进行。成批生产用直柄的，大量生产用弯柄的。

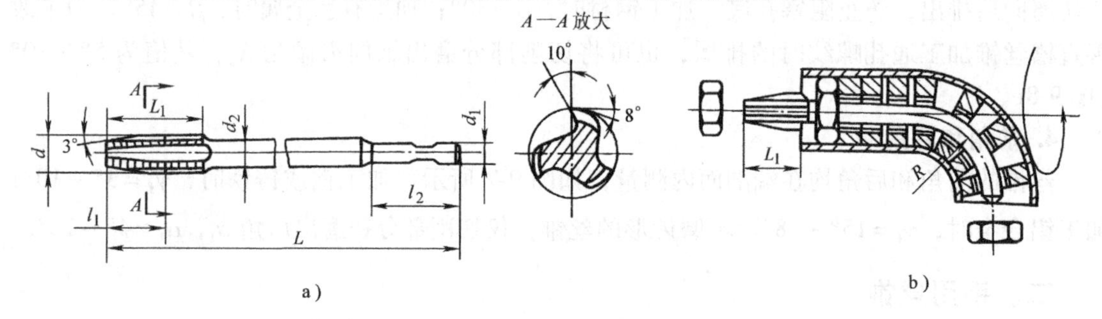

图 9-11　螺母丝锥

a）直柄　b）弯柄

螺母丝锥的切削部分较长，一般为（10 ~ 16）P。柄部直径应略小于螺纹的内径，以便加工好的螺母能通过柄部而滑出。

五、短槽丝锥

为了增加丝锥的强度和提高加工螺纹的质量，在轴向不开通槽，而是在前端开有短槽，如图 9-12 所示。短槽与丝锥轴线倾斜 10° ~ 15°，使切屑向前排出。为了减少与工件之间的摩擦，校准部分向柄部做有倒锥。短槽丝锥适用于加工铜、铝合金、韧性钢材的通孔螺纹，能获得较好的表面质量。

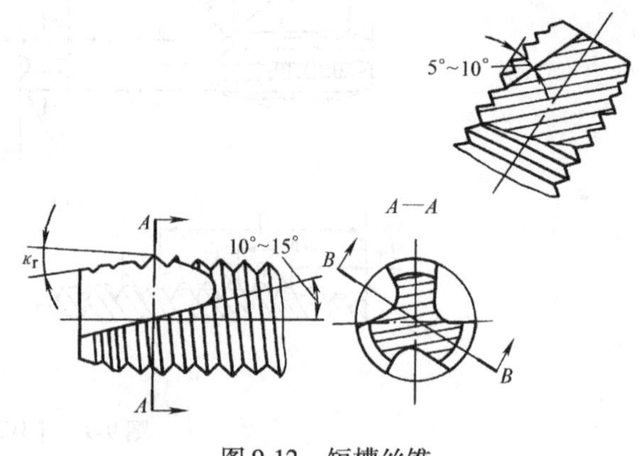

图 9-12　短槽丝锥

六、拉削丝锥

加工梯形螺纹的拉削丝锥，改变了一般结构的丝锥受轴向压力，变为受拉力，因而丝锥做得较长，工作平稳，一次进给即可完成螺纹的加工，其结构如图 9-13 所示。机床主轴带动工件转一转，拖板带动丝锥往尾架移一个螺距，当丝锥全部拉出工件后，螺纹即加工完毕。

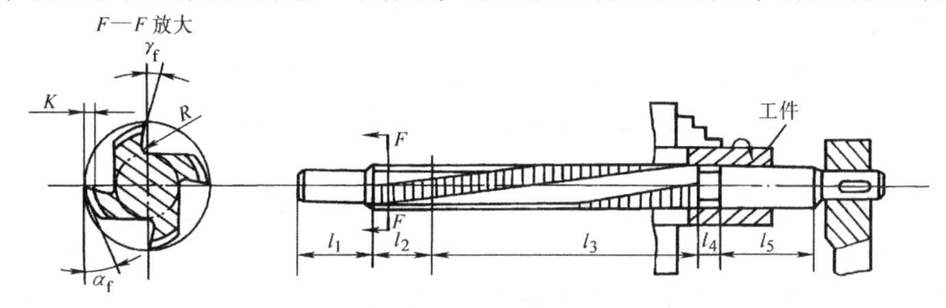

图 9-13　拉削丝锥

l_1—后导部　l_2—校准部　l_3—切削部　l_4—颈部　l_5—前导部

拉削丝锥的前角较大，加工钢时 $\gamma_f = 20° \sim 25°$，加工铸铁和铜时 $\gamma_f = 10° \sim 12°$。加工时，切削速度很低、刀具寿命高、工作平稳、螺纹的质量较好。加工钢时，螺纹表面粗糙度值可达 $Ra1.6\mu m$，加工铜时可达 $Ra0.8\mu m$。

第三节　螺纹滚压工具

一、滚丝轮

滚丝轮工作情况如图 9-14 所示。两个滚丝轮的螺纹方向相同，与工件的螺纹方向相反。安装时，两个滚丝轮的轴线平行，在轴向相互错开半个螺距，工件放在两个滚丝轮之间的支承板上。工作时，两个滚丝轮同向等速旋转，一个滚丝轮沿径向进给，另一个滚丝轮在径向固定，工件在径向力的作用下，逐渐被滚压成螺纹。两个滚丝轮之间的距离是可调的，故加工的直径范围较大。

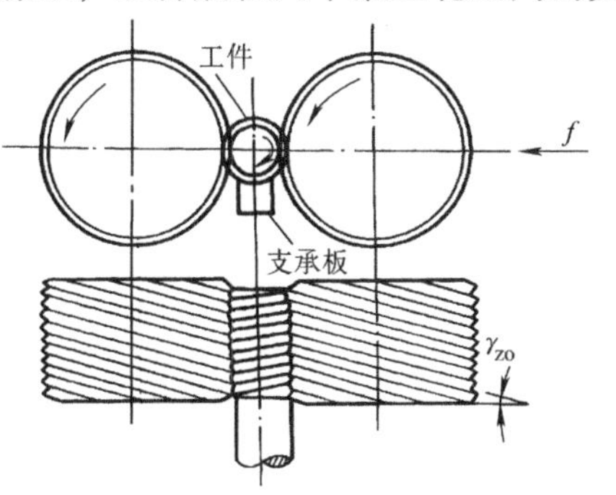

图 9-14　滚丝轮工作情况

滚丝轮和工件的螺距 P、螺纹中径、螺旋升角 γ_{zo} 应相等。为了制造方便和保证滚丝轮的强度，常把滚丝轮做成 n 线螺纹，因此，滚丝轮的螺纹中径也应为工件螺纹中的 n 倍。

滚丝轮制造容易，机床调整方便，加工螺纹的精度可达 4 ~ 5 级。滚丝速度较低，故生产率不如搓丝板高。

二、搓丝板

搓丝板工作情况如图 9-15 所示。下板为静板，装在机床夹座内静止不动；上板为动板，随机床滑块一起运动。当工件进入两块搓丝板之间后，即被夹住并随之向前滚动而形成螺纹。由于径向力很大，工件容易变形，故只能加工 6 级螺纹，且不宜加工空心工件和直径小于 3mm 的螺纹。

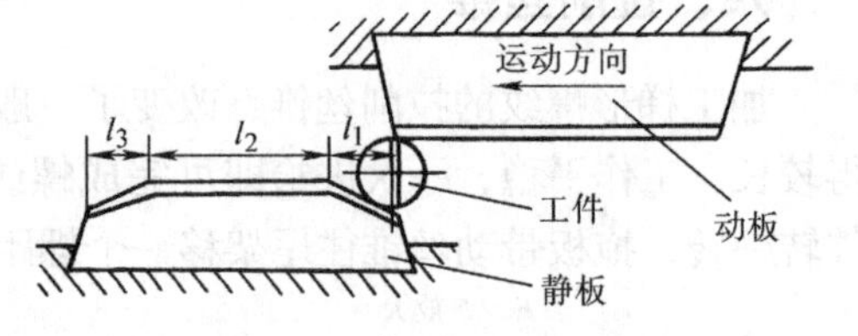

图 9-15　搓丝板工作情况

静板上的压入部分 l_1，使工件能逐渐形成螺纹。校准部分 l_2，使螺纹进一步修正和滚光。退出部分 l_3，使滚压力逐渐下降，工件离开搓丝板。动板上没有压入和退出部分，其总长大于静板，这样可使动板在回程时不致将工件带回。搓板的宽度应视工件的长度而定。

搓丝板工作时，两块搓丝板应严格平行，它的齿纹方向相同并相互偏移半个齿距，但和工件的齿纹方向相反。搓丝板的齿纹斜角应与工件的螺纹中径升角相等。搓丝板上齿纹的齿形角和齿距应和工件相同，但因搓丝板上的齿纹有斜角，故在垂直于齿纹方向上的齿形角和齿距应予修正。

思考与习题

9.1　螺纹刀具有哪些类型？它们的用途如何？

9.2　绘图说明丝锥的结构及各参数。

9.3　说明几种常用丝锥结构特点。

9.4　说明滚丝轮和搓丝板的工作情况。

第十章　齿 轮 刀 具

齿轮是应用十分广泛的机械零件之一，其中以渐开线圆柱齿轮应用最多。

加工渐开线圆柱齿轮的刀具，按形成齿轮齿形的原理可分为：成形齿轮刀具和展成齿轮刀具两大类。

成形齿轮刀具的刃形是按照被切齿轮齿槽形状和尺寸设计而成的切齿刀具，如模数盘铣刀和指形齿轮铣刀，如图 10-1 所示。

展成齿轮刀具是根据齿轮的啮合原理设计而成的切齿刀具，如齿轮滚刀、插齿刀、剃齿刀等。展成齿轮刀具加工齿轮如图 10-2 所示。

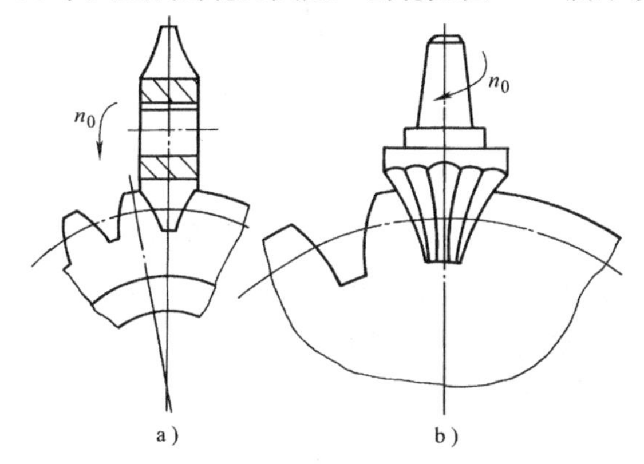

图 10-1　成形齿轮铣刀加工齿轮

a）模数盘铣刀　b）指形齿轮铣刀

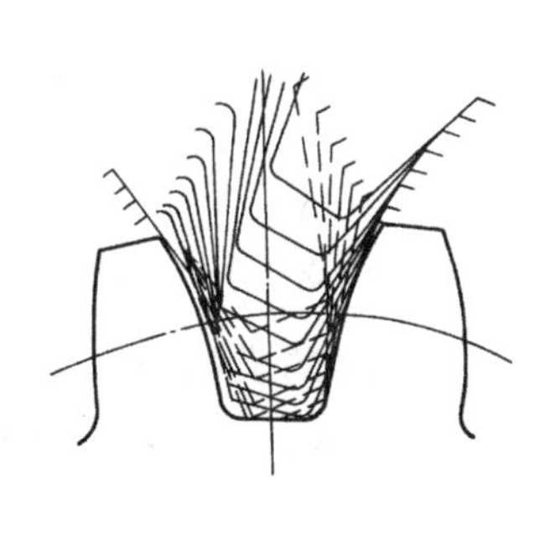

图 10-2　展成齿轮刀具加工齿轮

第一节　成形齿轮铣刀

一、成形齿轮铣刀的种类

1. 模数盘铣刀

如图 10-3a 所示，它是一把铲齿成形铣刀，可以在铣床上，利用分度头加工直齿或斜齿齿轮，其生产率和加工精度都比较低，适于单件生产或修配工作中加工要求不高的圆柱齿轮。

2. 指形齿轮铣刀

如图 10-3b 所示，它是一种铲齿成形立铣刀。铣削时，刀具旋转，工件沿齿向做进给运动。每铣完一个齿，也要借助分度头分度。这种刀具适于加工大模数的直齿和人字齿轮。

二、模数盘铣刀的选用

1. 铣刀分号

用模数盘铣刀加工直齿圆柱齿轮时，其截形应与工件端剖面内的齿槽廓形相同。当加工齿轮的模数、压力角相同，而齿数不同时，齿槽形状各不相同。由渐开线形成原理可知，齿数越少，则基圆越小，渐开线就弯曲得越厉害，如图 10-4 所示。因此，在加工不同齿数的齿轮时，就应采用不同齿形的铣刀。这样就会使铣刀的数量非常多。生产中为了减少模数盘铣刀的数量，常用一把铣刀加工模数和压力角相同，而具有一定齿数范围的齿轮。

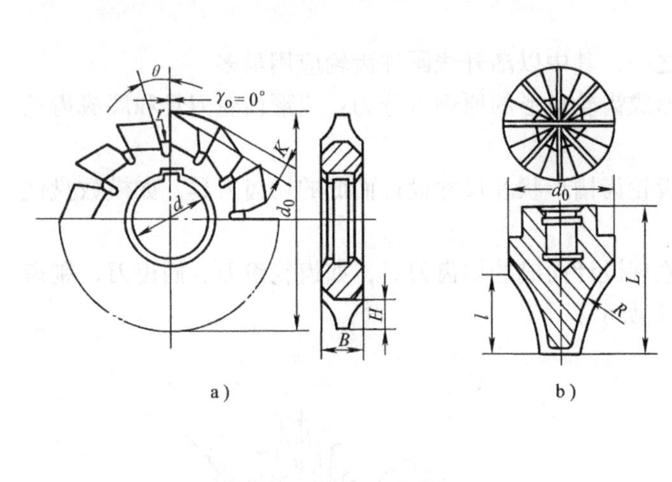

图 10-3　成形齿轮铣刀

a）模数盘铣刀　b）指形齿轮铣刀

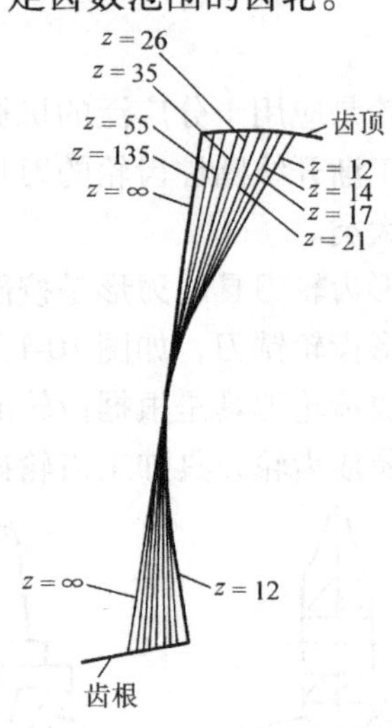

图 10-4　不同齿数的齿形

标准模数盘铣刀的模数为 0.3 ~ 8mm 时，每套由 8 把铣刀组成；模数为 9 ~ 16mm 时，每套由 15 把铣刀组成。每号铣刀所能加工的齿轮齿数范围，见表 10-1。

表 10-1　每号铣刀加工齿数范围

铣刀号	1	$1\frac{1}{2}$	2	$2\frac{1}{2}$	3	$3\frac{1}{2}$	4	$4\frac{1}{2}$	5	$5\frac{1}{2}$	6	$6\frac{1}{2}$	7	$7\frac{1}{2}$	8
8 把一套	12 ~ 13	—	14 ~ 16	—	17 ~ 20	—	21 ~ 25	—	26 ~ 34	—	35 ~ 54	—	55 ~ 134	—	≥135
15 把一套	12	13	14	15 ~ 16	17 ~ 18	19 ~ 20	21 ~ 22	23 ~ 25	26 ~ 29	30 ~ 34	35 ~ 41	42 ~ 54	55 ~ 79	80 ~ 134	≥135

每号铣刀的齿形均按所加工齿轮齿数范围内最少齿数的齿形设计，例如 6 号铣刀的齿形，是按齿数为 35 时设计的。当用 6 号铣刀加工齿数为 36 ~ 54 的齿轮时，使被加工齿轮除分度圆齿厚相同外，其齿顶与齿根处的齿厚均变薄。这种齿形误差，对低精度齿轮是允许的。

2. 加工斜齿轮时模数盘铣刀的选择

用模数盘铣刀加工斜齿轮时，刀具是在齿轮的法剖面内进行铣削的，如图 10-5 所示。因此，选择铣刀号时，其模数及齿数应分别按斜齿轮的法向模数 m_n 和法剖面中的当量齿数 z_v 选择。m_n 和 z_v 可由下式求出。

$$m_n = m\cos\beta_1 \quad (10\text{-}1)$$

$$z_v = z/\cos^3\beta_1 \quad (10\text{-}2)$$

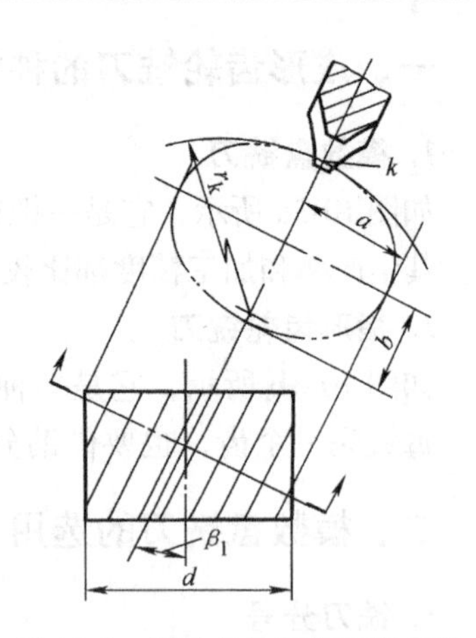

图 10-5　模数盘铣刀加工斜齿轮

式中　m_n——法向模数；

z_v——当量齿数，相当于用齿槽 k 点曲率半径 r_k' 为分圆半径的齿轮齿数；

m——斜齿轮的端面模数；

β_1——斜齿轮的螺旋角；

z——斜齿轮的齿数。

第二节　齿 轮 滚 刀

一、齿轮滚刀的工作原理

1. 齿轮滚刀的形成及结构

齿轮滚刀是按交错轴斜齿轮啮合原理，用展成法加工齿轮的刀具。齿轮滚刀相当于小齿轮，被切齿轮相当于大齿轮（图 10-6）。它是加工外啮合直齿和斜齿圆柱齿轮最常用的一种刀具。

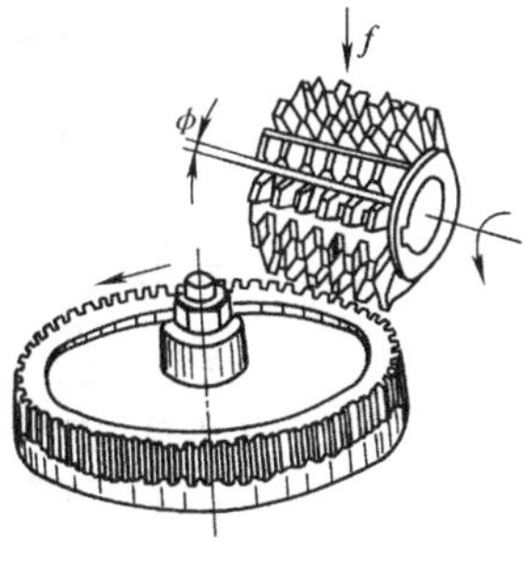

齿轮滚刀是一个螺旋角 β_0 很大，而齿数很少（1～3 齿）、齿很长、能绕滚刀分圆柱很多圈的交错轴斜齿轮，这样就很像一个螺纹升角 γ_{zo} 很小的蜗杆。为了形成切削刃，在蜗杆上沿轴线开出容屑槽，以形成前刀面及前角，经铲齿和铲磨，以形成后刀面与后角（图 10-7）。

图 10-6　齿轮滚刀工作原理

2. 滚刀的安装位置与滚削运动

滚齿时，滚刀装在滚齿机主轴上的安装角 ϕ，如图 10-8 所示。切削时，齿轮滚刀的旋转运动是主运动，同时被切齿轮旋转，以形成展成运动，工件的这一相应运动既是圆周进给又是分齿运动，为了沿齿向切出全部齿形，滚刀还需沿齿轮轴线做进给运动。

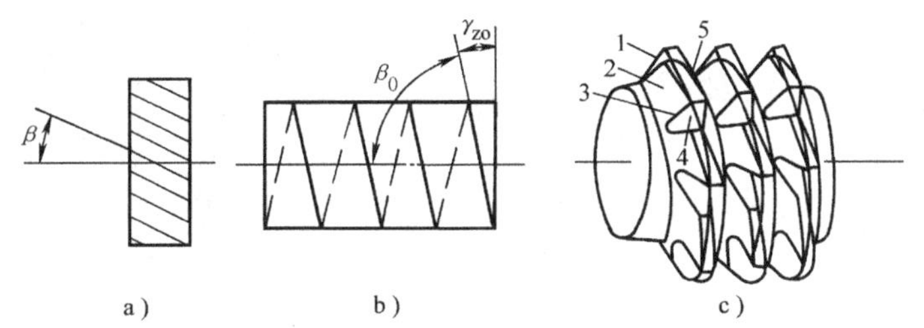

图 10-7　滚刀的基本蜗杆与切削刃的位置

a）交错轴斜齿轮　b）蜗杆　c）滚刀

1—基本蜗杆表面　2—侧铲螺旋面（侧刃后面）　3—齿轮滚刀切削刃　4—前刀面　5—铲制顶刃后刀面

β—交错轴斜齿轮的螺旋角　β_0—蜗杆螺旋角　γ_{zo}—蜗杆螺纹升角

由交错轴斜齿轮啮合原理可知，滚齿时滚刀的法向模数、压力角与被切齿轮的法向模数、压力角相同，当齿轮滚刀端面是渐开线齿形时，则被切齿轮端面也可得到渐开线齿形。

3. 滚齿时的切削图形

齿轮滚刀切削齿轮时，被切齿轮的齿形是滚刀各刀齿在展成运动中连续位置的包络线，如图 10-9 所示。滚齿过程相当于滚刀和工件在节圆处做无滑动的纯滚动，所以根据它们的相对运动，可以近似地画出滚齿时的切削图形。

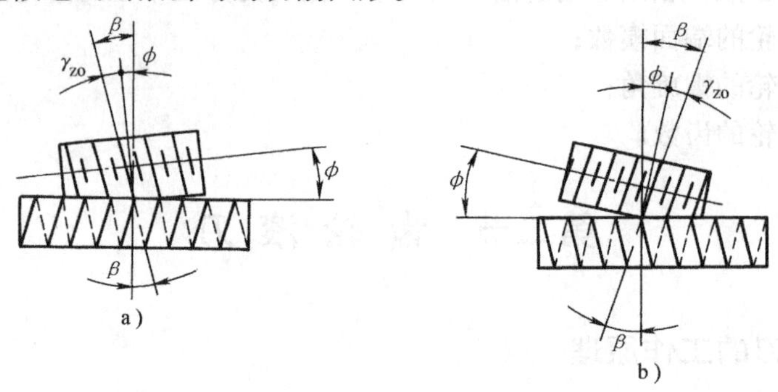

图 10-8　齿轮滚刀的安装角

a）螺旋角旋向一致　$\varphi=\beta-\gamma_{zo}$　b）螺旋角旋向相反　$\varphi=\beta+\gamma_{zo}$

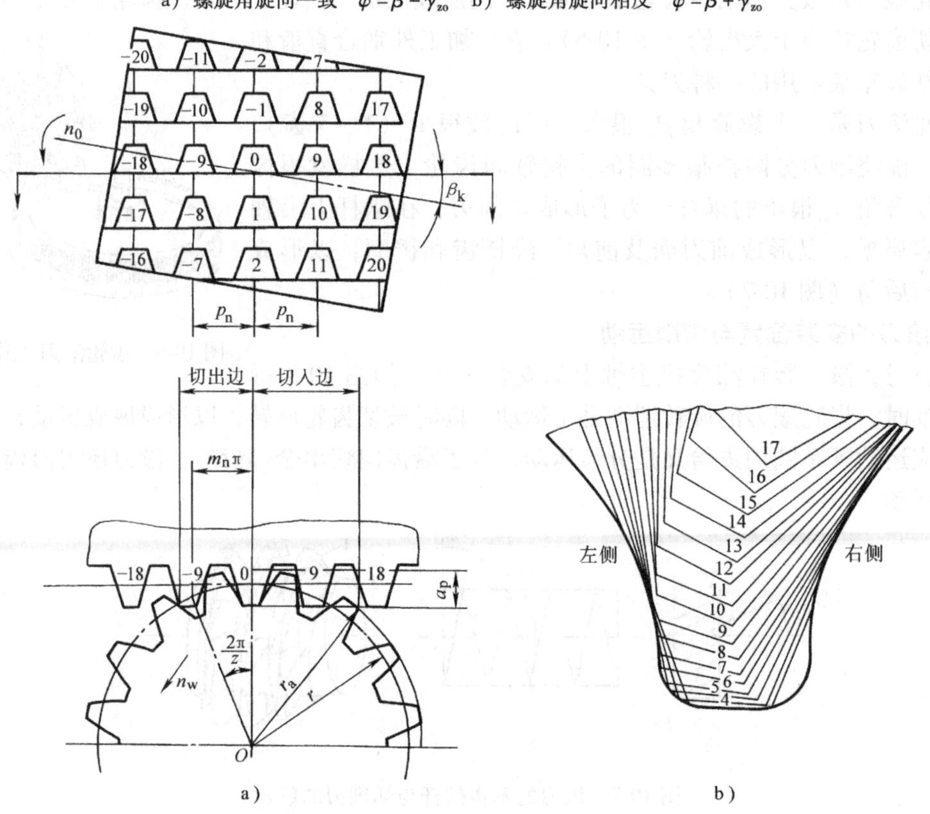

图 10-9　滚齿时切削图形

a）滚刀切削区与刀齿编号　b）滚齿时的切削图形

图 10-9 所示为用右螺旋滚刀加工齿轮的示意图，设滚刀为 z_k（图中 $z_k=8$）个槽，有 n 圈（图中 $n=3$）齿参与切削。由图可见，切齿时刀齿自右边（切入边）进入切削区后，约经过 $z_k n$ 个刀齿切削，到切出边退出切削区，完成一个齿槽加工。为了说明各刀齿进入切削区的先后次序和位置，设滚刀位于啮合中点的齿号为 0，由此分界，切入边在 0 号前一个齿为 +1 号，切出边在 0 号后一个齿为 -1 号。图 10-9b 所示为切入边刀齿的位置和负荷情况。

由图可见，17 号首先切入，接着为 16、15、…依次参与切削，直到 0 号切入后，切入边切削完毕。同理也可画出切出边各齿的位置（图中未画出）。由图可以看出：

1）在切入边，距离切齿中点越远的刀齿（即数码越大的齿），其顶刃和侧刃的切削厚度越大。

2）顶刃的切削厚度一般比侧刃大。

3）有的刀齿只一个切削刃参加切削，有的刀齿则两个或三个切削刃同时参加切削。

由切削图可知，滚刀各刀齿负荷很不均匀，切入边离中心位置越远的刀齿（大号数）切屑短而厚；离中心位置越近的刀齿，切屑薄而长（小号数）。因而刀齿的负载与磨损很不均匀。

二、齿轮滚刀的基本蜗杆

为了使齿轮滚刀的切削刃能切出正确的齿轮齿形，滚刀切削刃必须在相当于斜齿轮（交错轴斜齿轮）的蜗杆螺纹表面上，这个蜗杆称为滚刀的基本蜗杆。

滚刀的基本蜗杆常用的有：渐开线蜗杆和阿基米德蜗杆。

1. 渐开线蜗杆

渐开线蜗杆的螺纹齿侧螺旋面是渐开线螺旋面。渐开线螺旋面的几何构成，如图 10-10 所示，将图中的梯形平面卷覆在基圆柱上，直线 AB 在基圆柱上形成基圆柱螺旋线，其螺旋角为 β_b。若紧拉斜边 AB，使卷在基圆柱上的平面再从基圆柱上逐渐展开，直线 AB 在空间的运动轨迹，就是渐开线螺旋面（图 10-10a）。由此可见，与基圆柱相切的任意平面和渐开线螺旋面的交线是一条直线。此直线和基圆柱螺旋线相切，并与基圆柱轴线倾斜成 β_b 角（图 10-10b）。换句话说，若一母线（AB）与基圆柱螺旋线相切，并绕基圆柱轴线做螺旋运动，则由这一母线所形成的表面就是渐开线螺旋面，该母线与基圆柱端面的夹角为基圆柱螺纹升角 γ_b，$\gamma_b = 90 - \beta_b$。渐开线螺旋面在基圆柱端剖面的截形是一条渐开线。

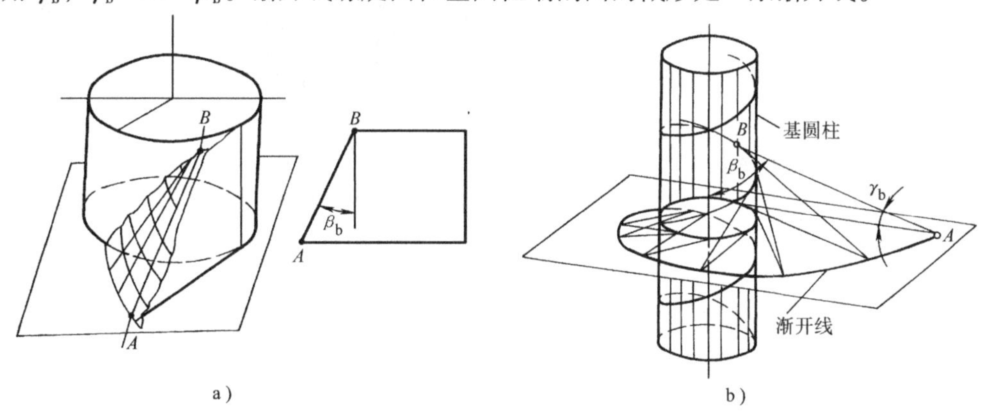

图 10-10 渐开线螺旋面与渐开线的形成

在实际生产中，根据上述原理加工右旋渐开线蜗杆时（图 10-11），用背（切深）前角为 0°、切削刃齿形角为 γ_b（切削刃与蜗杆端面间的夹角）的直线刃车刀，车削蜗杆右侧面时，将车刀低于蜗杆轴线安装，并使车刀前刀面切于基圆柱；车左侧面时，将车刀高于蜗杆轴线安装，也使车刀前刀面切于蜗杆基圆柱。车刀的切削刃即渐开线螺旋面的母线。当车刀相对蜗杆按所给定的导程做螺旋运动时，则两切削刃分别形成蜗杆左、右两侧的渐开线螺旋面，从而加工出渐开线蜗杆。

渐开线蜗杆在轴向剖面（Ⅰ-Ⅰ）为曲线齿形；在切于基圆柱上侧的剖面（Ⅱ-Ⅱ），左侧齿形为直线，右侧为曲线；在切于基圆柱下侧的剖面（Ⅲ-Ⅲ），右侧齿形为直线，而左侧为曲线；在端剖面内为渐开线（图10-11）。

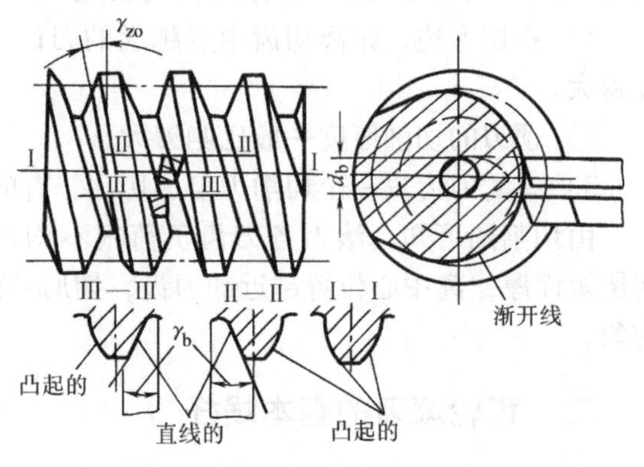

图10-11　渐开线蜗杆的车削

2. 阿基米德蜗杆

阿基米德蜗杆的螺纹齿侧表面是阿基米德螺旋面。阿基米德螺旋面的几何构成如图10-12所示。*OO*为螺旋运动的轴线；*AB*为母线，它与轴线相交并成β角。当母线*AB*做螺旋运动时，即形成阿基米德螺旋面，阿基米德螺旋面在端剖面的形状为阿基米德螺旋线。

在实际生产中，加工阿基米德蜗杆时，用（背）前角为0°、切削刃齿形角为α_{xo}的直线刃车刀，它安装在蜗杆的轴向平面内（图10-13），当车刀相对蜗杆按所给定的导程做螺旋运动时，两切削刃同时切出蜗杆两侧的阿基米德螺旋面，其中：$\alpha_{xo}=90°-\beta$。

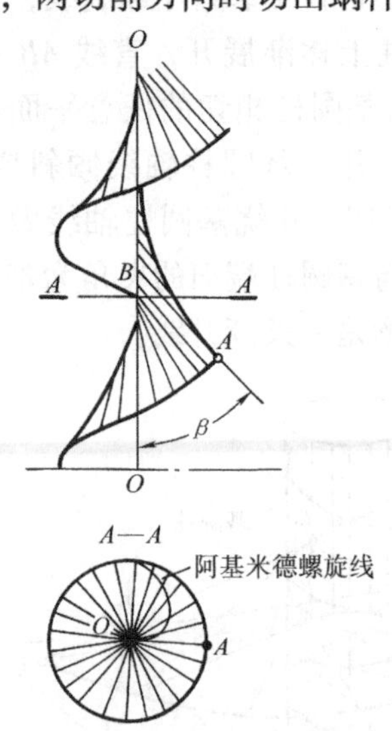

图10-12　阿基米德螺旋表面及阿基米德螺线的构成

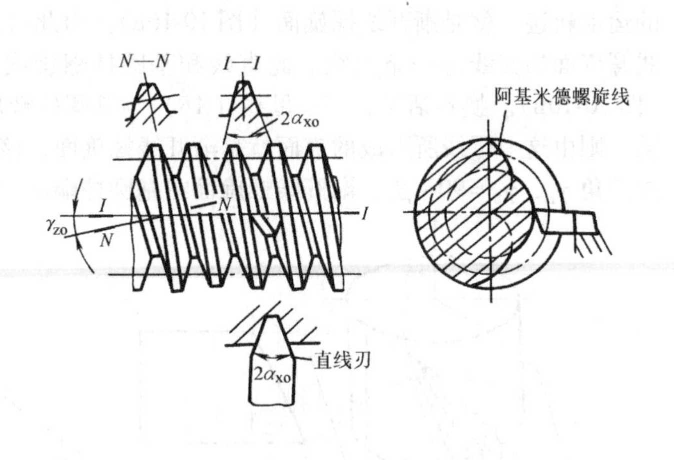

图10-13　阿基米德蜗杆的车削

在阿基米德蜗杆的轴向剖面内（Ⅰ-Ⅰ）齿侧为直线；其余剖面均为曲线齿形；在端剖面内的形状为阿基米德螺旋线（图10-13）。

从理论上讲，加工渐开线齿轮的滚刀，它的基本蜗杆应该是渐开线蜗杆，其滚刀称为渐开线滚刀。但因渐开线滚刀制造困难，生产中几乎不用它，而采用近似齿形滚刀。当蜗杆分圆柱螺纹升角较小、两种蜗杆的法向模数m_n与法向齿形角α_n相同时，阿基米德蜗杆与渐开线蜗杆非常近似，而阿基米德滚刀制造容易，可以采用阿基米德蜗杆代替渐开线蜗杆。用阿基米德蜗杆制成的滚刀称为阿基米德滚刀。

三、阿基米德滚刀的造形误差

1. 齿形角

阿基米德滚刀的齿形与渐开线滚刀的齿形相比，在理论上形成一定误差，称为造形误差。由前述已知，渐开线基本蜗杆的轴向剖面是曲线齿形（图 10-11），而阿基米德蜗杆的轴向剖面是直线齿形（图 10-13）。用阿基米德蜗杆代替渐开线蜗杆时，为了减小造形误差，应使阿基米德蜗杆轴向剖面内的直线齿形与渐开线蜗杆轴向剖面内的齿形在分圆柱相切（图 10-14）。此时，阿基米德蜗杆轴向齿形的齿形角 α_{xo} 为

$$\tan\alpha_{xo}=\frac{\tan\alpha_n}{\cos\gamma_{zo}} \tag{10-3}$$

式中 α_n——渐开线蜗杆法剖面分圆压力角；

γ_{zo}——滚刀基本蜗杆分圆柱螺纹升角。

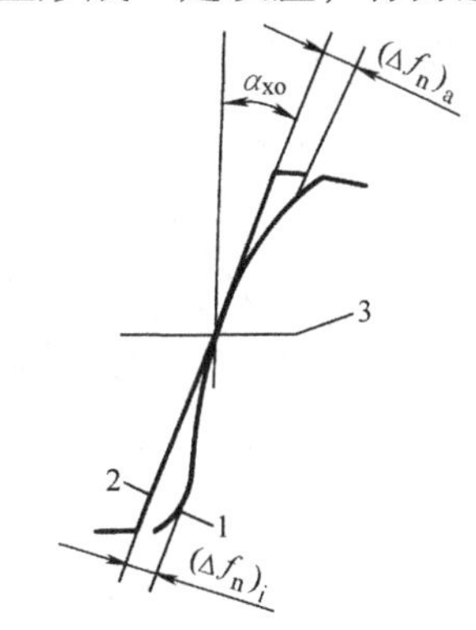

图 10-14 阿基米德蜗杆的齿形角
1—渐开线蜗杆轴向剖面齿形
2—阿基米德蜗杆轴向剖面齿形
3—分圆柱 $(\Delta f_n)_i$—齿根造形误差 $(\Delta f_n)_a$—齿顶造形误差

这样阿基米德滚刀的齿形在分圆柱处误差为零，而越接近齿顶或齿根则误差越大，加工时将使被切齿轮上发生一些根切和顶切。

2. 造形误差与滚刀分圆螺纹升角 γ_{zo} 的关系

由分析可知，阿基米德滚刀的基本蜗杆分圆柱处的螺纹升角 γ_{zo} 越小，则造形误差越小（图 10-15）。螺纹升角 γ_{zo} 与阿基米德滚刀分圆柱直径 d_o 的关系为

$$d_o=\frac{m_n z_o}{\cos\beta_o}=\frac{m_n z_o}{\sin\gamma_{zo}} \tag{10-4}$$

所以

$$\sin\gamma_{zo}=\frac{m_n z_o}{d_o} \tag{10-5}$$

式中 γ_{zo}——滚刀螺纹升角；

m_n——滚刀基本蜗杆的法向模数；

z_o——滚刀基本蜗杆的螺纹线数；

d_o——滚刀的分圆柱直径。

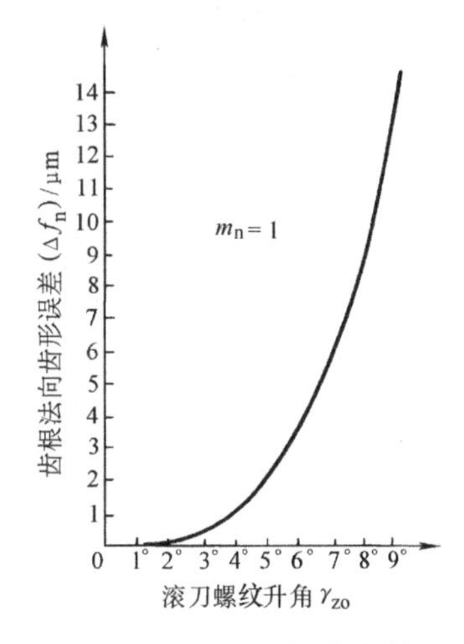

图 10-15 造形误差与螺纹升角的关系

由式（10-5）可知，当滚刀分圆柱直径 d_o 增大，而滚刀螺纹线数 z_o 减小时，会使滚刀分圆柱螺纹升角减小。所以在生产上精加工用齿轮滚刀，应采用单线螺纹，并用较大直径等方法，以期减少滚刀的造形误差。

四、阿基米德滚刀的几何角度

1. 滚刀的前刀面与前角

为了使基本蜗杆成为滚刀，要对其开槽，以形成前刀面。滚刀容屑槽分为直槽和螺旋槽（图 10-16）两种。槽的一侧即滚刀的前刀面，此面在滚刀的端剖面中的截线是直线，该直

线如通过滚刀轴线，则滚刀刀齿的顶刃背前角 $\gamma_p=0°$，称为零前角滚刀。若此直线不通过滚刀轴线时，则顶刃背前角 $\gamma_p>0°$，称为正前角滚刀，$\gamma_p<0°$，则为负前角滚刀（图10-17）。

（1）直槽滚刀的工作前角　当基本蜗杆分度圆柱螺纹升角 $\gamma_{zo}\leqslant5°$时，为了使滚刀便于制造和刃磨，常将容屑槽做成直槽。直槽零前角滚刀的前刀面就是通过滚刀轴线的一个平面；直槽正或负前角滚刀的前刀面则是一个平行于滚刀轴线的平面（图10-17）。

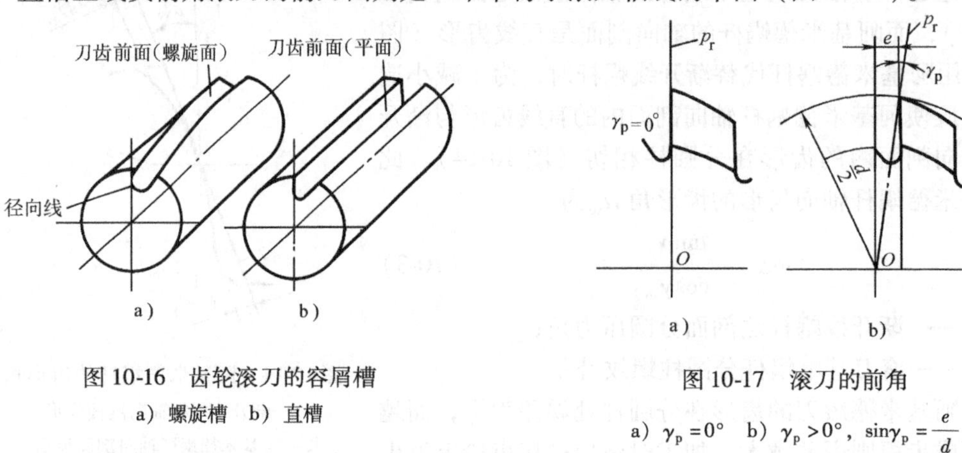

图10-16　齿轮滚刀的容屑槽

a）螺旋槽　b）直槽

图10-17　滚刀的前角

a）$\gamma_p=0°$　b）$\gamma_p>0°$，$\sin\gamma_p=\dfrac{e}{\dfrac{d}{2}}$

直槽零前角滚刀在切削齿轮过程中，其两侧刃的工作侧（进给）前角不相等，右侧为正（γ_{fR}），左侧为负（$-\gamma_{fL}$）（图10-18b），因而滚刀左、右两侧刃的条件不相同。当 $\gamma_{zo}<5°$时，其差别不甚显著；当 $\gamma_{zo}>5°$时，为了改善滚刀切削性能，容屑槽应做成螺旋槽。

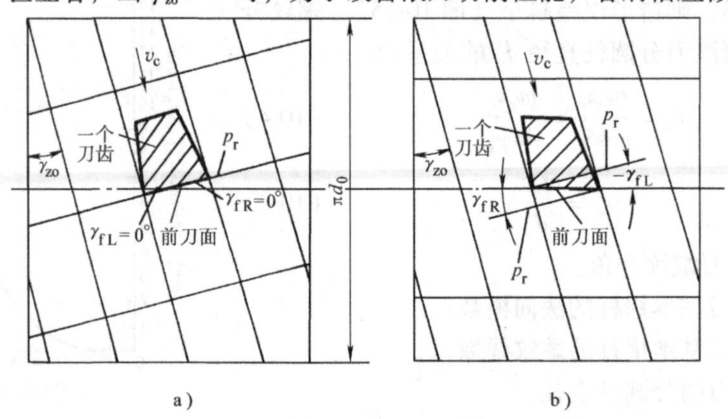

图10-18　直槽与螺旋槽滚刀侧刃的工作前角

a）螺旋槽　b）直槽

（2）螺旋槽滚刀的工作前角　螺旋容屑槽垂直于滚刀螺纹，旋向相反。于是滚刀的螺旋容屑槽导程 P_{zk} 为（图10-19）

$$P_{zk}=\frac{\pi d_o}{\tan\beta_k}=\frac{P_{zo}}{\tan\beta_k\tan\gamma_{zo}}=\frac{P_{zo}}{\tan^2\gamma_{zo}}\qquad(10\text{-}6)$$

式中　d_o——滚刀分圆柱直径；

P_{zk}——滚刀螺旋容屑槽导程；

β_k——螺旋容屑槽在滚刀分圆柱上的螺旋角；

γ_{zo}——滚刀螺纹在分圆柱上的螺纹升角；

P_{zo}——滚刀基本蜗杆导程。

带有螺旋容屑槽的滚刀，由于前刀面垂直于滚刀螺旋面的侧面，因而两侧刃的工作侧前角均为零（$\gamma_{fR}=\gamma_{fL}=0°$）（图 10-18a），使滚刀两侧刃的切削条件相同，改善了滚刀的切削条件。但螺旋槽滚刀制造和刃磨均较直槽滚刀困难。国家标准规定模数 $m\leqslant 10$mm 的齿轮滚刀全部定为直槽。

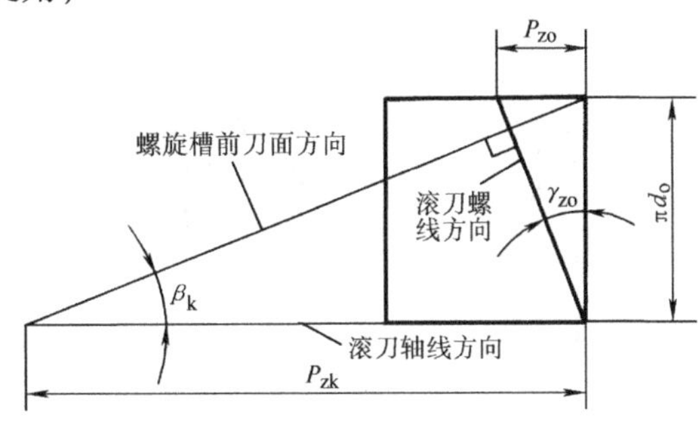

图 10-19 螺旋容屑槽导程

2. 滚刀的后刀面与后角

为了使滚刀的顶刃和侧刃都具有后角，并且当滚刀沿前刀面刃磨后其切削刃仍能在基本蜗杆的螺旋表面上，滚刀的顶刃和侧刃都需要铲齿和铲磨。

（1）齿侧表面的铲齿及侧刃后角　由前已知，直槽零前角滚刀的前刀面是一通过滚刀轴线的平面，阿基米德蜗杆在此平面内（轴向平面）为直线齿形，其齿形角为 α_{xo}。铲齿时，用前角为0°、齿形角为 α_{xo} 的铲齿车刀，沿滚刀的轴线做直线运动（导程为 P_{zo}），以形成基本蜗杆的螺旋面（图 10-20）。与此同时，铲齿车刀做径向铲齿运动（K），如图 10-20 所示。这样在滚刀转过一个齿的时间内，由于径向铲齿作用，相当于右铲齿车刀向左移动了一段距离；而左铲齿车刀则相当于向右移动了一段距离，如图 10-21 所示。于是右旋滚刀刀齿的右侧后刀面的导程 P_R 大于基本蜗杆的导程（P_{zo}）；而左侧后刀面的导程 P_L 则小于基本蜗杆的导程 P_{zo}（图 10-22）。由图可见：

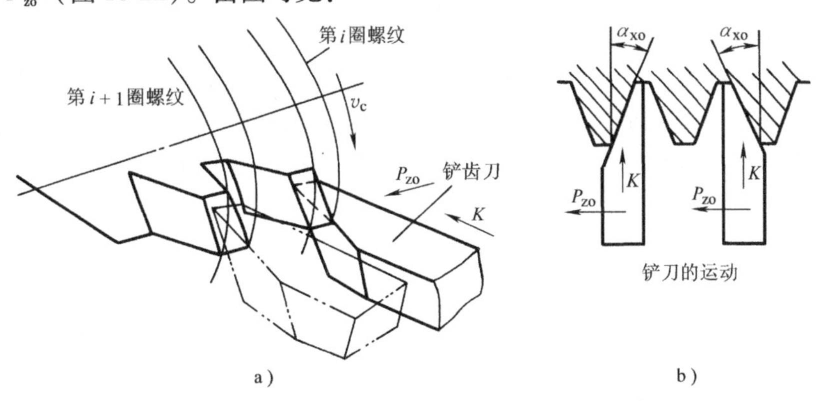

图 10-20 铲齿运动

$$\left.\begin{aligned}\text{右侧导程}\quad & P_R=P_{zo}+\Delta P_R\\ \text{左侧导程}\quad & P_L=P_{zo}-\Delta P_L\end{aligned}\right\}\tag{10-7}$$

由于左、右两侧铲齿时产生 ΔP_R 和 ΔP_L，形成了左、右两侧刃的后角 $\Delta\alpha_L$、$\Delta\alpha_R$，且 $\Delta\alpha_L\propto\Delta P_L$；$\Delta\alpha_R\propto\Delta P_R$。

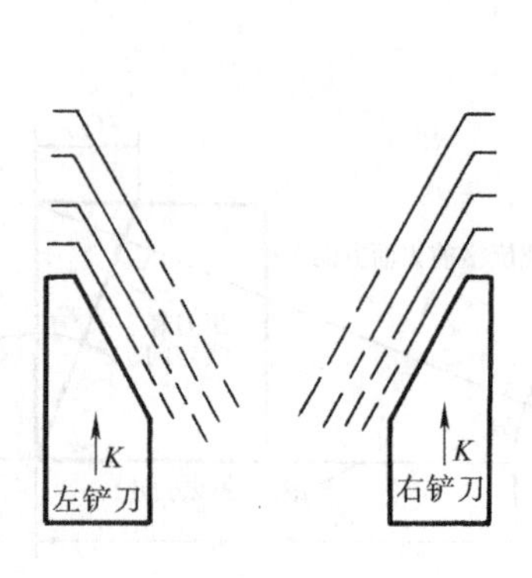

图 10-21　铲齿时铲齿车刀切削刃的位置

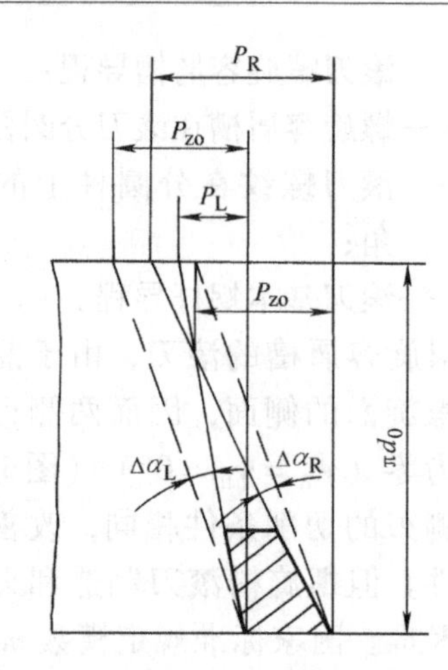

图 10-22　滚刀铲齿时的齿侧表面的导程

ΔP_{L}、ΔP_{R} 是因铲齿运动而形成的。由图 10-23 可知，若铲齿车刀由位置 1 开始运动，当滚刀转一转时，铲齿车刀沿滚刀轴线移动 P_{zo} 到达位置 2。同时由于铲齿运动，在滚刀径向移动了 K_{o}（$K_{\mathrm{o}}=Kz_{\mathrm{k}}$，$z_{\mathrm{k}}$——滚刀槽数），到达位置 3，这时若轴向齿形角为 α_{xo}，则由图 10-23 得

$$
\begin{aligned}
\Delta P_{\mathrm{R}} &= K_{\mathrm{o}}\tan\alpha_{\mathrm{xo}} = Kz_{\mathrm{k}}\tan\alpha_{\mathrm{xo}} \\
\Delta P_{\mathrm{L}} &= K_{\mathrm{o}}\tan\alpha_{\mathrm{xo}} = Kz_{\mathrm{k}}\tan\alpha_{\mathrm{xo}}
\end{aligned} \tag{10-8}
$$

于是

$$
\left.\begin{aligned}
\Delta\alpha_{\mathrm{R}} &\propto Kz_{\mathrm{k}}\tan\alpha_{\mathrm{xo}} \\
\Delta\alpha_{\mathrm{L}} &\propto Kz_{\mathrm{k}}\tan\alpha_{\mathrm{xo}}
\end{aligned}\right\} \tag{10-9}
$$

滚刀的槽数 z_{k} 和齿形角 α_{xo} 均为定值，故滚刀侧刃后角与铲削量 K 成正比。

滚刀齿的两侧后刀面经铲齿后，得到的仍然是一个阿基米德螺旋面，只是导程不等于基本蜗杆的导程 P_{zo}，一边加长，一边缩短。滚刀的两侧铲面和前刀面的交线即滚刀的两侧切削刃，它们正好在基本蜗杆的螺纹表面上，而两侧后刀面则收缩在基本蜗杆的表面以内（图 10-24）。滚刀在滚齿过程中，由于啮合运动的结果，使滚刀两侧切削刃在空间描述的轨迹仍是一个螺旋面，称为创成表面，它就是基本蜗杆的螺旋面。因此，经铲齿后的滚刀，不论新旧，它的两侧刃都能准确地分布在基本蜗杆的螺纹表面上，因而能切出正确的齿轮齿形。

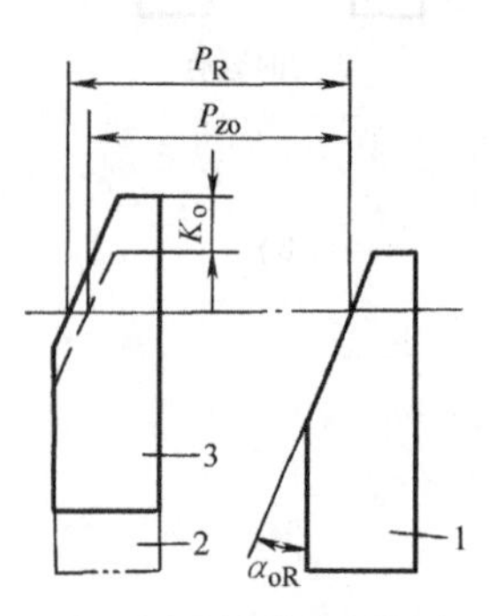

图 10-23　铲齿时铲齿车刀的起始位置

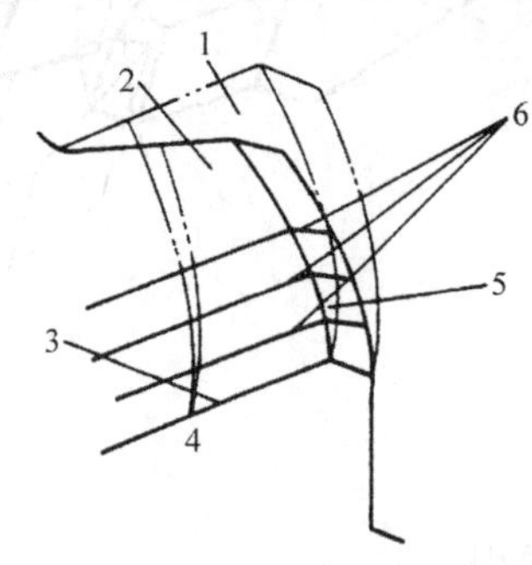

图 10-24　新旧滚刀切削刃的位置

1—基本蜗杆　2—侧铲齿螺旋面（侧刃后刀面）　3—切削刃　4—前刀面　5—顶刃铲削面（顶刃后刀面）　6—切削刃重磨后的位置

（2）顶刃的铲齿　滚刀顶刃也要铲齿，以形成顶刃后角，铲齿时所采用的导程 P_{zo} 和铲削量 K 应与侧刃相同。

（3）顶刃背后角和侧刃后角与铲削量的关系

1）顶刃背后角 α_p。顶刃背后角 α_p 在滚刀背（切深）平面内度量。若铲削量为 K，则

$$\tan\alpha_p = \frac{Kz_k}{\pi d_{ao}} \tag{10-10}$$

式中　z_k——容屑槽数；

d_{ao}——滚刀外径。

2）侧刃后角 α_o。侧刃后角与顶刃背后角的关系如图10-25所示。

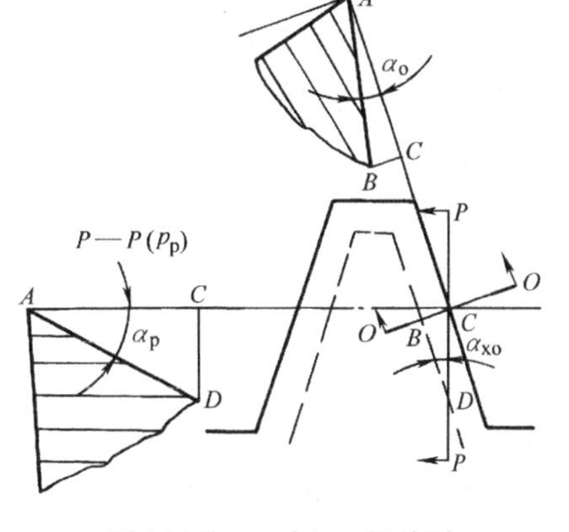

图10-25　α_o 与 α_p 的关系

$$\tan\alpha_p = \frac{CD}{AC}；\ \tan\alpha_o = \frac{BC}{AC}$$

所以
$$\tan\alpha_o = \tan\alpha_p \sin\alpha_{xo} \tag{10-11}$$

当滚刀因磨损，沿前刀面重磨后，由于存在顶刃后角，其外径就减小了；同时由于存在侧刃后角，所以刀齿在同一圆柱上的齿厚也减小了。为了使被切齿轮仍能保持原来的齿高和齿厚，就要减小滚刀和被加工齿轮的中心距。因此，滚刀的每一次重磨即相当于斜齿圆柱齿轮的变位系数减小；而改变中心距，则相当于不同变位系数的斜齿齿轮啮合。因而滚刀实际上是一个变位系数连续变化的变位斜齿圆柱齿轮。

五、齿轮滚刀的结构要素（图10-26）

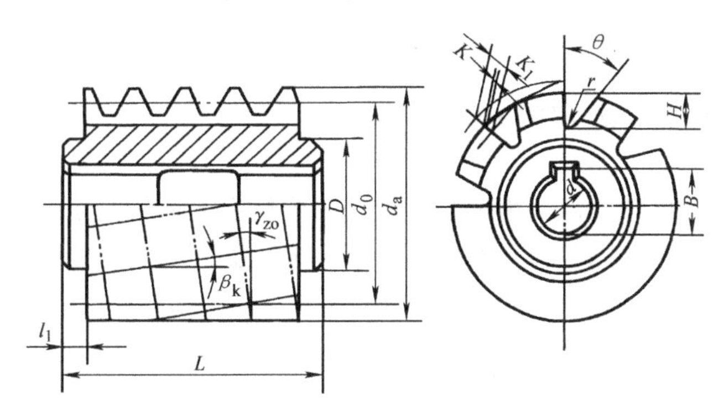

图10-26　整体滚刀结构

1. 外径 d_a

齿轮滚刀外径大，可使分圆柱上的螺纹升角 γ_{zo} 减小。降低齿轮滚刀的造形误差；但外径过大，会影响滚齿生产率和加大刀具材料的消耗。齿轮滚刀标准规定，对高精度滚刀的外径取大值；低精度滚刀的外径取小值。通常 $d_a = 65 \sim 160\text{mm}$。

2. 滚刀分圆柱直径 d_0

$$d_0 = d_{ao} - 2h_{ao} - 0.2K \tag{10-12}$$

式中　d_{ao}——滚刀外径，单位mm；

h_{ao}——滚刀齿顶高，单位 mm；

K——铲削量，单位 mm。

3. 槽数 z_k

槽数多，使参与切齿的切削齿数增多，可减少齿面棱度；但齿槽过多又会影响滚刀的重磨次数，降低滚刀的使用寿命，通常

对精加工滚刀　　$z_k = 12 \sim 16$

对粗加工滚刀　　$z_k = 6 \sim 8$

4. 滚刀螺纹升角 γ_{zo}

$$\sin\gamma_{zo} = \frac{m_n z_o}{d_0} \tag{10-13}$$

式中　z_o——滚刀螺纹线数；

d_0——滚刀分圆直径。

5. 齿槽角 θ 与槽底半径 r

对 $m_n \leqslant 9$　　$\theta = 25°$

$m_n > 9$　　$\theta = 22°$

$$r = \frac{\pi\ (d_a - 2H)}{10 z_k} \tag{10-14}$$

$$H = h_o + K + 0.5$$

式中　h_o——滚刀齿全齿高。

6. 铲削量 K

$$K = \frac{\pi d_a}{z_k}\tan\alpha_p \tag{10-15}$$

式中　α_p——顶刃背后角，$\alpha_f = 10° \sim 12°$。

7. 滚刀齿形

阿基米德齿轮滚刀的轴向剖面齿形是直线，因此规定在轴向剖面内测量齿形。工作图中应标出滚刀的轴向齿形，如图 10-27 所示。其各部分尺寸如下：

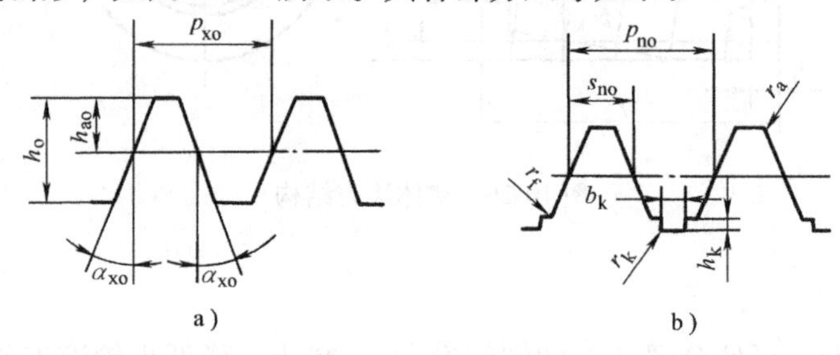

图 10-27　滚刀齿形

a）轴向齿形　b）法向齿形

轴向齿形角 α_{xo}

$$\tan\alpha_{xo} = \tan\alpha_{xn} / \cos\gamma_{zo} \tag{10-16}$$

轴向齿距 p_{xo}

$$p_{xo}=p_{no}/\cos\gamma_{zo}=\pi m_{zo}/\cos\gamma_{zo}$$

法向齿距 p_{no}　　$p_{no}=\pi m_n$　　(10-17)

轴向齿厚 s_{xo}　　$s_{xo}=\dfrac{s_{no}}{\cos\gamma_{xo}}$　　(10-18)

法向齿厚 s_{no}　　$s_{no}=\dfrac{\pi m_n}{2}$

齿顶高 h_{ao}　　$h_{ao}=h_f$　　(10-19)

式中　h_f——被切齿轮的齿根高。

齿根高 h_{fo}　　$h_{fo}=h_a+(0.2\sim0.25)m_n$　　(10-20)

式中　h_a——被切齿轮的齿顶高。

全齿高 h_o　　$h_o=h_{ao}+h_{fo}=h+(0.2\sim0.25)m_n$　　(10-21)

式中　h——被切齿轮的全齿高。

齿顶圆角半径 r_{ao}和齿根圆角半径 r_{fo}

$$r_{ao}=r_{fo}=(0.2\sim0.3)m_n \quad (10\text{-}22)$$

六、其他滚刀简介

1. 镶齿滚刀

齿轮滚刀的模数增大，滚刀的直径也增大。对大模数滚刀，为了节省刀具材料，以及由于高速钢大件锻造困难，碳化物分布不均匀，影响刀具寿命，大都做成镶齿形式。

图 10-28 所示为镶刀条的直槽滚刀，它是在滚刀刀体 1 上，开出平行于滚刀轴线的直槽。槽的一侧为带有 5°的斜面。刀条 2 的底部也做出 5°的斜面。在热处理后，刀槽和刀条的配合面均经磨削。然后，把刀条沿径向压入刀槽内，并在滚刀两头磨出刀条和刀体共有的两个圆柱形凸肩，再把套环 3 加热后套在凸肩上，冷却后再铲磨成滚刀。

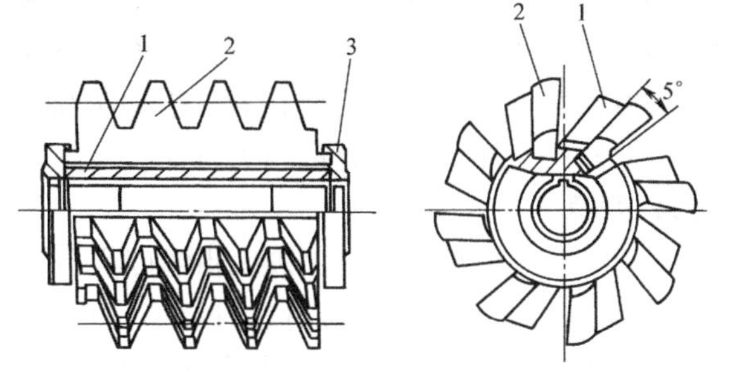

图 10-28　镶刀条的直槽滚刀
1—刀体　2—刀条　3—套环

2. 加工硬齿面滚刀

齿轮经淬火后，因变形大，需要进行精加工。对精度要求不是很高的齿轮，若采用磨削就很不经济，这时可采用如图 10-29 所示的加工硬齿面滚刀。这种滚刀的刀齿用硬质合金制成，顶刃背前角 γ_p 为 −30°。用这种滚刀可加工精度低于 8 级、齿面硬度为 60HRC 左右的齿轮。

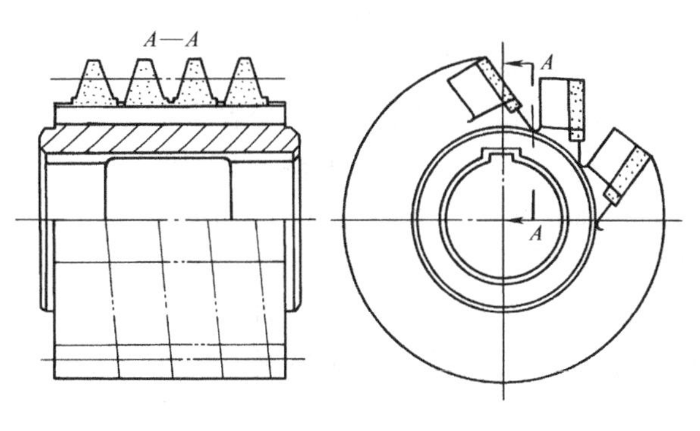

图 10-29　加工硬齿面滚刀

3. 剃前滚刀

用于剃齿前加工齿轮的滚刀，称为剃前滚刀。剃前滚刀应能保证被切齿轮齿面留有合理分布的剃齿余量（图10-30a），因此要求剃前滚刀的齿形如图10-30b所示，其特点如下：

齿厚减薄，以便留有余量Δ；齿根有修缘刃，使齿轮齿顶倒角，避免毛刺与碰伤；齿顶有凸角，使齿轮齿根处切出沉割，以减轻剃齿刀齿顶负荷。

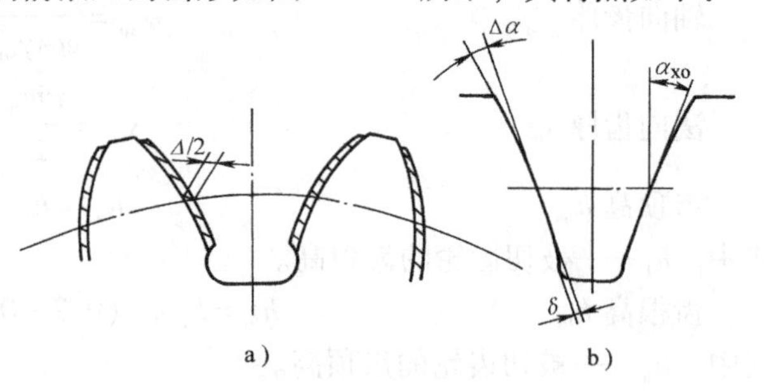

图10-30　剃前滚刀

a）齿面留剃齿余量　b）滚刀齿形

七、齿轮滚刀的使用与刃磨

1. 使用

（1）正确选用　按国家标准规定，齿轮滚刀精度分为四级：AA、A、B、C。一般情况下，AA级齿轮滚刀可加工6～7级齿轮；A级可加工7～8级齿轮；B级可加工8～9级齿轮；C级可加工9～10级齿轮。在用齿轮滚刀加工齿轮时，应按齿轮要求的精度级，选用相应精度级的齿轮滚刀。

（2）正确安装　滚刀安装在齿轮加工机床心轴上后，要用千分表检查滚刀两端轴台的径向跳动量，使其不超过允许值，并使跳动方向与数值尽可能一致，防止滚刀轴线歪斜（图10-31）。

（3）适时窜位　滚刀在切齿过程中，由于各刀齿的负荷不均匀，使各齿的磨损也不均匀。为了能充分利用滚刀，应使滚刀在切削一定数量的齿轮后，沿滚刀轴线移动（手动或机动）一定距离，以提高滚刀寿命。

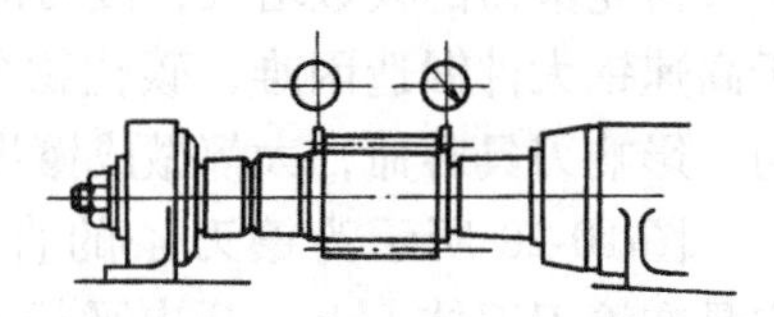

图10-31　滚刀轴台跳动量的检查

2. 刃磨

滚齿时，当发现齿轮齿面表面粗糙度大于$Ra3.2\mu m$以上，或有光斑、声音不正常，或精切齿时滚刀刀齿后刀面磨损量超过0.2～0.5mm；粗切齿时，滚刀刀齿后刀面磨损量超过0.8～1.0mm，就应重磨滚刀。重磨时应保证以下精度：

（1）容屑槽的圆周齿距误差　圆周齿距误差通常用圆周齿距最大累积误差表示，其值不大于50μm。也可用滚刀刀齿的径向跳动来代替。因为齿距不等时，刀齿齿顶的位置就会出现相应变化。一般滚刀重磨后外圆的径向跳动量应小于30μm。

（2）前刀面的径向和轴向误差

1）径向误差　测量时，千分表测头的位置预先按校正心轴调整（图10-32），心轴上的切口平面通过心轴中心，因而可保证千分表的测头对准滚刀中心。测量时，使千分表读数为零，测量滚刀齿上a点至b点的差值，即为滚刀径向误差。通常只许b点低于a点，其值不大于50μm。

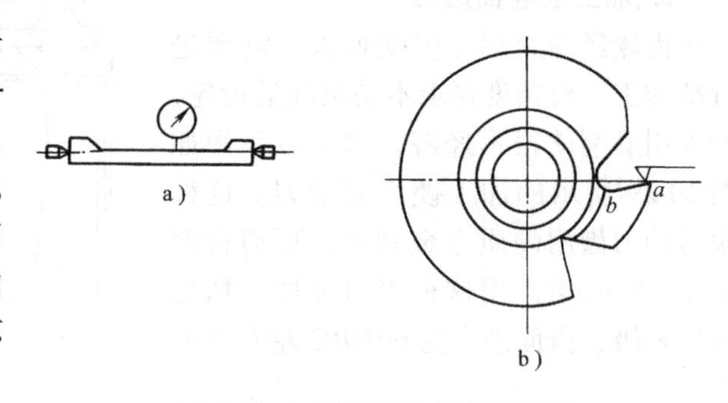

图10-32　检验滚刀质量的原理图

2）轴向误差　前刀面对滚刀轴线的

平行度误差，一般应小于 50μm（直槽滚刀）。

第三节 蜗轮滚刀

蜗轮滚刀是加工蜗轮的专用刀具，是按展成原理加工蜗轮的刀具。其外形、工作原理与齿轮滚刀十分相似，但两者也有明显的不同之处。

一、蜗轮滚刀的特点

1. 蜗轮滚刀的参数应与工作蜗杆的参数相同

用蜗轮滚刀加工蜗轮时，安装位置应处于工作蜗杆与蜗轮相啮合的位置上。图 10-33 所示为蜗杆蜗轮副的啮合位置。为此要求滚刀、蜗轮间的轴交角、中心距应与蜗杆、蜗轮间的轴交角、中心距相等。而且蜗轮滚刀的主要参数：模数、齿形角、分圆柱直径、线数、螺纹升角和螺旋方向等都应与工作蜗杆相同。

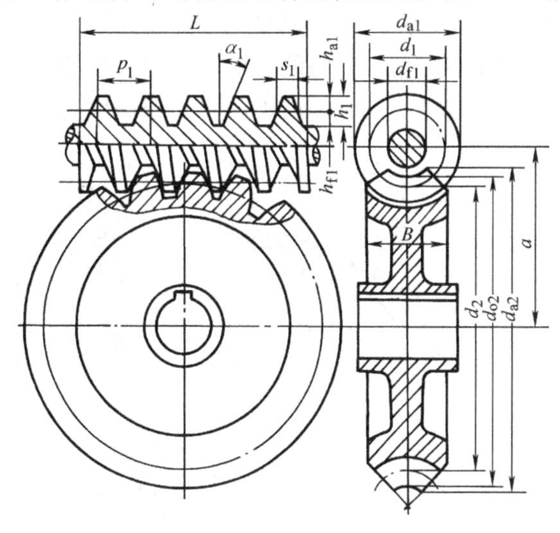

图 10-33 蜗轮蜗杆副的啮合位置

2. 蜗轮滚刀的基本蜗杆应与工作蜗杆相同

蜗轮滚刀和齿轮滚刀一样，也要应用基本蜗杆，但它不是近似造形的滚刀。加工阿基米德蜗轮的滚刀的基本蜗杆应是阿基米德蜗杆，加工渐开线蜗轮的滚刀的基本蜗杆应是渐开线蜗杆。也就是说蜗轮滚刀的基本蜗杆必须与蜗轮所啮合的蜗杆相同，所不同的只是滚刀的齿顶高和齿厚比工作蜗杆的齿顶高和齿厚大一个径向间隙和齿侧间隙。

由于阿基米德蜗杆的制造与检验都比较方便，故大多数蜗轮滚刀都采用阿基米德蜗轮滚刀。

3. 一种蜗轮滚刀只能加工一种相应类型与尺寸的蜗轮

齿轮滚刀相当于一个具有连续变位的斜齿圆柱齿轮。可以加工同一模数而齿数、螺旋角不同的齿轮。齿轮滚刀重磨后，虽外径和齿厚减小，但用减小滚刀与工件的中心距仍能加工出所要求的齿轮。而蜗轮滚刀则不同，不仅模数而且其他参数都应和工作蜗杆相同。因而一种不同类型与尺寸的蜗轮就要采用一种相应的蜗轮滚刀，而且蜗轮滚刀重磨后的外径和齿厚的减少量，由于中心距不能改变，也只能允许在一定范围内变化。

二、蜗轮滚刀的结构

由于蜗轮滚刀的外径应与工作蜗杆基本一致，因而蜗轮滚刀的外径不能任意选取。图 10-34 所示为常用蜗轮滚刀的结构类型。外径大于 30mm 的滚刀制成套装式和端面键式（图 10-34a、b），外径小于 30mm 的滚刀制成带柄式（图 10-34c）。

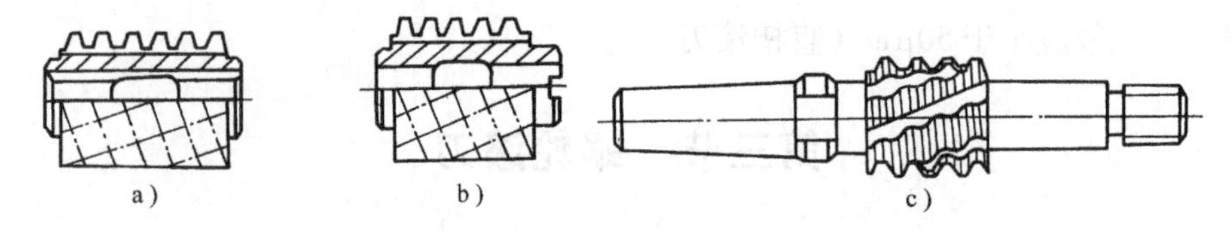

图 10-34 常用蜗轮滚刀的结构类型

a）套装式 b）端面键式 c）带柄式

三、蜗轮滚刀的切削方式

用蜗轮滚刀切削蜗轮时，可采用径向进给和切向进给两种切削方式进行。

径向进给时（图 10-35a），滚刀每转一转，蜗轮转过的齿数等于滚刀的线数，以形成展成运动。同时，滚刀沿蜗轮的径向逐渐切入工件，达到规定中心距后，停止径向进给，滚刀继续转几圈以切出完整的齿形。用径向进给方式切削蜗轮时，蜗轮的齿形是由滚刀固定的一些切削刃包络而成，因而齿形表面粗糙度与滚刀的线数有关。

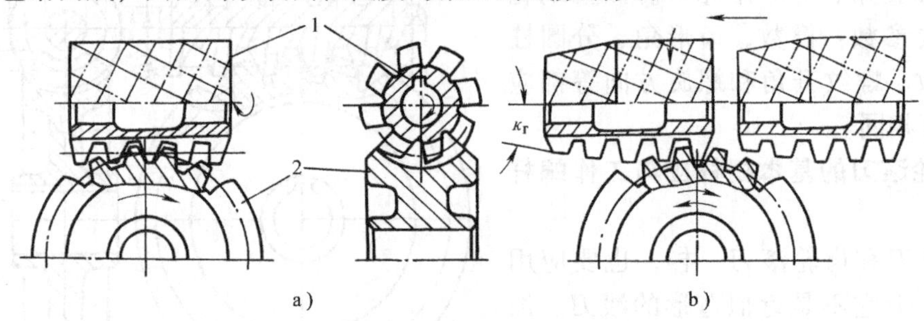

图 10-35 蜗轮滚刀的进给方式

a）径向进给 b）切向进给

切向进给时（图 10-35b），首先将滚刀和蜗轮中心距调整到规定值。切削时，滚刀沿其本身轴线逐渐进给切入蜗轮。同时，滚刀每转一转期间，蜗轮除转过与滚刀线数相同的齿数外，还需有一附加转动以完成展成运动。此附加转动与切向进给的关系为：当滚刀沿蜗轮切向移动 Δl 时，蜗轮应相应地转动 $\Delta\theta$ 角，$\Delta\theta=\dfrac{\Delta l}{r_0}$（式中，$r_0$ 为蜗轮分圆半径）。为了减少滚刀切入时，第一个切入齿的负荷，切向进给滚刀前端做出 $\kappa_r=11°\sim13°$的切削锥。用切向进给时，滚齿机必须具有切向进给机构。

用切向进给方式切削蜗轮时，蜗轮齿形的形成除与滚刀的切削齿数有关外，还和切向进给量的大小有关，进给量越小，包络蜗轮齿形的切削齿数就越多，所得到的齿表表面的粗糙度就越小。并且滚刀各切削齿负荷均匀，刀具寿命高，但切向进给生产率低。

另外，当阿基米德蜗杆的分圆柱螺纹升角较大、齿形角较小时，用切向进给方式切出的蜗轮，只有在蜗轮对称平面中（图 10-36 中 O—O 剖面）的齿形是正确齿形，而两侧的齿形歪斜得很厉害（图 10-36 中 B—B 剖面），无法和蜗杆进行径向装配，只能沿蜗轮切向才能装入。与阿基米德蜗杆啮合的蜗轮，只有符合下列条件时，才能使切向进给方式加工出的蜗轮与工作蜗杆形成径向装配。

$$\tan\alpha_{xo} \geqslant \tan\gamma_{zo} \frac{\sqrt{d_{ao}^2 - d_o^2}}{d_{ao}} \tag{10-23}$$

式中　α_{xo}——蜗杆的轴向齿形角，单位为（°）；

γ_{zo}——蜗杆分圆柱螺旋升角，单位为（°）；

d_{ao}——蜗杆的外圆直径，单位为mm；

d_o——蜗杆的分圆直径，单位为mm。

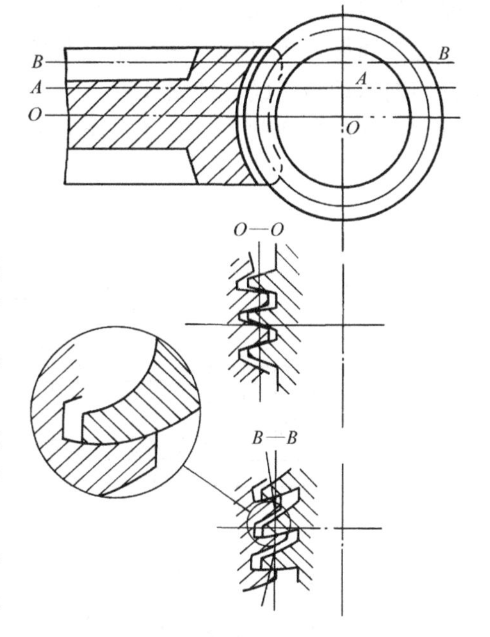

图10-36　阿基米德滚刀切向进给切出的齿形

四、蜗轮飞刀

由于每一把蜗轮滚刀只能加工一定尺寸的蜗轮，当批量很小，甚至为单件生产时，若为此专门制造一把蜗轮滚刀，就很不经济。这时可采用飞刀。

飞刀就是用装在滚齿机刀杆上的一个刀头来代替蜗轮滚刀，如图10-37所示。飞刀的工作原理与蜗轮滚刀相同，其差别仅是刀齿极少。

加工阿基米德蜗杆副的蜗轮时，飞刀为直线齿形，其切削刃应位于刀杆的轴向剖面内，如图10-38所示。

用飞刀加工蜗轮时，最好采用切向进给，其所有运动与蜗轮滚刀切向进给加工蜗轮相同。

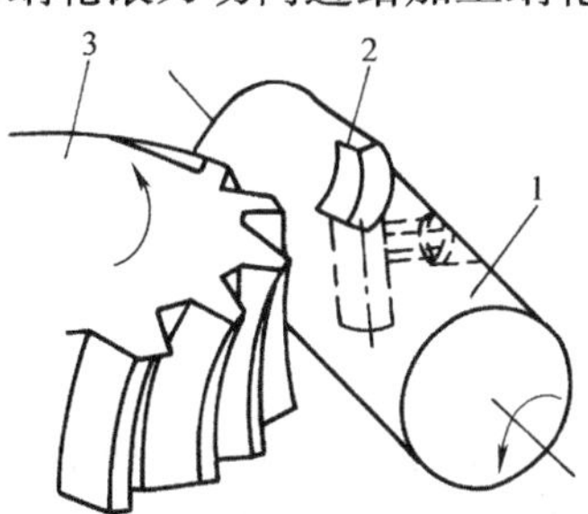

图10-37　用飞刀加工蜗轮

1—刀杆　2—飞刀刀头　3—蜗轮

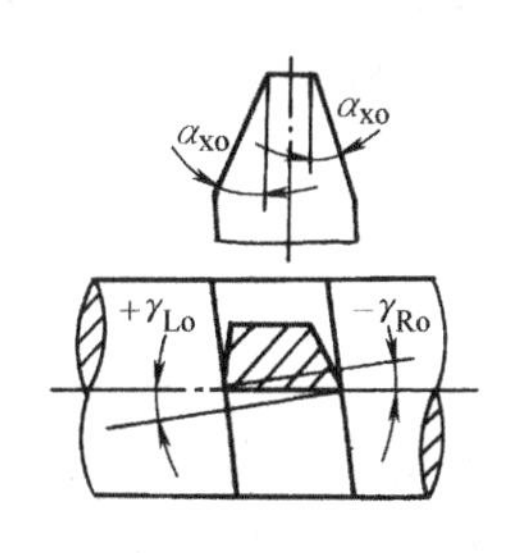

图10-38　飞刀齿形

第四节　插　齿　刀

插齿刀是加工渐开线直齿及斜齿圆柱齿轮的常用刀具之一。由于插齿时空刀距离小，用插齿刀加工带台阶（双联）的齿轮尤为适合。插齿刀也是加工内齿轮的主要刀具。

一、插齿刀的工作原理与类型

1. 插齿刀的工作原理

插齿刀也是一种按展成原理加工齿轮的刀具，它的外形像一个齿轮，只是具有一定的前、后角，如图10-39a所示。

插削直齿齿轮时，直齿插齿刀做上下往复的切削运动（主运动），同时和被切齿轮做无间隙啮合运动。因此工件的旋转运动一方面与插齿刀形成展成运动，同时也是圆周进给运动；此外插齿刀还要沿工件的径向做径向进给运动，当切削到预定深度后，径向进给自动停止，切削运动与展成运动继续进行，直至整个齿轮完成切齿，即自动停止。为避免插齿刀回程时与工件产生摩擦，尚有径向让刀运动（图10-39a）。

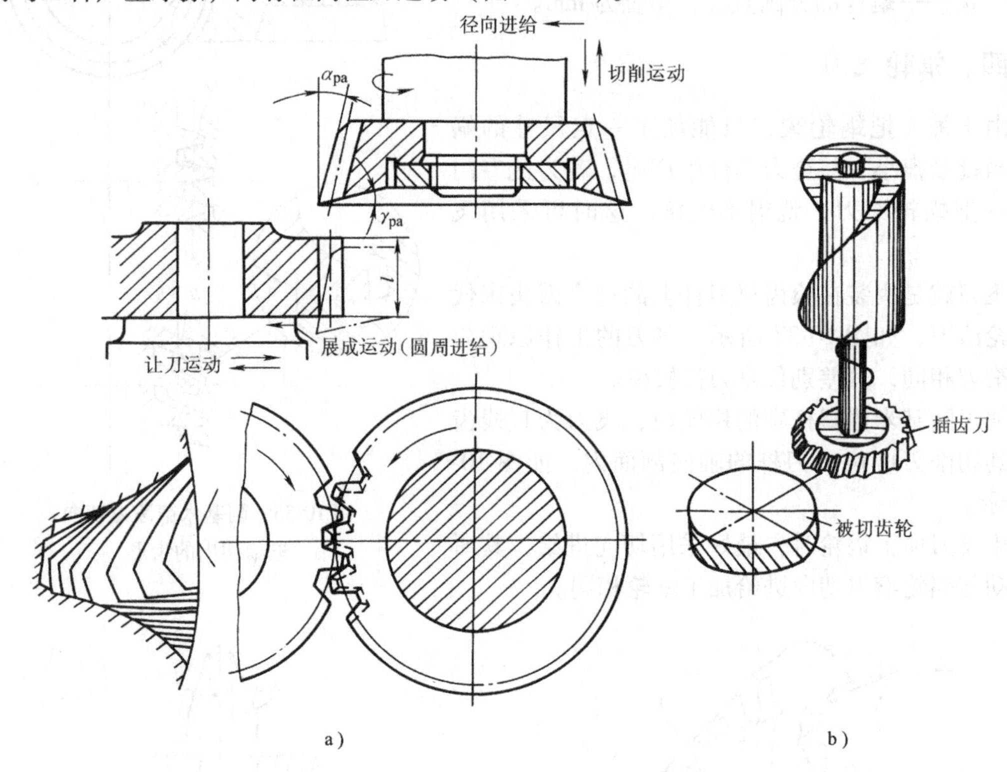

图10-39　插齿刀工作原理

插削斜齿轮时，斜齿插齿刀和工件间的相互关系与轴线相平行的斜齿轮的啮合相同，在插齿刀直线往复运动的同时，尚需做附加的转动，其他运动则与插直齿齿轮相同(图10-39b)。

2. 插齿刀的类型与应用

插齿刀的主要类型与规格、用途见表10-2。

表10-2　插齿刀的主要类型与规格、用途　　（单位：mm）

序号	类型	简　图	应用范围	规格		d_1 或莫氏锥度
				d_o	m	
1	盘形直齿插齿刀	d_1 d_0	加工普通直齿外齿轮和大直径内齿轮	$\phi63$	0.3~1	31.743
				$\phi75$	1~4	
				$\phi100$	1~6	
				$\phi125$	4~8	
				$\phi160$	6~10	88.90
				$\phi200$	8~12	101.60

（续）

序号	类型	简　图	应用范围	规格		d_1 或莫氏锥度
				d_o	m	
2	碗形直齿插齿刀	d_1 d_0	加工塔形、双联直齿轮	$\phi50$	1～3.5	20
				$\phi75$	1～4	31.743
				$\phi100$	1～6	
				$\phi125$	4～8	
3	锥柄直齿插齿刀	d_0	加工直齿内齿轮	$\phi25$	0.3～1	莫氏2°
				$\phi25$	1～2.75	
				$\phi38$	1～3.75	莫氏3°

二、插齿刀的几何角度

图10-40所示为插齿刀的几何角度。插齿刀的径向进给是切深运动，背（切深）平面 p_p 在径向；圆周进给是进给运动，进给运动方向 v_f 垂直于径向；正交平面是齿侧表面法线，它切于基圆柱。

插齿刀的每一个刀齿由一个顶刃和两个侧刃所组成。顶刃的前、后角是在背（切深）平面（p_p）度量，分别用 γ_{pa}、α_{pa} 表示。侧刃一点 m 处的背（切深）前、后角等于 γ_{pa}、α_{pa}。正交平面的前角和后角分别为 γ_{om} 和 α_{om}。

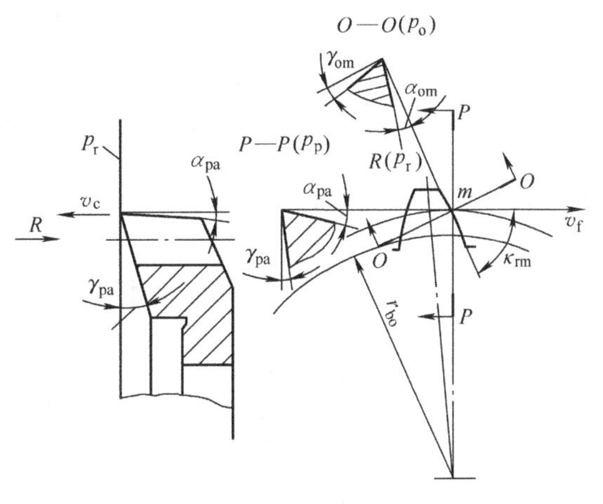

图10-40　插齿刀的几何角度

1. 顶刃后刀面和顶刃背后角的形成

为了形成插齿刀的顶刃背后角 α_{pa}，使插齿刀的外圆柱沿轴线方向逐渐向中心缩小，呈圆锥形。加工时，用相同模数的齿轮滚刀（图10-41），使滚刀沿锥面做进给运动，加工出插齿刀的齿形。同时，由于在加工过程中不断（连续）地改变滚刀和插齿刀的中心距，结果使插齿刀在各端剖面所形成的齿形为同一基圆柱，但变位系数不同的齿形。因此，插齿刀就是一个具有变位系数 x_0 连续变化的变位齿轮，如图10-42所示。若0—0剖面具有标准齿形，称为原始剖面，其变位系数 $x_0=0$，新插齿刀端剖面Ⅰ—Ⅰ的变位系数最大，$x_{\text{I}}>0$；使用到最后的旧插齿刀端剖面Ⅱ—Ⅱ的变位系数最小，$x_{\text{II}}<0$。

由于插齿刀在不同端剖面内为不同变位系数的变位齿轮，它和不同变位系数的齿轮均能正确啮合，因而不论新旧插齿刀均可加工出与其模数相同的标准和修正齿轮。

2. 侧刃后角

由于插齿刀是变位系数（x_0）连续变化的变位齿轮。由图10-42可知，如在0-0原始剖面中的标准齿厚为$s_0\left(s_0=\frac{\pi m}{2}\right)$；在Ⅰ—Ⅰ剖面的齿厚$s_{\mathrm{I}}>s_0$（$s_{\mathrm{I}}=s_0+2x_{\mathrm{I}}m\tan\alpha_0$）；Ⅱ—Ⅱ剖面中的齿厚$s_{\mathrm{II}}<s_0$（$s_{\mathrm{II}}=s_0-2x_{\mathrm{II}}m\tan\alpha_0$）。这样，沿插齿刀分圆的齿厚前宽（Ⅰ—Ⅰ剖面）、后窄（Ⅱ—Ⅱ剖面），因而形成了侧刃后角。现进一步说明如下：

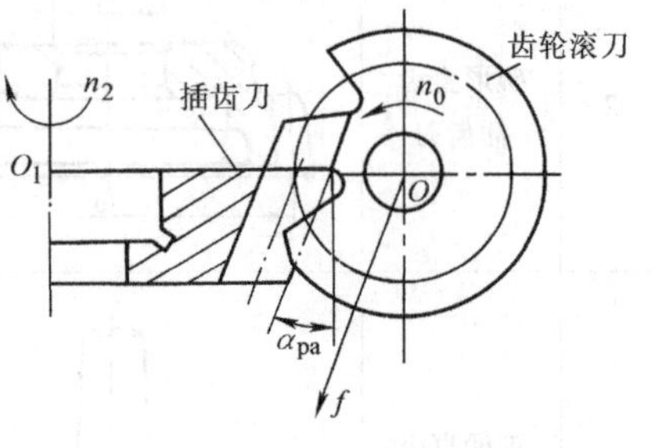

图10-41　用齿轮滚刀加工插齿刀

在图10-43中，取插齿刀的两个端剖面1—1、2—2，它们距原始剖面的距离分别为b_1和b_2，对应的中心夹角为δ_1和δ_2。当插齿刀齿侧表面沿分圆柱展开时，在1—1剖面上的A点沿轴向移动Δb（$\Delta b=b_1-b_2$）到达2—2剖面上的B点的同时，将绕轴线逆时针旋转$\Delta\delta$（$\Delta\delta=\delta_1-\delta_2$），并且$\frac{\Delta\delta}{\Delta b}$=常数，因而$A$点的运动为螺旋运动，其轨迹为螺旋线。左侧运动与右侧相同，但螺旋线的方向相反。其他柱面上各点的运动也相同。因此，插齿刀的右齿侧面是一个左旋渐开线螺旋面，而左侧面为右旋渐开线螺旋面，其分圆柱螺旋角为β_o。由图10-43可知，若已知顶刃背后角为α_{pa}，则：

$$\tan\beta_0=\left(\frac{s_1}{2}-\frac{s_2}{2}\right)\Big/\Delta b=\frac{s_1-s_2}{2}\Big/\Delta b=\frac{\Delta s}{\Delta b}$$

$$\Delta s=(x_1-x_2)\ m\tan\alpha$$

$$(x_1-x_2)\ m=\Delta b\tan\alpha_{pa}$$

所以
$$\tan\beta_o=\frac{\Delta b\tan\alpha_{pa}\tan\alpha}{\Delta b}=\tan\alpha_{pa}\tan\alpha \tag{10-24}$$

式中　β_o——分圆柱螺旋角，单位为（°）；

α——齿形角，单位为（°）；

α_{pa}——顶刃（切深）后角，单位为（°）。

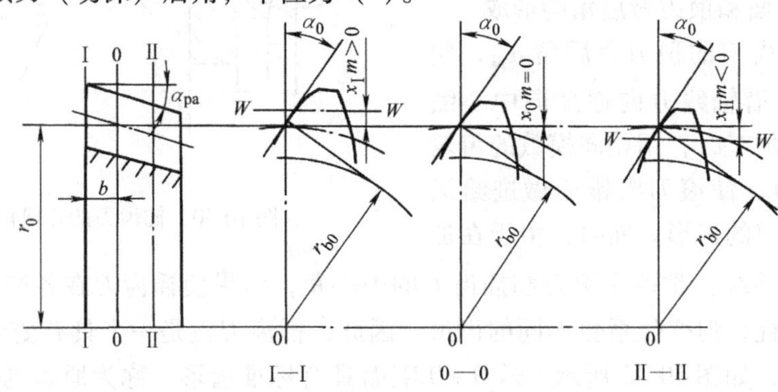

图10-42　插齿刀不同剖面的齿形

由图10-40可知，侧刃后角α_{om}等于基圆螺旋角β_b，又由斜齿轮的性质可知，基圆柱螺旋角β_b与分圆柱螺旋角β_o有如下关系式：

$$\tan\beta_b = \frac{r_b}{r_o}\tan\beta_o = \cos\alpha\tan\beta_o \tag{10-25}$$

式中　r_b——基圆柱半径，单位为 mm；

r_o——分圆柱半径，单位为 mm；

β_b——基圆柱螺旋角，单位为（°）。

将式（10-25）代入式（10-24）中得：

$$\tan\alpha_{om} = \tan\beta_b = \cos\alpha\tan\alpha\tan\alpha_{pa} = \sin\alpha\tan\alpha_{pa} \tag{10-26}$$

由此可知，由于插齿刀侧刃的齿侧表面是渐开线螺旋面。插齿刀侧刃上任一选定点的后角 α_{om}，都等于基圆柱螺旋角 β_{bo}。由渐开线螺旋面的特性可知，切于基圆柱的平面（正交平面 p_o）与渐开线螺旋面的交线为一直线，此直线与基圆柱轴线间的夹角就是渐开线螺旋面在基圆柱上的螺旋角 β_b（图 10-10）。

当插齿刀的齿形角 $\alpha = 20°$、顶刃后角 $\alpha_{pa} = 6°$时，则 $\alpha_{om} = 2°3'31''$。增大顶刃后角 α_{pa}，可增大后角 α_{om}，但 α_{pa}增大太多，则插齿刀的重磨次数减少。标准插齿刀取 $\alpha_{pa} = 6°$。

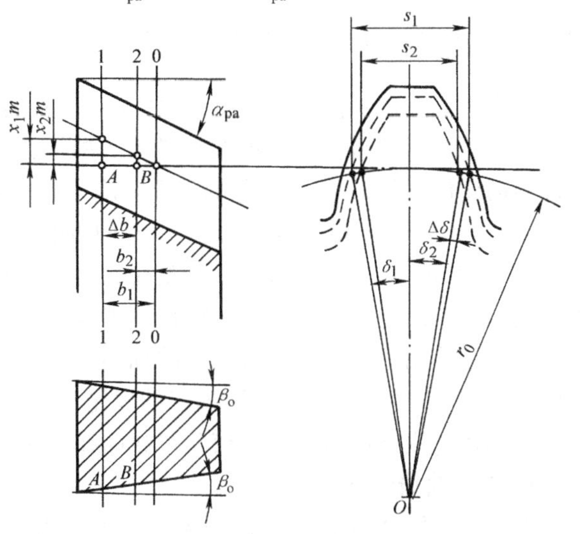

图 10-43　插齿刀齿侧表面

3. 前角

当插齿刀的前端面垂直其轴线时，前角为 0°（图 10-42）。为了改善切削条件，将插齿刀的前刀面做成锥面，以形成顶刃背前角 γ_{pa}，通常 $\gamma_{pa} = 5°$。侧刃上任一点 m 处的前角 γ_{om}，可求得：

$$\tan\gamma_{om} = \tan\gamma_{fm}\sin\kappa_r + \tan\gamma_{pm}\cos\kappa_r \tag{10-27}$$

由图 10-40 可知，由于侧（进给）前角 γ_{fm}是在垂直于插齿刀径向的平面内测量。当插齿刀前刀面为具有 γ_{pa}的圆锥时，$\gamma_{fm} = 0°$，$\kappa_{rm} = 90° - \alpha_m$（$\alpha_m$ 是 m 点的齿形角），于是：

$$\tan\gamma_{om} = \tan\gamma_{pa}\sin\alpha_m \tag{10-28}$$

由渐开线的性质可知：

$$\alpha_m = \cos^{-1}\frac{r_b}{r_m}$$

式中　α_m——m 点的齿形压力角，单位为（°）；

r_b——基圆半径，单位为 mm；

r_m——任一点 m 处的半径，单位为 mm。

由此可见，插齿刀前角沿侧刃各点是不相等的，齿顶处大，齿根处小。增大顶刃背前角 γ_{pa}，可使侧刃前角 γ_{om}增大，但由下面讨论中可以看出它将引起齿形误差增大。

由图 10-44 可知，当插齿刀的前角 $\gamma_{pa} = 0°$时，在 1、2、3 端剖面中的齿形，1—1、2—2、3—3 均为渐开线。为了形成前角，将前刀面做成锥面后，则两侧刃将是圆锥面与渐开线螺旋面的交线。此交线不是渐开线，它在端面的投影（实线 b—b）也不是渐开线。此曲线和渐开线相比，在齿顶处增厚了 Δf_a，齿根处减薄了 Δf_i，其结果相当于插齿刀的齿形角减小。用这种插齿刀加工出的齿轮，就会有很大的齿形误差。为了减少插齿刀的加工误差，必须对插齿刀进行修正。其方法是增大插齿刀工作齿条（即加工插齿刀刀具的齿形角）的齿形角 α_w，以保证用插齿刀加工出的齿轮在分圆处的压力角为标准值。经分析计算证明，当插齿刀 $\alpha_o=20°$、$\alpha_{pa}=6°$、$\gamma_{pa}=5°$，其 $\alpha_w=20°10'15''$时，即可保证加工误差在允许范围之内。

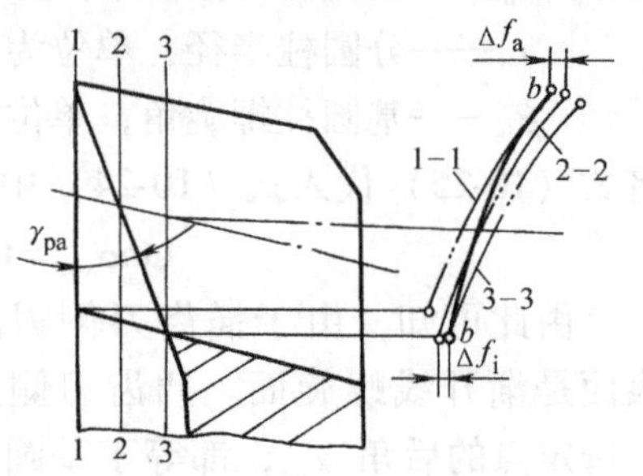

图 10-44 插齿刀齿形误差

三、选用插齿刀时的验算

生产中如选用一把新的或重磨次数很少的插齿刀来加工齿轮，这时插齿刀的移距系数最大。根据计算表明，插齿刀的变位系数 x_0 越大，它的齿顶宽度（s_a）就越小。例如，$\alpha=20°$、$z_o=40$ 的插齿刀。当 $x_0=0$ 时，$s_a=0.55m$；$x_0=0.5$ 时，$s_a=0.36m$；$x_0=1$ 时，$s_a=0.15m$（m 是模数）。可见变位系数 x_0 越大，插齿刀的齿顶变尖程度越厉害。用这种插齿刀加工出的齿轮与另一配对齿轮啮合时，会发生过渡曲线干涉。

选用已使用很久、重磨次数多的插齿刀加工齿轮，由于它的变位系数（x_0）很小（为负值），插齿刀的齿顶变宽，所加工的齿轮会产生根切或顶切现象。

为此在使用插齿刀时，应校验过渡曲线干扰、根切与顶切现象。

1. 过渡曲线干涉

如图 10-45a 所示，插齿刀切齿时，被切齿轮切出的齿形曲线的极限啮合点是 B 点，B 点以上的齿形曲线 BE 为渐开线。B 点以下到齿根的齿形曲线（BD）为插齿刀齿角所切出的延长外摆线，称为过渡曲线。B 点的曲率半径为 ρ_{10}。

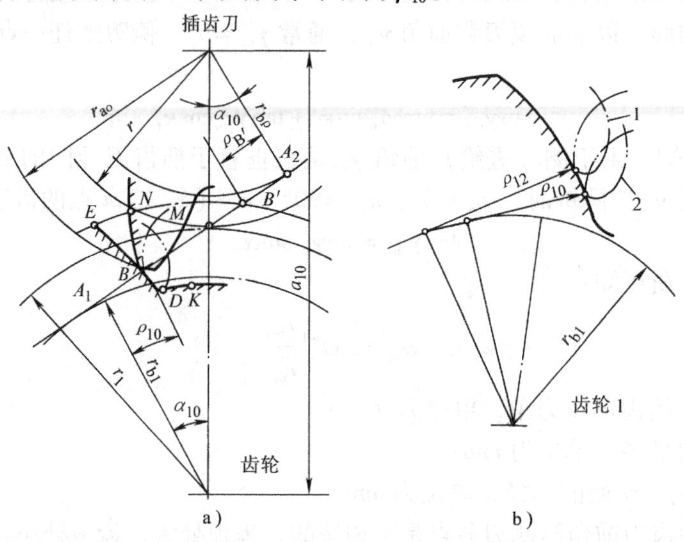

图 10-45 过渡曲线干涉

当用上述插齿刀加工出的齿轮 1 和另一齿轮 2 相啮合时，若齿轮 2 的齿顶角运动轨迹要求齿轮 1 的极限啮合点在 B 点之上，由于是渐开线啮合，所以运动平稳；若齿轮 2 的齿数较多，其齿角运动轨迹要求齿轮 1 的极限啮合点低于 B 点，这时，由于齿轮 1 的一部分过渡曲线参加啮合，会使齿轮 2 的齿角和齿轮 1 的齿根发生干涉，把这种现象称为齿轮的过渡曲线干涉。

若齿轮 2 要求齿轮 1 最低啮合点的曲率半径为 ρ_{12}，则不发生过渡曲线干涉的条件为

$$\rho_{12} \geqslant \rho_{10}$$

由计算可知，当插齿刀的变位系数增大时，容易发生过渡曲线干涉，所以应对 $(x_0)_{max}$ 加以限制。

因此，同一插齿刀切制的一对标准齿轮，如小齿轮的过渡曲线不受干涉，那么大齿轮就更不会发生干涉，这时只要检验小齿轮的过渡曲线干涉现象。但对于变位齿轮，则应同时校验小齿轮和大齿轮的过渡曲线干涉现象。

2. 根切

在切齿过程中，如插齿刀的齿角切入到齿轮根部的渐开线齿形内时，将产生齿轮的根切现象，如图 10-46 所示。齿轮根切现象，是由于插齿刀齿顶圆和啮合线的交点 B，超过了极限啮合点 A_1，从而发生插齿刀齿角运动轨迹和工件渐开线相割的缘故。这种现象应尽量避免。

小齿轮 1 不发生根切现象的条件为

$$\rho_{10} \geqslant 0 \tag{10-29}$$

同理，大齿轮 2 不发生根切现象的条件为

$$\rho_{20} \geqslant 0 \tag{10-30}$$

当插齿刀变位系数 x_0 减少，被切齿轮的齿数减少，则根切可能性增加。它是使用旧插齿刀的限制条件之一。

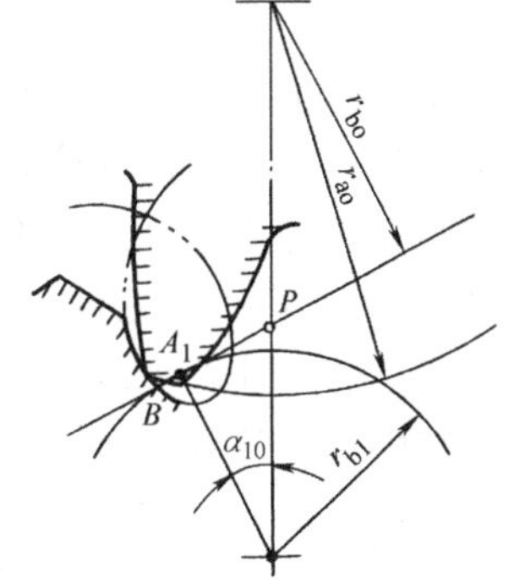

图 10-46 齿轮的根切现象

3. 顶切

用齿数较小的旧插刀切削齿轮时，如果被切齿轮的齿顶圆与啮合线的交点 B' 超过了极限啮合点 A_2 时（图 10-45a），即表示齿轮齿角将切入到插齿刀的齿根中，由于插齿刀是刀具，硬度高，结果使齿轮的齿顶被切去一部分的现象，称为顶切。不发生顶切的条件是

$$\rho_{B'} > 0 \tag{10-31}$$

式中 $\rho_{B'}$——极限啮合点 B' 的曲率半径。

经计算表明，若插齿刀的齿数或变位系数减小、被切齿轮的齿数增加，则顶切可能性增加。因此，旧插齿刀只有在切削齿数较多的齿轮时才需进行这项验算。

为对已有的插齿刀验算其可加工范围，只要先测出其实际变位系数 x_0，然后进行上述验算。

四、插齿刀变位系数的测定

选用插齿刀进行校核时需要知道插齿刀的变位系数 x_0，常用的方法是先测量前端面齿的公法线 W_k'，然后用下式算出：

$$x_0 = \frac{W_k' - W_k}{2m\sin\alpha} \tag{10-32}$$

式中 W_k'——实测得到的插齿刀前端面齿的公法线长度，单位为 mm；

W_k——当 $x_0=0$ 时的公法线长，由齿轮原理知：

$$W_k = m\cos\alpha[\pi(k-0.5)+z_0\text{inv}\alpha]$$

α——齿形角，单位为（°）；

k——测量公法线时的跨齿数，$k=0.111z_0+0.5$；

z_0——插齿刀齿数。

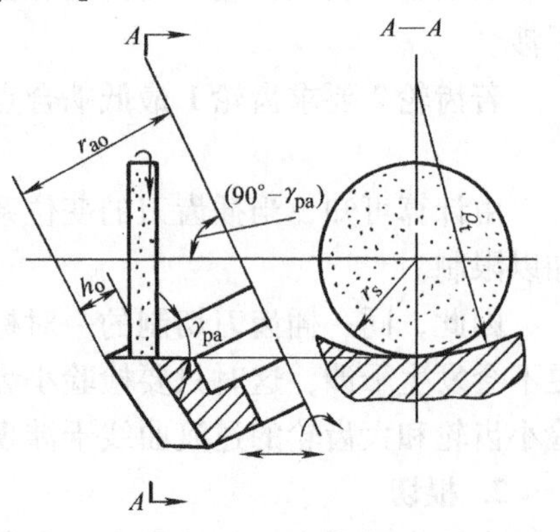

图 10-47　插齿刀的刃磨

五、插齿刀的刃磨

插齿刀用钝后需要重磨前刀面。它可在平面磨床或工具磨上备以专用夹具进行。图 10-47 为采用圆柱砂轮刃磨插齿刀前刀面的简图，刃磨时，砂轮的轴线与插齿刀的轴线间的夹角为（$90°-\gamma_{pa}$）。刃磨时，插齿刀旋转并沿砂轮轴线做往复运动，并使砂轮半径 γ_s 小于圆锥面与 A—A 剖面交线的曲率半径 ρ_t。

第五节　剃齿刀简介

剃齿刀主要用于未淬硬圆柱齿轮的精加工。应用最多的剃齿刀是圆盘形剃齿刀。它的基本结构相当一个斜齿圆柱齿轮，齿面开有许多容屑槽以形成切削刃。剃齿时，利用交错轴斜齿轮啮合原理进行切削工作，剃齿刀与被剃齿轮轴线交叉，相当于一对无侧隙的交错轴斜齿轮啮合（图 10-48）。交错轴斜齿轮啮合时，理论上为点接触。啮合过程中两齿轮在接触点上的速度方向不一致，使剃齿刀与被剃齿轮的齿侧面产生相对滑动，这个相对滑动速度即剃齿切削速度（图 10-49）。

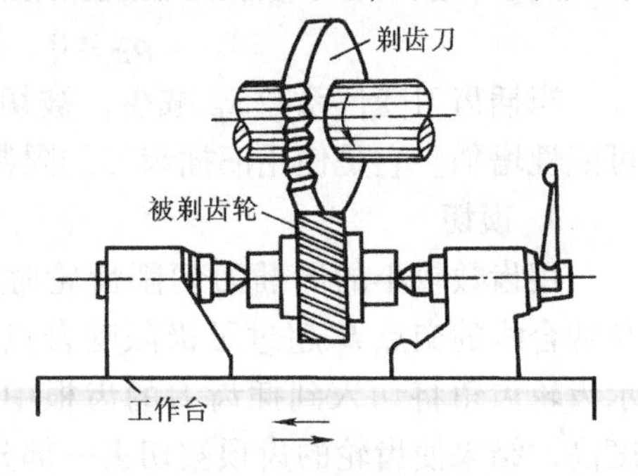

图 10-48　盘形剃齿刀工作原理

剃齿刀与被剃齿轮的交角为 Σ，β_0、β_1 分别为剃齿刀和工件的螺旋角。在剃齿刀与工件的接触点上：剃齿刀圆周线速度 v_0 可分解为法向分速度 v_{0n} 和齿向分速度 v_{0t}；工件圆周线速度 v_1 可分解为法向分速度 v_{1n} 和齿向分速度 v_{1t}。由于 $v_{0n}=v_{1n}$，故沿

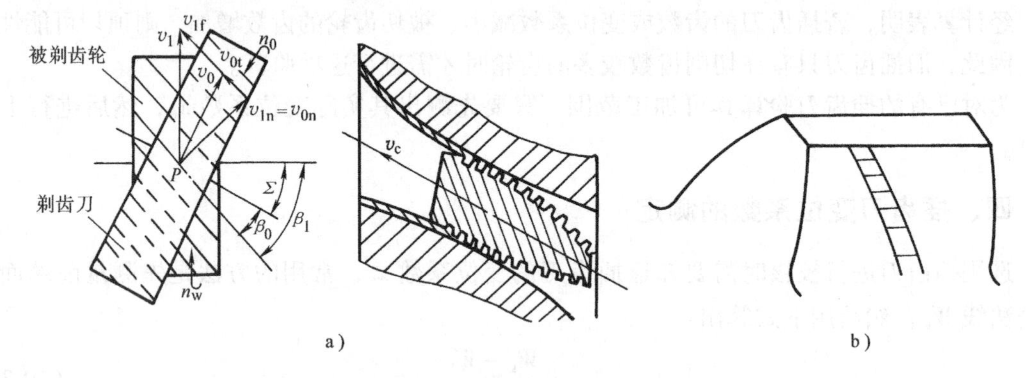

图 10-49　剃齿切削速度及接触点轨迹

a）剃齿切削速度　b）接触点轨迹

齿面的相对速度即切削速度 v，经分析可得：

$$v_c = v_0 - \frac{\sin\Sigma}{\cos\beta_1} \tag{10-33}$$

剃齿时 $v_0 = 130 \sim 145\text{m/min}$，因此 $v_c = 35 \sim 45\text{m/min}$。

剃齿刀通常采用闭槽形式。闭槽剃齿刀（图 10-50）的结构是在齿的两侧面用小插刀分别插出许多窄小的槽且不贯通，槽底制成渐开线，槽的两个侧面平行于剃齿刀的端面。剃齿时一侧刃为锐角形成正前角，另一侧刃为钝角形成负前角，因此，两侧刃的工作条件不同，这种情况随着螺旋角的增大而越来越严重，但因容易制造，所以螺旋角不大的剃齿刀都用这种槽型。

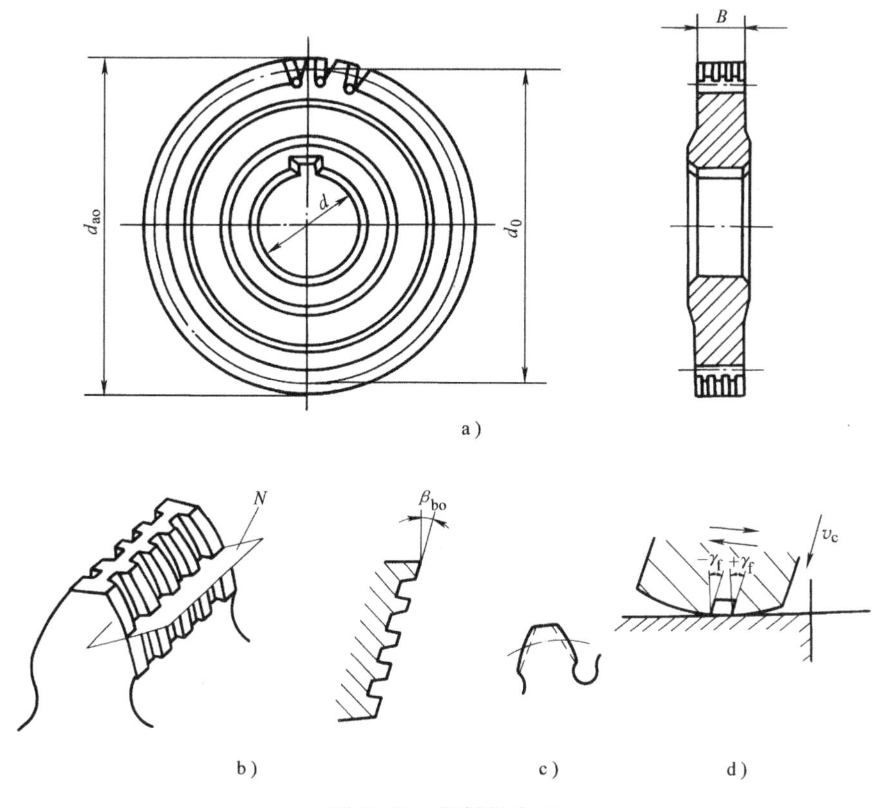

图 10-50 闭槽剃齿刀

a）外形 b）切削部分 c）刀齿形状 d）剃削情况

思考与习题

10.1 加工模数 $m = 6\text{mm}$ 的齿轮，齿轮 $z_1 = 36$、$z_2 = 34$，试选择模数盘铣刀的刀号，在相同的切削条件下，哪个齿轮精度高？为什么？

10.2 渐开线蜗杆和阿基米德蜗杆是怎样形成的？有什么特点？

10.3 用阿基米德蜗杆代替渐开线蜗杆，存在什么误差？为减小这个误差应采取什么措施？为什么精加工用滚刀应采用大直径？

10.4 试比较直槽滚刀和螺旋槽滚刀的特点。

10.5 试说明滚齿时，被切齿轮的一个齿槽是怎样形成的？各切削齿的顶刃及侧刃的切削厚度是否变化？磨损是否均匀？

10.6 滚刀的顶刃和侧刃后角是怎样形成的?

10.7 如何理解滚刀在重磨后，其切削刃仍在基本蜗杆的螺旋表面上?

10.8 安装和调整滚刀时，应注意哪几个问题?

10.9 重磨滚刀前刀面时，有什么要求?重磨的误差可能有哪些?

10.10 试比较蜗轮滚刀与齿轮滚刀工作原理的异同点。

10.11 插齿刀的顶刃和侧刃后角是怎样形成的?其结果使插齿刀在不同端剖面内的齿形具有什么性质?

10.12 插齿刀的 $\gamma_{pa}>0°$ 时，其齿形产生了什么误差?如何修正?

10.13 选用插齿刀时，为什么要根据被切齿轮的参数进行验算?应验算哪些项目?

10.14 试述剃齿刀的剃削原理。

第十一章　砂轮与磨削

磨削是用高硬度人造磨料与黏结剂经混合烧结而成的砂轮为刀具，以很高的磨削速度（为车削的10～50倍）对工件进行微细加工，背吃刀量（磨削深度）为0.005～0.04mm，能获得高精度（IT6～IT4）和小的表面粗糙度值（$Ra0.8 \sim 0.02\mu m$）的一种加工方法。在生产中，几乎所有的工件材料，包括超硬材料（如硬质合金等）和各种复杂形状的工件表面都能用磨削加工。磨削不仅用于精磨和超精磨，也用于荒磨和粗磨。磨削的生产率高，也容易实现自动化。

磨削时，使用的砂轮和磨削条件与一般切削加工相比较，都有显著差异。因而，需要了解砂轮及磨削中有关问题的特征，以便正确与合理使用这种加工方法，为生产建设服务。

第一节　砂　　轮

一、砂轮构成的要素、参数及其选择

砂轮是由磨料和结合剂以适当的比例混合，经压缩再烧结而成，其结构如图11-1所示。它由磨粒、结合剂和气孔三个要素组成。磨粒相当于切削刀具的切削刃，起切削作用；结合剂使各磨粒位置固定，起支持磨粒的作用；气孔则有助于排除切屑。砂轮的性能由：磨料、粒度、结合剂、硬度及组织等5个参数决定，见表11-1。

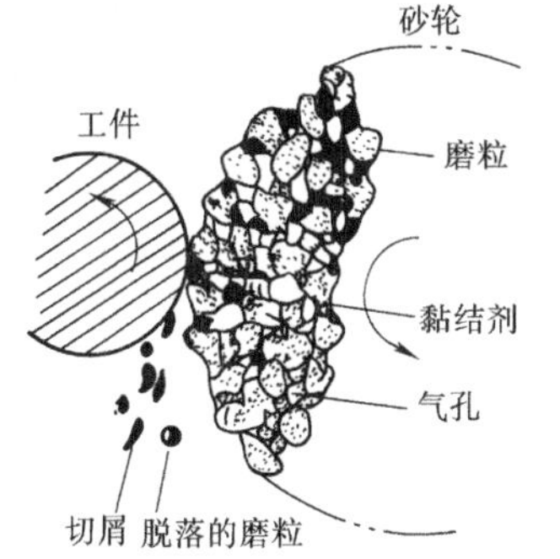

图11-1　砂轮的结构

1. 磨料

常用的磨料有氧化铝（刚玉类）、碳化硅、立方氮化硼和人造金刚石等，其分类代号、性能及选用范围见表11-1。

2. 粒度

粒度是指磨粒的大小。GB/T 2481.1—1998和GB/T 2481.2—2009规定粒度分粗磨粒与微粒两类。固结磨具用磨料粒的表示方法为：粗磨粒F4～F200（用筛分法区别，F后面的数字大致为每英寸筛网长度上筛孔的数目），微粉F230～F1200（用沉降法区别）。

磨粒的粒度直接影响磨削的生产率和磨削质量。粗磨时，余量大、磨削用量大，或在磨削软材料时，为防止砂轮堵塞和产生烧伤，应选用粗砂轮；精磨时，为获得小的表面粗糙度值和保持砂轮廓形精度，应选用细砂轮。

3. 结合剂

结合剂的种类、代号、特性及用途见表11-1。

4. 硬度

硬度分级见表11-1。磨软材料时，选硬砂轮；磨硬材料时，选软砂轮。粗磨选软砂轮；精磨选较硬砂轮。通常磨未淬火钢选用L～N；磨淬火钢选用G～L；粗磨比精磨低1～2小级。

5. 组织

根据磨粒在砂轮总体中所占比例，砂轮组织分三大类，见表 11-1。磨粒所占比例越小，气孔就越多，砂轮就越疏松。气孔可以容纳切屑，使砂轮不易堵塞，还可把切削液带入磨削区，降低磨削温度。但过于疏松会影响砂轮强度。粗磨时，选用较疏松砂轮；精磨时，选用较紧密砂轮，一般选用 7 ~9 级。

表 11-1　砂轮的三个要素和五个参数

砂轮 — 磨粒 — 磨料

种类	名　称	代号	成　分	颜色	适于磨削的工件材料
1. 刚玉类	(1) 棕刚玉	A	$w_{Al_2O_3}95\%$	棕	碳钢、合金钢
	(2) 白刚玉	WA	$w_{Al_2O_3}98.5\%$	白	淬火钢、高速钢
	(3) 桃刚玉	GG	$w_{Al_2O_3}97\% + w_{CrO_3}1.15\%$	玫瑰	淬火钢的内磨，高速钢，齿轮磨削
	(4) 单晶刚玉	PA	与 WA 相同	淡黄	不锈钢
2. 碳化硅类	(1) 黑碳化硅	C	$w_{SiC}98.5\%$	黑	铸铁、黄铜
	(2) 绿碳化硅	GC	$w_{SiC}99\%$	绿	硬质合金
3. 立方氮化硼		CBN			难加工材料
4. 人造金刚石		D			硬质合金

砂轮 — 磨粒 — 粒度

定义：表示磨料颗粒大小程度

		用　途
粗　粒	F4、F5、F8、F10、F12、F14、F16、F20、F22、F24	荒磨
中　粒	F30、F36、F40、F46	粗、精磨
细　粒	F54、F60、F70、F80、F90、F100、F120、F150、F180、F220	超精磨
微　粉	F230、F240、F280、F320、F360、F400、F500、F600、F800、F1000、F1200、F1500、F2000	珩磨、研磨、超级加工

砂轮 — 结合剂 — 种类

名　称	代号	材　料	特点与用途
陶　瓷	V	黏土、长石	刚性大、气孔多。适于各类磨削加工
树　脂	B	酚醛树脂	耐高速、高弹性。切断磨削、螺纹磨削
橡　胶	R	生橡胶硫磺	可制成薄的切断砂轮
金　属	J	青铜	属强结合剂，热传导大。用于金刚石砂轮

砂轮 — 结合剂 — 硬度

定义：磨粒在外力作用下脱落的难易程度

类　别	超软			软			中软		中		中硬			硬		超硬
代　号	D	E	F	G	H	J	K	L	M	N	P	Q	R	S	T	Y

砂轮 — 气孔 — 组织

类　别	紧　密					中　等				疏　松				大气孔	
代　号	0	1	2	3	4	5	6	7	8	9	10	11	12	13	14
磨粒率(%)	62	60	58	56	54	52	50	48	46	44	42	40	38	36	34

二、砂轮形状与代号

常用砂轮形状、代号及用途，见表 11-2（GB/T 2484—2006）。

表 11-2　常用砂轮形状、代号及其用途

砂轮名称	代号	断面简图	基本用途
平形砂轮	1		根据不同尺寸，分别用于外圆磨、内圆磨、平面磨、无心磨、工具磨、螺纹磨和砂轮机上
双斜边砂轮	4		主要用于磨齿轮齿面和磨单线螺纹
双面凹砂轮			主要用于外圆磨削和刃磨刀具，还用作无心磨的磨轮和导轮
薄片砂轮	41		主要用于切断和开槽等
筒形砂轮	2		用于立式平面磨床上
杯形砂轮	6		主要用其端面刃磨刀具，也可用其圆周磨平面和内孔
碗形砂轮	11		通常用于刃磨刀具，也可用于磨机床导轨
碟形一号砂轮	12a		适于磨铣刀、铰刀、拉刀等，大尺寸的一般用于磨齿轮的齿面

在砂轮的端面上都印有标志，供使用者选用。如记有：1-300×40×127-WA/F60K5-V-30m/s，各代号意义如下：

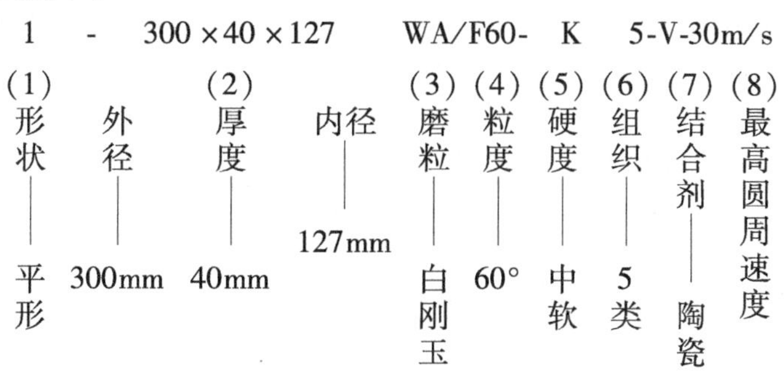

第二节　磨削运动

砂轮常见的磨削方式及其运动如图 11-2 所示。

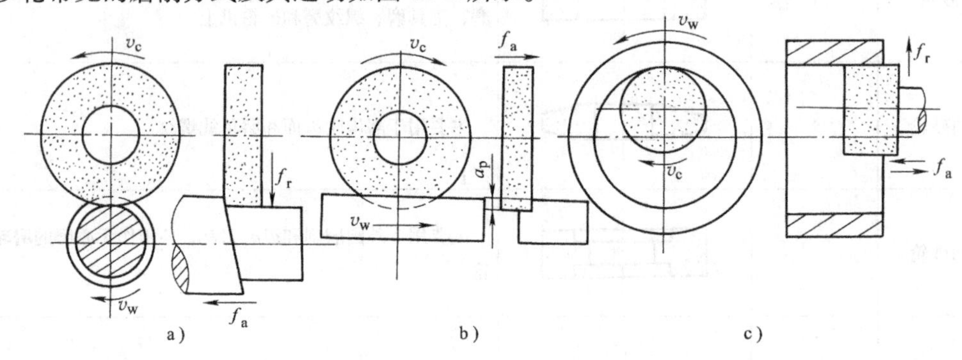

图 11-2　砂轮常见的磨削方式及其运动

a) 外圆磨削　b) 平面磨削　c) 内圆磨削

一、主运动

磨削时的主运动是砂轮的旋转运动。砂轮的圆周线速度即磨削速度 v_c。磨削速度 v_c 一般为 18 ~ 35m/s。

二、进给运动

磨削时的进给运动分为：

1. 轴向进给运动

工件相对砂轮的轴向运动，它是工件旋转一转（或工作台每一行程），工件相对于砂轮的轴向移动量，用 f_a 表示（单位为 mm/r 或 mm/双行程）。f_a 一般为（0.2 ~ 0.7）B（B——砂轮宽度）。

2. 圆周进给运动

工件的旋转运动（内、外圆磨时）或工作台的直线运动（平面磨削时），用 v_w 表示（单位为 m/min）。v_w 通常为 20 ~ 30m/min。

三、背吃刀量（磨削深度）a_p

背吃刀量（磨削深度）a_p 也可用径向进给量 f_r（单位为 mm/双行程）表示。它是砂轮切入工件的运动。在内、外圆磨时为工作台往复一次（即双行程），砂轮相对于工件的径向移动距离（单位为 mm/双行程）。通常 a_p 为 0.005 ~ 0.04mm/双行程。

第三节　磨粒与磨削切削层参数

一、磨粒形状及在砂轮表面的分布

1. 磨粒形状

磨粒锐利就容易切入工件，磨削力小，磨削热也小；反之，则磨削力大，磨削热大。

磨粒形状是极不规则的，但从大多数磨粒形状来看，可分以下几种：

（1）圆锥形　如图 11-3a 所示，其锥角在 140°～160°之间，磨粒颗粒越小，锥角越小。

（2）球形　具有圆角半径为 10～20μm 的球形，如图 11-3b 所示。

（3）平面的圆锥形　平面的圆锥形磨粒如图 11-3c 所示。

2. 磨粒的分布

图 11-4 中黑点表示磨粒在砂轮表面的分布。磨粒在砂轮表面上的分布间隔并不完全处于随机状态，而是处于以某平均值为中心的高斯分布，其平均间隔为 w。表 11-3 中为氧化铝砂轮平均磨粒间隔 w 值，通常等于(1.5～2)d（d 为磨粒直径）。

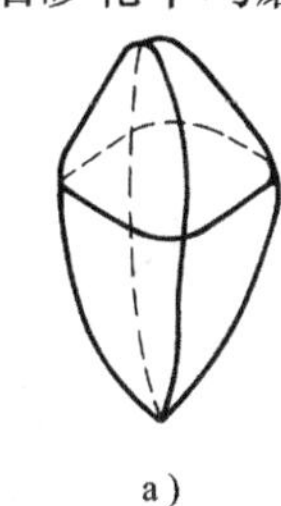

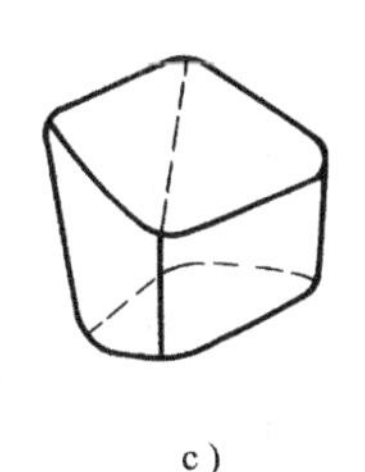

图 11-3　磨粒形状

a）圆锥形　b）球形　c）平面的圆锥形

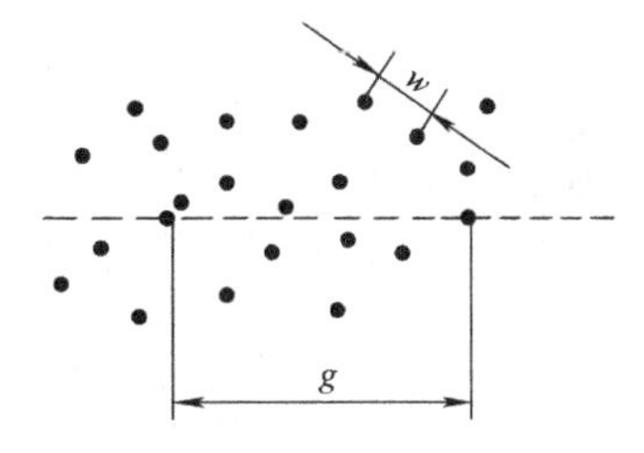

图 11-4　平均磨粒间隔（w）、连续磨粒间隔（g）

表 11-3　刚玉砂轮平均磨粒间隔

粒　度	F30			F46			F80		
硬度	G	M	S	G	M	S	G	M	S
1cm² 中磨粒数	93	129	150	178	214	313	643	692	916
w/mm	1.04	0.88	0.82	0.75	0.68	0.58	0.40	0.68	0.33

磨粒分布在砂轮同一截面（垂直于砂轮轴线）圆周上的前、后两磨粒间的距离，称为连续磨粒间隔 g。刚玉砂轮的连续磨粒间隔 g 见表 11-4 所列。

表 11-4　刚玉的连续磨粒间隔

粒　度	F30			F46			F80		
硬度	G	M	S	G	M	S	G	M	S
g/mm	18.1	12.8	11.5	10.3	9.3	8.9	7.4	6.5	6.2

二、磨粒的切削作用

从一个磨粒来看，由于刀尖具有很大的刃口钝圆半径 r_β，而形成很大的负前角，使磨粒的切削作用和一般刀具切削刃的切削作用相比有很大差异。

磨削是在极微小的切削厚度下进行的，其厚度是由零开始再达到最大值，因而磨削过程伴随有很大的弹性和塑性变形，这是磨削的特有现象。

磨削开始时，磨粒压向工件表面，使工件产生弹性变形，这时磨粒在工件表面滑擦一段距离，如图 11-5 所示的 EP 阶段，称为滑擦阶段；随着挤入深度的增加，磨粒与工件表面间的压力也逐渐增大，使变形由弹性变形过渡到塑性变形，图中的 PC 阶段。在这一期间挤压剧烈，磨粒在工件表面刻划出沟痕，同时在沟痕两侧，由于金属塑性变形而形成隆起，这一阶段称为刻划阶段；当挤压深度增大到一定值时（C 点）就产生切屑，称为切削阶段。

三、切削层参数

1. 一个磨粒磨削的最大磨削厚度

磨削断面如图 11-6 所示，在外圆磨削时，当前吃刀量（磨削深度）为 a_p、砂轮磨削速度为 v_c（切削速度）、工件的旋转速度为 v_w（进给速度）时，砂轮表面一颗磨粒磨削经过的路径为 CA，后边另一个磨粒经过的路径为 CB，CAB 部分就是第二个磨粒磨削下的切削断面形状（在垂直于纸面方向宽度为 b_D）。两个磨粒轨迹间的垂直距离即为磨削厚度 h_D。由图可见，磨削厚度 h_D 是变化的。AH 为最大磨削厚度 h_{Dmax}，于是

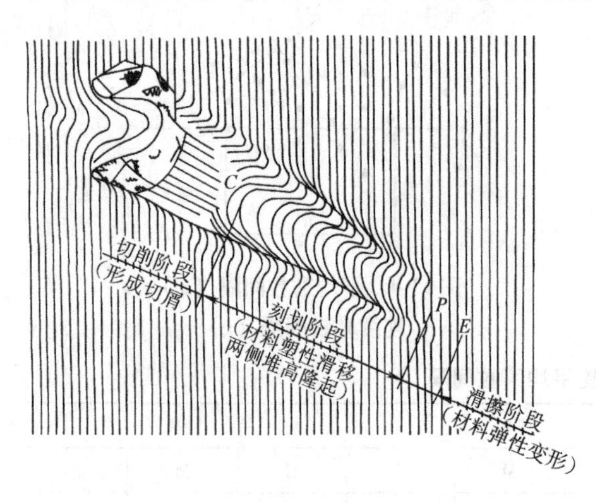

图 11-5　磨粒的典型切削过程

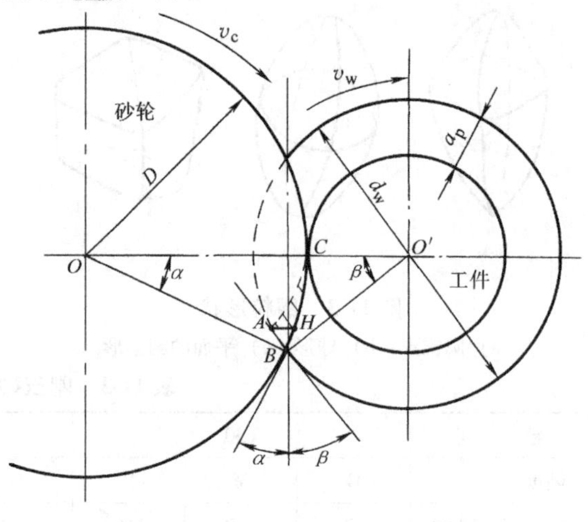

图 11-6　磨削断面

$$h_{Dmax}(=\overline{AH})=\widehat{AB}\sin(\alpha+\beta)$$

$$\widehat{AB}=gv_w/v_c$$

式中　$\widehat{AB}$——若两磨粒间连续磨粒间隔为 g，则弧 $\widehat{AB}$ 是在磨粒通过连续磨粒间隔 g 期间工件转过的周长；

g——连续磨粒间隔；

v_w——工件旋转速度；

v_c——磨削速度；

$\sin(\alpha+\beta)$——在 $\triangle OO'A$ 中，用余弦定理，略去 a_p^2 项得：

$$\cos(\alpha+\beta)=1-\frac{\left(\frac{D}{2}+\frac{d_w}{2}\right)a_p}{\left(\frac{D}{2}\times\frac{d_w}{2}\right)}$$

由于

$$\sin(\alpha+\beta)=\sqrt{1-\cos^2(\alpha+\beta)}$$

于是对外圆磨削

$$h_{Dmax}=2g\frac{v_w}{v_c}\sqrt{a_p\left(\frac{1}{D}+\frac{1}{d_w}\right)}\tag{11-1}$$

对内圆磨削

$$h_{\mathrm{Dmax}}=2g\frac{v_{\mathrm{w}}}{v_{\mathrm{c}}}\sqrt{a_{\mathrm{p}}\left(\frac{1}{D}-\frac{1}{d_{\mathrm{w}}}\right)} \tag{11-2}$$

对平面磨削

$$h_{\mathrm{Dmax}}=2g\frac{v_{\mathrm{w}}}{v_{\mathrm{c}}}\sqrt{\frac{a_{\mathrm{p}}}{D}} \tag{11-3}$$

式中 h_{Dmax}——最大磨削厚度，单位为 mm；

g——连续磨粒间隔，单位为 mm；

v_{w}——工件旋转速度，单位为 m/min；

v_{c}——磨削速度，单位为 m/min；

a_{p}——背吃刀量，单位为 mm；

D——砂轮直径，单位为 mm；

d_{w}——工件直径，单位为 mm。

由此可见：连续磨粒间隔 g、工件旋转速度 v_{w}、背吃刀量（磨削深度）a_{p} 增大，则最大磨削厚度 h_{Dmax}增大；砂轮磨削速度 v_{c}、砂轮直径 D 增大，最大磨削厚度 h_{Dmin}减小。

2. 平均磨削断面积

磨削时，在 t 时间内的磨削体积 U 为

$$U=b_{\mathrm{D}}a_{\mathrm{p}}v_{\mathrm{w}}t$$

式中 b_{D}——一个磨粒的磨削宽度（图 11-6 中垂直于纸面方向）；

t——磨削时间。

在 t 时间内，砂轮转过的周长为 $v_{\mathrm{c}}t$，参与磨削的磨粒总数为 $b_{\mathrm{D}}v_{\mathrm{c}}t/w^2$。所以，一个磨粒磨削下的体积为

$$u=U/\frac{b_{\mathrm{D}}v_{\mathrm{c}}t}{w^2}=b_{\mathrm{D}}a_{\mathrm{p}}v_{\mathrm{w}}t/\frac{b_{\mathrm{D}}v_{\mathrm{c}}t}{w^2}=a_{\mathrm{p}}\frac{v_{\mathrm{w}}}{v_{\mathrm{c}}}w^2$$

式中 w——砂轮表面平均磨粒间隔。

若磨削长度近似等于接触弧长 l，则 $l=\sqrt{a_{\mathrm{p}}\Big/\left(\frac{1}{D}+\frac{1}{d}\right)}$ (11-4)

于是平均断面积 A_{Dav}为

$$A_{\mathrm{Dav}}=\frac{u}{l}=w^2\frac{v_{\mathrm{w}}}{v_{\mathrm{c}}}\sqrt{a_{\mathrm{p}}\left(\frac{1}{D}+\frac{1}{d}\right)}=w^2\phi \tag{11-5}$$

式中

$$\phi=\frac{v_{\mathrm{w}}}{v_{\mathrm{c}}}\sqrt{a_{\mathrm{p}}\left(\frac{1}{D}+\frac{1}{d}\right)} \tag{11-6}$$

ϕ 是一个量纲为一的量，它与砂轮和工件的性质无关。可见平均磨削断面积 A_{Dav}与 ϕ 成正比，亦即可以通过 ϕ 的大小来衡量磨削条件中负荷的轻重。例如，当工件速度 v_{w} 和砂轮切入深度 a_{p} 越大，而砂轮宽度 v_{c} 越小，ϕ 就越大，则磨削属于重磨削；反之，ϕ 越小，磨削属轻磨削。由式（11-5）可知，若平均磨粒间隔 w 为常数，对重磨削（ϕ 大），平均磨削断面积 A_{Dav}大；反之，轻磨削（ϕ 小）A_{Dav}小。表 11-5 为磨削条件，表 11-6 给出了各种磨削

条件下的 ϕ 值。由表11-6可知，平面磨削 ϕ 值最小，内圆磨 ϕ 值最大，而外圆磨 ϕ 值介于两者之间。

表11-5　磨削条件

条件＼磨削形式	外　圆	平面(水平轴)	内　圆
砂轮直径 D/mm	500	175	20
工件直径 d_w/mm	50	∞	30
砂轮速度 v_c/(m/min)	1800	1500	1200
工件速度 v_w/(m/min)	15	7.5	12
砂轮背吃刀量(切削深度) a_p/mm	各种	各种	各种

表11-6　各种磨削条件下的 ϕ 值（$\times10^4$）

背吃刀量(切削深度)/μm＼磨削形式	外　圆	平面(水平轴)	内　圆
2	0.55	0.17	0.58
5	0.87	0.27	0.91
10	1.24	0.38	1.29
20	1.75	0.54	1.82
30	2.14	0.65	2.24

第四节　磨　削　力

磨削时，磨削力可分解为三个分力：在主运动方向的磨削力 F_c；沿进给方向的进给磨削力 F_f 和沿背吃刀量方向的背向力 F_p。各种磨削方法的磨削分力如图11-7所示。

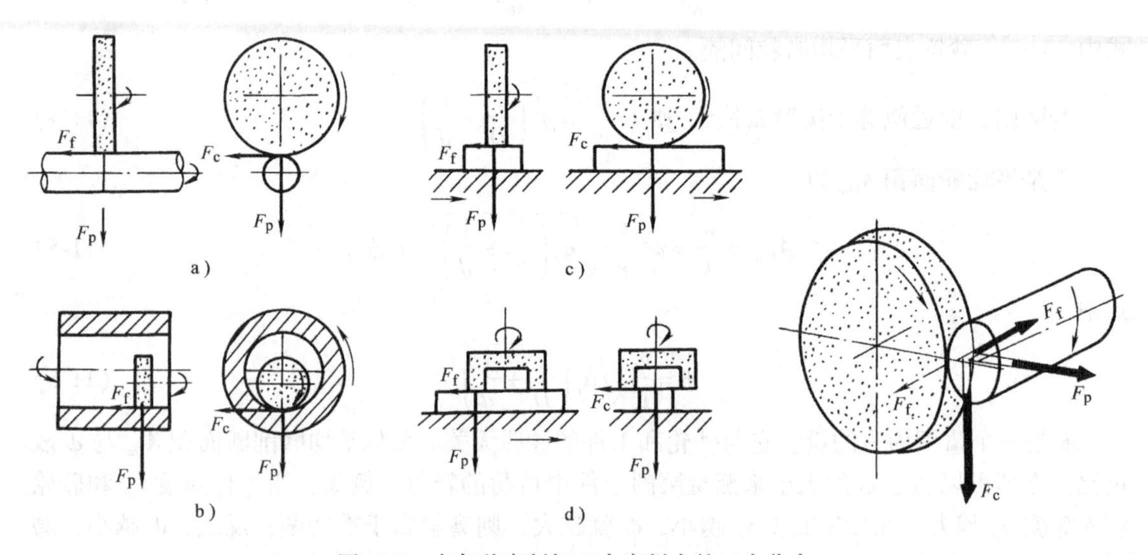

图11-7　在各种磨削加工中磨削力的三个分力

a) 外圆磨削　b) 内圆磨削　c) 水平轴平面磨削　d) 立轴平面磨削

一、计算磨削力的指数公式

$$F_c = K a_p^{\alpha} v_c^{-\beta} v_w^{\gamma} f_a^{\delta} B^{\varepsilon} \tag{11-7}$$

式中　α、β、γ、δ、ε——指数，由表 11-7 中查得；

K——比例常数；

a_p——磨削深度，单位为 mm；

v_c——磨削速度，单位为 m/min；

v_w——工件旋转速度，单位为 m/min；

f_a——进给量，单位为 mm/r；

B——砂轮宽度，单位为 mm；

F_c——磨削力，单位为 N。

表 11-7　磨削力实验式指数

符　号	α	β	γ	δ	ε
数　值	0.88	0.76	0.76	0.62	0.38

由式（11-7）可知，背吃刀量 a_p 和工件速度对磨削力影响最大，而砂轮速度 v_c 与磨削力 F_c 成反比。

二、用单位磨削力计算磨削力

磨削力
$$F_c = p_s B a_p \frac{v_w}{v_c} \tag{11-8}$$

背向磨削力
$$F_p = m p_s B a_p \frac{v_w}{v_c} = m F_c \tag{11-9}$$

进给磨削力
$$F_f = p_s B a_p \frac{v_w}{v_c}\left(\frac{f}{v_c}\right) = \left(\frac{f}{v_c}\right) F_c \tag{11-10}$$

$$p_s = k_0 A_{Dav}^{-\lambda} \tag{11-11}$$

式中　p_s——单位磨削力，单位为 N；

A_{Dav}——磨削平均断面积［式（11-5）］，单位为 mm^2；

k_0——单位磨削力常数，由表 11-8 查出；

B——砂轮宽度，单位为 mm；

λ——指数，$\lambda = 0.25 \sim 0.5$。

表 11-8　各种材料的单位磨削力常数 k_0（A60P 砂轮）

材　料	轴承钢	$w_C = 0.6\%$ 钢	$w_C = 1.2\%$ 钢	$w_C = 1.2\%$ 钢	$w_C = 0.6\%$ 钢	$w_C = 0.2\%$ 钢	铸铁	黄　铜
热处理	淬火	淬火	淬火	退火	退火	退火	退火	退火
维氏硬度　HV	830	630	440	275	200	110	130	130
k_0	205	200	204	165	170	145	130	105

三、主磨削力 F_c 与背向磨削力 F_p 间的比例关系

主磨削力 F_c 与背向磨削力 F_p 间的关系为

$$\frac{F_p}{F_c}=m \tag{11-12}$$

m 值见表 11-9。

表 11-9　m 值

材　料	钢	铸　铁	硬质合金
m	1.8~2.5	3	4

磨削时，背向（切深磨削）力 F_p 大于主磨削力 F_c 2~4 倍。这也是磨削和一般切削加工显著不同点之一，由于磨削时背向力 F_p 相当大，使被加工工件变形大，因而影响磨削精度和生产率。

第五节　磨削温度及其对磨削表面的损伤

一、磨削温度

磨削时，磨削速度 v_c 比车削速度高 5~10 倍，而磨削力也比车削力大得多，因此磨削时会产生大量的热，使磨削区域形成很高的温度。在砂轮与工件接触处的温度可达 600℃以上，其温度分布如图 11-8 所示。

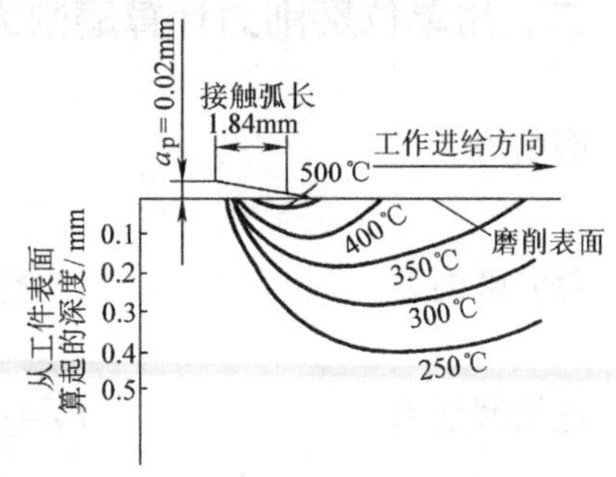

图 11-8　平面磨削时接触点温度分布

二、磨削温度对磨削表面的损伤

1. 烧伤

磨削时，在工件表面局部有时会出现各种带色斑点，把这种现象称为烧伤。烧伤是高温下磨削表面层生成的氧化膜，这种氧化膜根据厚度不同，其反射光线的干涉不同，因而呈现不同颜色。最薄为淡黄，随着磨削条件加重，烧伤氧化膜厚度也加厚，其颜色向黄、褐、紫、青转化。这种现象和金属回火时的温度变化所出现的颜色变化完全相同。回火造成材料的软化现象，取决于回火温度和保温时间。因而不同厚度的烧伤颜色，就成为磨削时该部分加热温度和加热时间的大致标志，它能表示磨削表面热损伤的状况。图 11-9 说明，烧伤颜色与磨削点最高温度 θ 的关系。由图 11-9 可见，当 θ 到达约 500°C 时，即发生磨削烧伤。烧伤相当于回火，会使工件表面的硬度下降，影响工件耐磨性、抗疲劳性等。

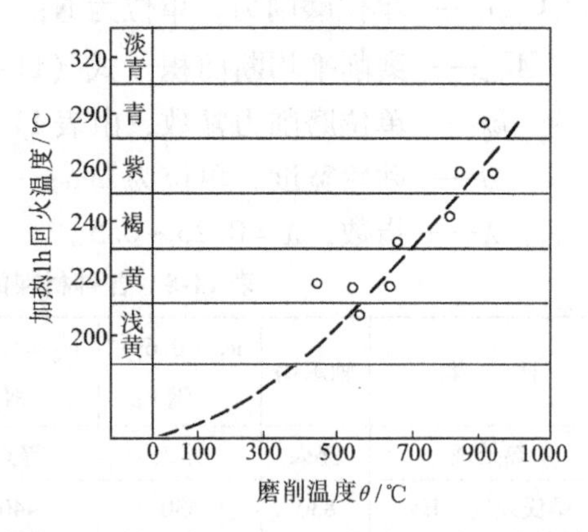

图 11-9　烧伤颜色与磨削最高温度的关系

研究影响产生烧伤的磨削条件表明，它主要受砂轮速度 v_c 和背吃刀量（磨削深度）a_p 的影响，其关系如图 11-10 所示。图中实线表示产生烧伤的边界线，在其右上部为产生烧伤区，在其左下部为不产生烧伤区。在烧伤区内，Ⅰ为淡黄，Ⅱ为黄，Ⅲ为褐，Ⅳ为紫色。由图可知，砂轮速度 v_c 低、背吃刀量（磨削深度）a_p 小，不产生烧伤；反之，就产生烧伤，v_c、a_p 越大，烧伤越厉害。

如果磨削条件相同，根据实验，烧伤一般在下述条件一发生（对外圆磨削）。

$$v_c l = v_c \sqrt{a_p \Big/ \left(\frac{1}{D} + \frac{1}{d}\right)} \geqslant C_b \tag{11-13}$$

C_b 为临界常数，根据工件材料决定，见表 11-10。

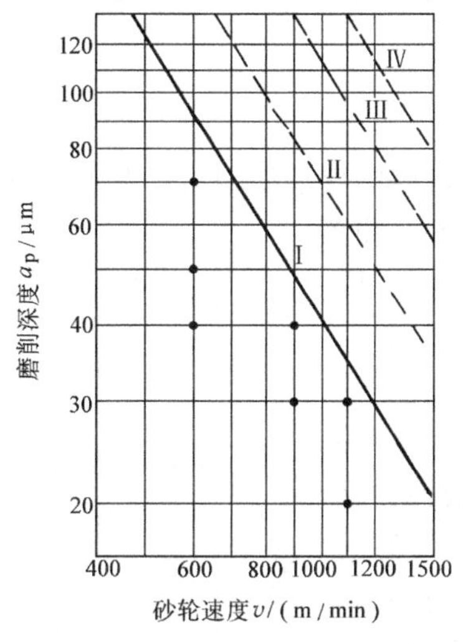

图 11-10　烧伤的产生与磨削条件的关系

砂轮：GB60Z　工件：轴承钢

表 11-10　磨削烧伤发生的临界常数

材　料		C_b/(m·mm/min)
轴承钢淬火	880HV	890
1.2%C 钢淬火	440HV	940
0.6%C 钢淬火	630HV	990
1.2%C 钢退火	275HV	1440
0.6%C 钢退火	200HV	1550
0.2%C 钢退火	110HV	1770

即当砂轮速度 v_c 和接触弧长 l 的乘积在一定值以上以后，就发生烧伤。C_b 是根据工件材料和砂轮种类确定的常数，砂轮磨粒越小、硬度越高，C_b 就越小，如图 11-11 所示。

根据磨削，磨削点温度和磨削烧伤间的关系表明，当温度高于 500°C 时，就产生烧伤。

2. 磨削裂纹

磨削时，当工件磨削表面热应力大于工件材料的强度时，就会产生龟裂，这就是磨削裂纹。磨削裂纹在工件表面成不规则的网状，其深度约为 0.5mm。容易发生磨削裂纹的材料有：淬火高碳钢、渗碳钢和硬质合金。产生裂纹的主要原因是受热产生热应力。自然，由于磨削热的作用，磨削表面也会有残余应力。

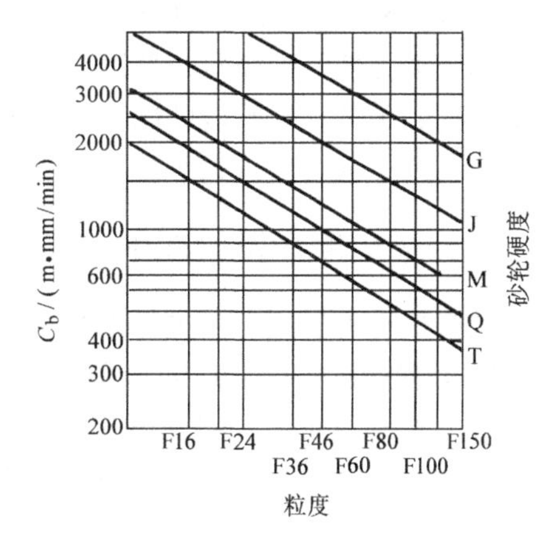

图 11-11　砂轮硬度和粒度与 C_b 的关系

三、磨削液

磨削时，使用磨削液的目的基本与第四章第二节所述相同，但由于磨削加工的特殊性，磨粒切削速度

v_c 比切削加工高得多、通过接触弧的时间约为0.04μs。在这种情况下，使磨削液浸入到磨粒与工件之间，起到像切削中那样的润滑作用极为困难。因此磨削时，磨削液主要是对磨削部位和工件进行冷却，以降低磨削温度，防止烧伤和磨屑对已加工表面的熔附（熔附是由于磨削时，磨削点的温度很高，有时可达1540°C，而产生熔融型切屑，这种处于熔化状态的切屑与工件表面相遇，就可能产生熔附），及防止砂轮表面的堵塞。

常使用的溶解型水溶性磨削液，其主要成分为亚砂酸钠、铬酸钠等无机盐类，这类磨削液以离子形式吸附于磨粒和工件表面上，用以防止熔附和砂轮的堵塞。

第六节　砂轮的磨损、损耗、寿命及修整

一、砂轮磨损与损耗

砂轮磨损与损耗具有三种形态：由于磨削使磨粒逐渐磨钝变平的磨损；由于沿磨粒本身断裂面断裂形成的碎裂；由于砂轮结合剂破坏而引起的磨粒脱落。

改变磨削条件（v_c、v_w、a_p）时，砂轮因磨粒的碎裂、脱落，而形成的砂轮磨耗量 P 与 ϕ 值间的关系如图11-12所示。

由图可见，ϕ 值小，砂轮磨耗量 P 小；ϕ 值大，磨耗量 P 大［ϕ 的意义见式（11-6）］。当 ϕ 到达某一定值时（如图中的 3.5×10^{-4}），砂轮磨耗量 P 就急剧增加。把 ϕ 的这一值称为临界值，用 ϕ_m 表示。砂轮表面损耗的磨粒分别用筛选法研究的结果说明：在 $\phi<3.5\times10^{-4}=\phi_m$ 以前，所损耗的磨粒都不是按砂轮原来磨粒形状脱落的，大部分是碎破的磨粒。这时作用于磨粒的作用力小，不会导致磨粒由结合剂中脱落，因而砂轮损耗小；相反，在 $\phi>3.5\times10^{-4}=\phi_m$ 以后，则损耗的磨粒大都为砂轮原来磨粒形状，即由于作用于磨粒的作用力大，使磨粒由砂轮结合剂中脱落，因而砂轮损耗剧增。由此，可以认为，当 $\phi_m=3.5\times10^{-4}$时，作用于磨粒的力，与砂轮硬度相对应。

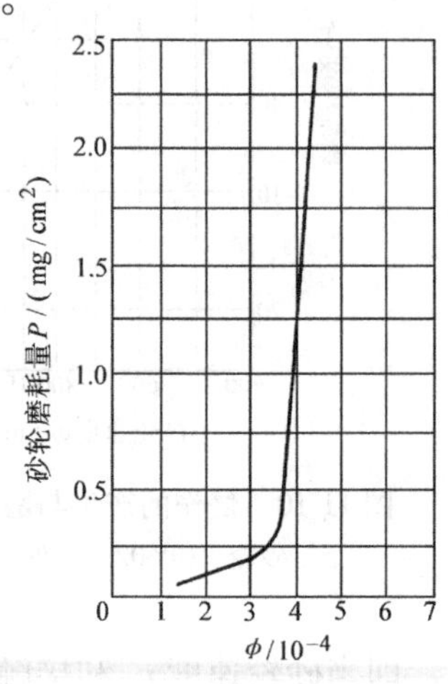

图11-12　砂轮磨耗量 P 与 ϕ 的关系

因磨削力使磨粒脱落，新磨粒出现的现象，称为砂轮的自砺作用。磨粒脱落，实际上就是结合剂的破坏。砂轮能磨削高硬度材料，主要依靠本身的自砺作用。但是，为使锐利的磨粒不断出现，就会使砂轮磨粒脱落过快，增大砂轮损耗量，降低加工精度和经济性。

二、砂轮寿命及砂轮的修整

从修整砂轮后到下一次再修整期间，砂轮实际磨削的时间称为砂轮寿命。

1. 砂轮磨削性能变坏的形态

（1）磨粒变钝　一般在磨削钢材时，用较硬砂轮磨削用量较小，磨粒逐渐变钝，磨削力逐渐增大，磨削温度逐渐升高，但表面粗糙度值变小。

（2）磨粒溃落　当采用较低硬度的砂轮磨削时，磨粒碎裂和脱落急骤发生，被磨削工件的尺寸精度和表面粗糙度很快变坏。但对重磨削或难加工材料的磨削来说，由于砂轮的自砺作用，使磨削过程容易进行。

(3) 表面堵塞　在磨削韧性大、融点低的金属，如铝、铜合金等软质的非铁材料时，砂轮表面因高温使软化的磨屑堆积于砂轮磨粒间的气孔中，使砂轮工作表面变平、发亮。

2. 砂轮修整

砂轮表面变钝或堵塞，就必须用修整的方法，以产生新的磨粒，同时也是对砂轮表面形状的校正。修整砂轮的方法很多，最常用的是单晶金刚石修整器。金刚石修整器的使用方法和外圆车刀的使用方法相似，如图 11-13 所示。

用金刚石修整器修整砂轮时根据所采用的进给速度和背吃刀量大小的不同，砂轮修整可分为精密修整和普通修整两种。

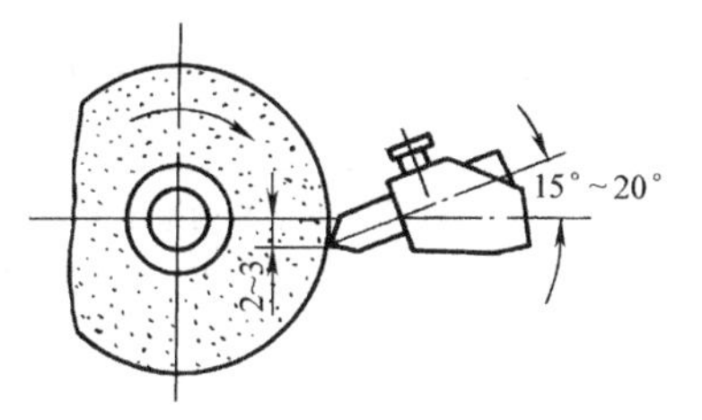

图 11-13　用金刚石修整砂轮

(1) 精密修整　采用小的进给量和背吃刀量，使修整后的磨粒能细密地排列在砂轮工作表面上。但过小的用量，使磨粒间隔变小，并使磨粒略有变钝。由此可能导致砂轮寿命缩短。

(2) 普通修整　为了提高砂轮的磨削能力，常采用普通修整，即采用较大的进给量和背吃刀量的粗修整，这样可以使磨粒脱落多，使平均磨粒间隔 w 变大。不同的修整条件所能得到的不同状态的砂轮表面和工件表面见表 11-11。

表 11-11　不同的修整条件得到的不同状态的砂轮表面及工件表面

(a) 砂轮表面切削刃密度的变化

金刚石修整器,尖端圆弧半径 1mm,GBZ 砂轮(D=220mm),砂轮转数 2190r/min

修整种类	背吃刀量/μm	进给速度/(mm/r)	切削刃数/(个/cm²)	立体的切削刃间隔/(mm)
普通	20	0.128	235	0.242
精密	10	0.064	—	—
极精密	2.5	0.023	413	0.190

(b) 磨削表面粗糙度

淬火轴承钢,WA46LV,砂轮切削深度 1.25μm/r,磨削速度 1560m/min,工件速度 6m/min,磨削液为水,外圆切入磨削

修整种类	普通	精密	极精密
Ry/μm	2.8	0.8	0.3

为了修整后能得到理想的平均磨粒间隔 w，通常认为 w 和粒度之间存在：w=25.4mm/粒度的关系。因此在粗修整时，可使修整器的进给量 f_a 与 w 一致，即 f_a=25.4mm/粒度。精修整时，为获得某一粗糙度，可给 f_a 乘以修整进给系数 D_f，即

$$f_a = (25.4\text{mm}/\text{粒度}) D_f \tag{11-14}$$

D_f 可由表 11-12 中选取。

表11-12　修整进给系数 D_f 的值

粒　度	加工表面粗糙度 /μm	粗粒度 (F10 ~ F24)	中粒度 (F30 ~ F60)	细粒度 (F80 ~ F220)	微粉 (F230 ~ F2000)
粗磨削	50 以下	1	1	—	—
普通磨削(中磨削)	6.0 以下	1/2 ~ 1	1/2 ~ 1	1/2 ~ 1	—
精磨削	1.5 以下	1/5 ~ 1/2	1/5 ~ 1/2	1/5 ~ 1/2	(1/2 ~ 1)
精密磨削	0.4 以下	—	(1/10 ~ 1/5)	(1/10 ~ 1/5)	(1/10 ~ 1/5)
超精密磨削	0.2 以下	—	(1/10 ~ 1/5)	(1/10 ~ 1/5)	

注：1. 在刚性及精度不高的磨床上采用括号中的修整进给系数数值时，不能得到表中所列的表面粗糙度值。
2. 修整进给系数 1、1/2、1/5、1/10 等分别表示砂轮每转的修整进给量为平均磨粒间隔的 1、1/2、1/5、1/10 倍。

第七节　磨 削 质 量

一、磨削表面粗糙度

磨削加工是为获得很小的表面粗糙度值和高精度而发展起来的一种加工方法，与一般切削加工方法相比，它可以得到很小的表面粗糙度值，其范围大体为：表面粗糙度值在 0.04 ~ 0.16μm 的精密磨，0.16 ~ 1.25μm 的精磨和 1.25μm 以上的粗磨。通常为了得到小的表面粗糙度值，要采用大粒度号的砂轮。但近年来，采用中等粒度号的砂轮也可进行镜面磨削了。

影响磨削表面粗糙度的因素很多，如砂轮性质、磨削用量以及机床的状态等。

当工件已给定，砂轮已选好后，影响磨削表面粗糙度的主要因素是背吃刀量 a_p、砂轮速度 v_c、工件速度 v_w、工作台进给量 f_a 和砂轮宽度 B，它们之间的关系可由下面实验公式看出：

$$Ry = ka_p^{0.18} v_c^{-1.0} v_w^{0.18} f_a^{0.47} B^{-0.47} \tag{11-15}$$

式中　Ry——表面粗糙度。

由式（11-15）可知：背吃刀量 a_p、工件速度 v_w、工作台进给量 f_a 增大，表面粗糙度值 Ry 增大；砂轮速度 v_c、砂轮宽度 B 增大，表面粗糙度值 Ry 变小。

二、磨削精度与磨削循环

磨削时，由于砂轮损耗，磨削力引起系统的弹性变形，磨削温度引起工件、机床的热变形等都会影响磨削精度。现略去砂轮损耗、磨削热引起的热变形的影响，仅讨论在背向磨削力 F_p 作用下引起的系统变形，对磨削精度和磨削过程的影响及其改善措施。

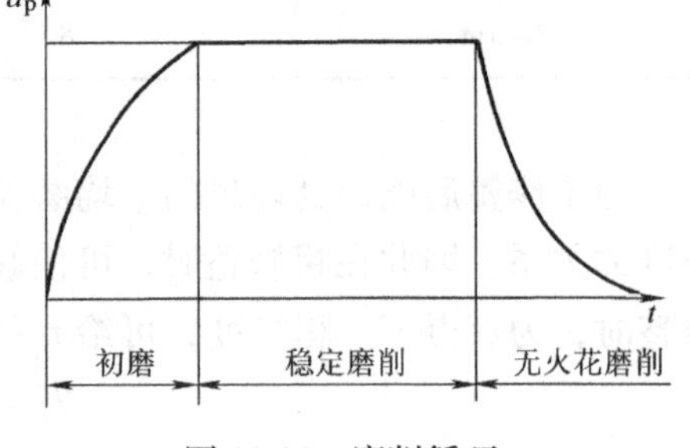

图 11-14　磨削循环

1）磨削循环如图 11-14 所示，磨削开始时，砂轮架以名义背吃刀量 $\hat{a}_p$ 切入，由于工艺系统的刚性所致，实际背吃刀量 $a_p << \hat{a}_p$。随着行程次数的增

加，a_p 逐渐增加，直至 $a_p \approx \hat{a}_p$，这是一个过渡阶段。

2）当 $a_p \approx \hat{a}_p$ 时，工件直径按行程次数，以 $2\hat{a}_p$ 的速度减小，这是磨削的正常状态。直到磨去全部余量，若这时即停止磨削，工件并未达到精度要求，因为工件是在工艺系统弹性变形状态下磨削的。为此还必须在工艺系统弹性回复的过程中，在停止径向地给的情况下（即 $\hat{a}_p = 0$）继续进行磨削。

3）砂轮停止进刀，工作台继续往复运动，这时由于系统的弹性变形逐渐回复，虽 $\hat{a}_p = 0$，但 $a_p \neq 0$，而逐渐减小直径系统变形完全恢复，砂轮磨削完全无火花，证明 $a_p = 0$，称为无火花磨削。

磨削过程的三个阶段是由于背向磨削力 F_p 引起系统变形而形成的。无火花磨削对磨削精度和表面粗糙度都十分重要。

第八节 特种磨削

一、高速磨削

近年来为提高磨削效率和改善磨削表面性质，广泛采用高速磨削，其磨削速度比普通磨削速度高 2～3 倍（为 60～90m/s）。

由式（11-1）可知，一个磨粒的最大磨削厚度 $h_{Dmax} = 2g\frac{v_w}{v_c}\sqrt{a_p\left(\frac{1}{D}+\frac{1}{d_w}\right)}$，当磨削速度 v_c 提高时，如按比例提高工件旋转速度 v_w，由于 h_{Dmax} 不变，这样在不影响磨削质量的前提下，能使磨削生产率大为提高；如不改变 v_w，使 h_{Dmax} 减小，在不影响生产率的情况下，能使磨削表面粗糙度减小和磨削精度提高；同时，由于相对运动 $v_c + v_w$ 增大，磨粒切入工件时的弹性、塑性所引起的隆起减少，使表面粗糙度值减小，如图 11-15 所示。

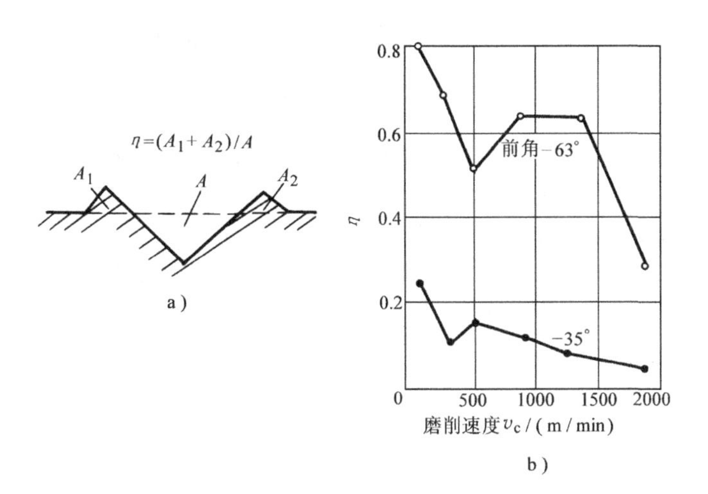

图 11-15 磨削速度与隆起的关系

a）沟痕形状 b）磨削速度的影响

二、蠕动或缓进给磨削

蠕动磨削（creep feed grinding）是近期广泛采用的一种磨削方法。这种磨削方法是采用非常大的背吃刀量（例如 2 ~ 20mm），而工作台进给速度（如平面磨时）却非常小（5 ~ 200mm/min），使砂轮在一次进给中即完成余量很大的磨削加工。由于一个磨粒的切削断面基本不变，因而在大的背吃刀量 a_p 下，磨削力并不很大。磨削精度和表面粗糙度也无显著变化。由于接触弧大，磨削温度有上升的趋势。为此必须注意选择磨削条件，以减少烧伤的产生（图 11-16）。

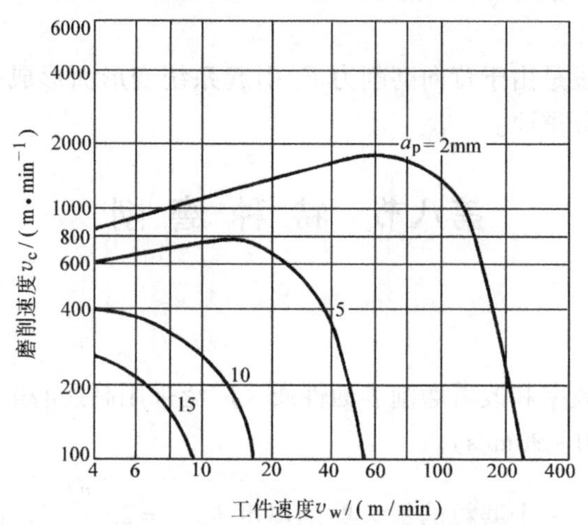

图 11-16　蠕动磨削产生烧伤的区域

砂轮：GB46ZRA；砂轮直径：200mm　工件材料：碳工具钢

三、镜面磨削

镜面磨削是磨削时能得到超精磨或研磨时所得到像镜面一样的磨削表面（Ra0. 01 ~ 0. 05μm）的一种磨削方法，这种磨削的必要条件是使用具有高刚度、高回转精度的主轴和微量进给机构的磨床，经细心平衡的均质砂轮和精密修整使磨粒尖端变平的砂轮表面。

思考与习题

11. 1　砂轮硬度与磨料硬度有何不同？砂轮硬度对磨削加工有哪些影响？怎样选取砂轮硬度？

11. 2　试画出外圆磨削时的切削（磨削）分力。磨削分力的大小与一般切削加工相比较有何特点？

11. 3　磨削表面烧伤的实质是什么？如何避免磨削时产生烧伤？

11. 4　砂轮的磨损有哪几种型式？怎样确定砂轮寿命？修整砂轮应注意哪些问题？

11. 5　试说明在磨削时为了获得高精度，采用无火花磨削的必要性。

参 考 文 献

[1] 陆剑中，孙家宁. 金属切削原理与刀具[M]. 5版. 北京:机械工业出版社,2011.
[2] 陆剑中，周志明,等. 金属切削原理与刀具[M]. 北京：机械工业出版社，2010.
[3] 芦福桢. 金属切削原理与刀具[M]. 北京：机械工业出版社，2008.
[4] 乐兑谦. 金属切削刀具[M]. 2版. 北京：机械工业出版社，2011.
[5] 陆剑中，孙家宁. 金属切削原理与刀具[M]. 4版. 北京机械工业出版社，2007.